中国古典园林研究论丛

丛书主编　王其亨

北京西山园林研究

杨菁　著

天津大学

出版社

图书在版编目（CIP）数据

北京西山园林研究 / 杨菁著. –– 天津：天津大学
出版社, 2021.8
　（中国古典园林研究论丛 / 王其亨主编）
　ISBN 978–7–5618–7024–2

　Ⅰ. ①北… Ⅱ. ①杨… Ⅲ. ①古典园林 – 园林艺术 –
历史 – 研究 – 北京 Ⅳ. ①TU986.62

　中国版本图书馆CIP数据核字（2021）第173706号

BEIJING XISHAN YUANLIN YANJIU

策划编辑　田　菁　韩振平
责任编辑　李文慧
装帧设计　谷英卉　魏　彬

出版发行　天津大学出版社
地　　址　天津市卫津路92号天津大学内（邮编：300072）
电　　话　发行部：022 – 27403647
网　　址　www.tjupress.com.cn
印　　刷　北京华联印刷有限公司
经　　销　全国各地新华书店
开　　本　185 mm ×260 mm
印　　张　18.25
字　　数　377千
版　　次　2021年8月第1版
印　　次　2021年8月第1次
定　　价　72.00元

曾经不可一世的，如今微不足道；曾经微不足道的，却在我们的时代，光芒四射。

——希罗多德《历史》

谨以此书献给历经风雨却无损伟大的北京城。

出版说明

　　自然科学与社会科学如车之两轮、鸟之双翼。哲学社会科学的发展水平，体现着一个国家和民族的思维水平、精神状态和文明程度。中国特色社会主义事业的兴旺发达，不仅需要自然科学的创新，而且还依赖以马克思主义为指导的哲学社会科学的繁荣和发展。"天津大学社会科学文库"的出版为繁荣发展我国哲学社会科学事业尽一份绵薄之力。

　　天津大学前身是北洋大学，有悠久的历史。1895年9月30日，盛宣怀请北洋大臣王文韶禀奏清廷，称"自强之道，以作育人才为本；求才之道，尤宜以设立学堂为先"。隔日，即1895年10月2日，光绪皇帝御批，中国近代第一所大学诞生了。创设之初，学校分设律例（法律）、工程（土木、建筑、水利）、矿务（采矿、冶金）和机器（机械制造和动力）4个学门，培养高级专门人才。1920年教育部训令，北洋大学进入专办工科时期。

　　中华人民共和国成立后，1951年，学校定名为天津大学；1959年，成为中共中央首批指定的16所全国重点大学之一；1996年进入"211工程"首批重点建设高校行列；2000年，教育部与天津市签署共建协议，天津大学成为国家在新世纪重点建设的若干所国内外知名高水平大学之一。

　　学校明确了"办特色、出精品、上水平"的办学思路，逐步形成以工为主，理工结合，经、管、文、法等多学科协调发展的学科布局。学校以培养高素质拔尖创新人才为目标，坚持"实事求是"的校训和"严谨治学、严格教学要求"的治学方针，对学生实施综合培养，为民族的振兴、社会的进步培养了一批批优秀的人才。21 世纪初，学校制定了面向新世纪的总体发展目标和"三步走"的发展战略，努力把天津大学建设成为国内外知名高水平大学，并在 21 世纪中叶成为综合性、研究型、开放式、国际化的世界一流大学。

"天津大学社会科学文库"的出版目的是向外界展示天津大学社会科学方面的科研成果。丛书由若干本学术专著组成，主题未必一致，主要反映的是天津大学社会科学研究的水平，借助天津大学的平台，对外扩大天津大学社会科学研究的知名度，对内营造一种崇尚社会科学研究的学术氛围，每年数量不多，锱积铢累，逐渐成为天津大学社会科学的品牌，同时也推出一批新人，使广大学者积年研究所得的学术心得能够嘉惠学林，传诸后世。

"天津大学社会科学文库"出版的取舍标准首先是真正的学术著作，其次是与天津大学地位相匹配的优秀研究成果。我们联系优秀的出版社进行出版发行，以保证品质。

出版高质量的学术著作是我们不懈的追求，凡能采用新材料、运用新方法、提出新观点的，新颖、扎实的学术著作我们均竭诚推出。希冀我们的"天津大学社会科学文库"能经得起时间的检验。

天津大学人文社科处

2009 年 1 月 20 日

序

自 1952 年以来，在建筑历史与理论学科创始人和带头人卢绳先生以及冯建逵先生的主持下，天津大学建筑学院对中国古典园林的研究，已坚持不懈六十多年，取得了十分丰硕的成果，更形成了独具特色而且非常优秀的学术研究传统。

这个传统的核心，就是务实求真，不懈探索。

在中国古典园林的研究还处于拓荒奠基期的时候，天津大学建筑学院的先贤们，就别具慧眼、高屋建瓴地开创了明确的研究方向，即以集历史大成而规模恢宏的清代皇家园林作为研究主体，将根基性的园林建筑实物的测绘以及对应档案文献的发掘作为研究的起点。经过两代学人扎扎实实的投入，天津大学建筑学院迄今已完成了绝大部分园林建筑的实测和相关档案文献的梳理工作。其规模之大，持续时间之长，投入师生人数之多，在相关建筑历史研究和文化遗产保护领域，都可以说是空前的。

在此基础上，天津大学建筑学院先贤们带领众多学子，多维度地开展了深入研究，发表了大量的学术论文，更陆续出版了《承德古建筑》《清代内廷宫苑》《清代御苑撷英》《中国古典园林建筑图录·北方园林》等学术专著，已列入《中国古建筑测绘大系》的《北海》《承德避暑山庄和外八庙》《颐和园》等也即将付梓。

显而易见，如果没有务实求真、精诚敬业、持之以恒、严谨治学的态度，要取得这样的业绩，是根本不可能的。

务实求真、不懈探索的传统，也反映在相关工作与社会需求的密切结合上，包括建筑学科专业人才培养，文化遗产保护，现代建筑创作实践、借鉴和创新，等等。

事实上，数十年来，故宫博物院、北海公园、承德避暑山庄、颐和园、香山公园等涉及清代皇家园林的单位，均已成为天津大学建筑学院最重要的教学和科研基地。这些管理部门和学校密切合作，互助互利，取得了显著效益。学校方面，师生们通过相关园林建筑的测绘、复原及修缮设计、保护规划等工作，直接服务于文化遗产保护事业，专业修养得以升华，学科建设也随之得以发展。天津大学建筑学院的中国古建筑测绘课程获得高等教育领域的国家级特等奖，国家文物局的古建筑测绘研究重点科研基地之所以能够获准在天津大学建筑学院创立，就是对这一工作模式及其突出成就的高度认同。

基于这一学术研究传统，也产生了针对当代设计借鉴与创新的学术成果，典型如彭一刚先生的《中国古典园林分析》、胡德君先生的《学造园》等，就是建筑教学、研究和设计实践密切结合的杰作，自问世以来一直饮誉建筑界和相关学术领域。

这一务实求真的学术研究传统，还使天津大学建筑学院形成了研究中国古典园林的浓郁氛围，团队合作的精神也一直在教学、科研和设计实践中传承与发展。从某种意义上讲，摆在读者面前的这套"中国古典园林研究论丛"，就是这种传统、这种精神的直接产物。

具体说来，1985 年以后，天津大学建筑学院的研究团队进一步拓展了清代皇家园林的测绘和文献研究，包括样式雷图档的整理研究，强化了组群布局、题名用典等方面的剖析，还系统汲取了现象学、类型学、解释学等当代哲学和美学方法，把研究引向清代皇家园林以至中国古代园林本质内涵（包括其设计思想、理论以及相关价值观等）的探析。相关课题的硕士、博士学位论文已有 60 多篇，在更深层次、更广领域取得了可喜成果，赢得了学术界的高度评价。1990 年至今，相关研究课题持续获得国家自然科学基金、重点项目以及教育部博士点基金资助。

在天津大学（北洋大学）建校一百二十周年之际，天津大学建筑学院的研究团队谨从近 20 多年来的园林研究成果中精选了一部分，辑为"中国古典园林研究论丛"，借以缅怀开拓了这一研究领域的众多先贤，也奉献给在相关专业教育、学术研究、设计创作以及文化遗产保护事业中努力拼搏的更多同人，以期能够裨益于中国古代优秀文化遗产的继承和光大。

王其亨

2015 年 9 月

目录

绪论 / 011

上篇　整体研究

第一章　西山与北京城——地理、功能和生活 / 025

第二章　北京西山园林——历史与变迁 / 051

下篇　个案研究

第三章　香山静宜园 / 101

第四章　玉泉山静明园 / 161

第五章　西山寺院园林 / 229

参考文献 / 283

结语 / 291

绪论

一、研究对象

本书题为"北京西山园林研究"。"西山"和"园林"是需要解释的两个概念。

地理学范畴上的北京西山有小西山和大西山之称，范围大概为低山区和中山区[①]。狭义的西山一般指小西山，广义的西山则包括大小西山。本书具体的研究对象均在广义的西山范围内，最东到与北京平原接壤的余脉玉泉山[②]，最西至门头沟一带。这也是人类活动和营造的集中区域，再西则是人迹罕至的深山区了。

"北京西山"概念由来已久，无论是"燕京八景"中的西山晴雪，还是《古今图书集成·山川典》中的"西山部"，更有近世对西山地质和地理的全面考察以及当下北京市总体规划中西山—永定河文化带的提法，西山的概念不只是地理学范畴内的，它还始终带有强烈的文化内涵。它是北京城的历史名山，也是融合自然与人类智慧的文化载体。西山自身条件（地质地貌、动植物资源、气候水文等）赋予了它地方性，但其与千年古都北京的密切关系，也使得这种地方性更多被"首都"的特质所掩盖[③]。

术语"园林"历经发展。秦汉以前，园林多用"苑""囿""园""圃"等称谓，不同的词汇反映了园林的不同性质和形态，如生态资源、禽兽畜养、仪式起居和狩猎军事等。魏晋南北朝之后"山水""山池""林泉""林池""亭池"等代表山水审美、"别业""别墅"等指向产业经营的词汇纳入园林范围中[④]，从概念到实体拓展了中国传统园林的深度和广度。明、清两代，"园"成为主流用语，各类名园层出不穷，造园活动丰富、著述丰硕。"园"的概念虽看似狭义化了，有着明确的属权关系和范围边界，但在造园论和实践中，却普遍反映出一种注重人与自然和谐共生的环境观。

本书所关注的西山园林，包括传说中的金章宗"西山八大水院"、大型皇家离宫园林静宜园和静明园、西山寺院的附属园林，对私家园林、公共园林也有论述，对"园林"概念界定较为宽泛，研究对象既有归属清晰、范围明确者；也不乏带有公共园林性质、边界模糊的风景名胜。这一广义定义似乎偏离了园林的一般范畴[⑤]，但在我国悠久的园林传统中，园林与山水自然、园林与景观风物、园林与城市生活并非泾渭分

[①] 低山区为海拔 500~800 米地区，中山区为海拔 800~1500 米地区，两者可统称为浅山区。

[②] 瓮山（万寿山）也属于西山余脉，清代内务府档案中将万寿山清漪园、玉泉山静明园和香山静宜园统称"三山"，但清漪园及颐和园无论从园林性质、文化含义还是与京城的关系上都与本书所聚焦的"北京西山园林"有所区别，因此未在本书研究范围内。

[③] 首都的概念代表中央政府，是国家的象征。

[④] 袁守愚：《中国园林概念史研究：先秦至魏晋南北朝》，天津，天津大学博士学位论文，2014 年：第一章，基于文献统计的先秦至魏晋南北朝园林概念探析。

[⑤] 冈大路：《中国宫苑园林史考》，农业出版社，1988 年，314 页：以天然景色为基础的自然景物与人为的园林自然是相异其趣。如果从自然景物进一步探讨，将进入风景论的范围之中，以至偏离园林构筑的问题。

明，它们之间始终存在着相生相息的关系，并贯穿于造园的全过程。

二、研究综述

（一）西山园林

西山的园林研究始于民国时期。20世纪20年代，法国铁路工程师普意雅（Georges Bouillard，1862—1930）撰写了图文并茂的反映北京郊区名胜的《北京及其周边》（*Peking et ses envitons*）系列，涉及西山园林的有第七册《香山》和第十册《玉泉山》。普意雅利用测绘技术，绘制了玉泉山静明园和香山静宜园的全图（图 0.1），是较早反映两园风貌的测绘地图。1934 年，美国学者马龙（Carroll Brown Malone）出版了《清朝北京西郊皇家园林史》（*History of the Peking Summer Palaces under the Ch'ing Dynasty*）一书。依据藏于美国国会图书馆的圆明园和万寿

山宫苑则例，他概述了清代统治者在北京西郊营建皇家园林（Summer Palace）的过程，书中辑录了西山的静宜园和静明园早期照片（图 0.2）。1949 年，瑞典艺术史家喜龙仁（Osvald Sirén）出版了专著《中国园林》（*Gardens of China*）。在书中第十章，喜龙仁分析了圆明园、颐和园（清漪园）、静明园三座北京皇家园林。圆明园、颐和园，着重于对建筑的描写；静明园，侧重于对自然环境的赞美。不仅歌颂了玉泉山的废墟之美（图 0.3），也追忆了清代帝王对天下第一泉的钟爱。受到神智学等神秘主义哲学的影响，喜龙仁强调了自然美才是中国园林的精髓，并点明中国园林对 18 世纪之后西方园林的影响。

中华人民共和国成立后，清华大学周维权先生是西山园林系统研究的开拓者。《中国古典园林史》一书对清代以前的玉泉山行宫、香山行宫，清康熙时期的香山行宫、静明园以及乾隆时期的静宜园和静明园，潭柘寺和大觉寺园林均有详细介绍和分析，并根据民国期间的静宜园和静明

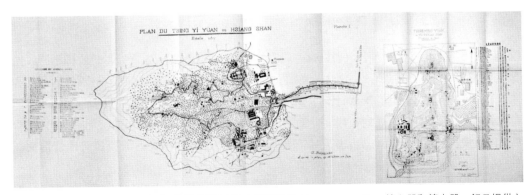

图 0.1　普意雅绘制的静宜园和静明园平面图（采自普意雅 *Peking et ses envitons* 第七册和第十册，舒丹提供）

图 0.2　从峭壁上鸟瞰香山（采自马龙 *History of the Peking Summer Palaces under the Ch'ing Dynasty*）

图 0.3　玉泉山玉宸宝殿附近被荒草和藤蔓掩埋的遗迹（采自喜龙仁 *Gardens of China*，路易维尔大学图书馆藏）

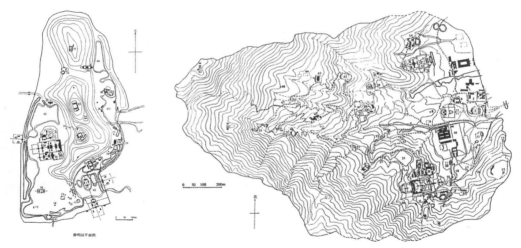

图 0.4　玉泉山静明园、香山静宜园平面图（采自周维权《中国古典园林史》）

园地图，绘制了园林平面图（图 0.4）。他又在《玉泉山静明园》①一文中介绍了玉泉山风景游览的历史、历代针对玉泉山的水利工程、静明园的规划布局，并对静明园的造园特点进行分析，指出了其三大特点。与喜龙仁对静明园的诠释不同，他更偏重从园中园的尺度、与西郊水利工程的关系等方面来阐释。

继刘敦桢先生《同治重修圆明园史料》②通过对样式雷图档和清代营造文献

① 清华大学建筑系：《建筑史论文集》，第七辑，清华大学出版社，1985 年，49~67 页。
② 载于《中国营造学社汇刊》第四卷三四期合刊，1933 年。

的分析来研究北京西郊园林后，样式雷图档在皇家园林研究中的重要作用日益凸显。就西山地区而言，现存图档最丰富的是经历了晚清重修的香山静宜园和玉泉山静明园。仅国家图书馆就收藏了上百张相关图样，近年也全部出版，极大地方便了研究[1]。北京建筑工程学院的何重义、曾昭奋在《圆明园园林艺术》[2]一书中刊录了三张罕见的静明园样式雷图，并据此绘制了部分园林建筑平面复原图。这是第一次在分析两园时运用了样式雷图档作为参考。在张宝章《海淀文史·京西名园》[3]一书中有《香山静宜园记盛》和《玉泉山静明园记盛》两篇文章。文中利用国家图书馆馆藏两园图档，按图索骥描述了乾隆时期的部分建筑布局。

（二）西山寺院

西山寺院建筑研究起步比园林更早，甚至在 19 世纪末就通过现代测绘技术对建筑进行记录了。德国建筑师海因里希·希尔德布兰德（Heinrich Hildebrand）对大觉寺总平面和天王殿、大雄宝殿、钟鼓楼建筑进行了测绘（图 0.5），并于 1897 年

在柏林出版[4]。这是大觉寺最早的影像以及中国建筑最早的西方测绘图纸。日本建筑史学家伊东忠太 1902 年对北京城内外的著名建筑、园林进行了调查，并将相关成果收录于《伊东忠太见闻野帖》中，内有考察碧云寺、静明园玉峰塔和妙高塔的旅行笔记。其后在《中国纪行——伊东忠太建筑学考察手记》[5]中他运用图文结合的方法对碧云寺、潭柘寺和普觉寺进行了研究。1904 年，德国建筑史学家恩斯特·柏世曼（Ernst Boerschmann）测绘了被德军占领的碧云寺，在其《中国建筑》[6]一书中刊录了金刚宝座塔的平、立面图（图 0.6）和罗汉堂的平、剖面图。除碧云寺外，书中还涉及了健锐营碉楼、宝相寺旭华之阁、宝谛寺残留牌楼等香山一带的建筑遗迹。旭华之阁作为无量殿建筑的实例，附有平、立面测绘图。哈珀德（G. E. Hubbard）1923 年出版了《北京西山寺庙》[7]一书，内有多幅建筑照片和简要西山寺院地图。普意雅的《北京及其周边》中有两册和西山寺院有关，分别是第六册《碧云寺》和第八册《天泰寺（慈善寺）和卧佛寺》。

在《平郊建筑杂录》[8]一文中，梁思成和林徽因先生对卧佛寺的平面构成进行

①国家图书馆：《国家图书馆藏样式雷图档·香山玉泉山卷》，国家图书馆出版社，2019 年。

②何重义、曾昭奋：《圆明园园林艺术》，科学技术出版社，1995 年。

③张宝章：《海淀文史·京西名园》，开明出版社，2005 年。

④ Heinrich Hildebrand : *Der Temple Ta-chüeh-sy*, Berlin, Berliner Presse, 1897.

⑤伊东忠太：《中国纪行——伊东忠太建筑学考察手记》，北京，中国画报出版社，2017 年，49～53 页。

⑥ Ernst Boerschmann : *Chinesische Architektur*. Verlag Ernst , 1925.

⑦ G. E. Hubbard : *The Temples of the Western Hills Visited from Peking*. Peking and Tientsin, LA Librairie Francaise, 1923.

⑧梁思成、林徽因，《平郊建筑杂录》，载《中国营造学社汇刊》，1932，3（4）。

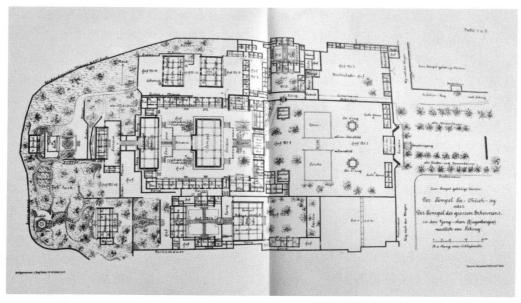

图 0.5 大觉寺总平面图（采自希尔德布兰德 *Der Temple Ta-chüeh-sy*，程枭翀提供）

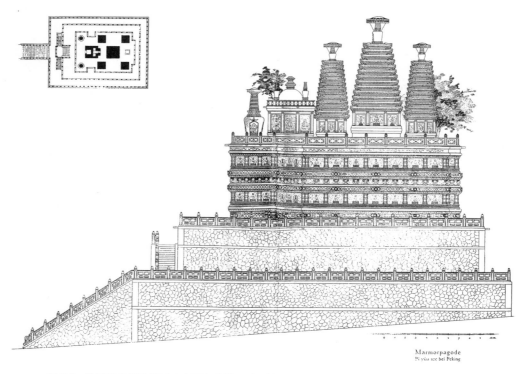

图 0.6 柏世曼绘制的碧云寺金刚宝座塔（采自柏世曼 *Chinesische Architektur*，赖德霖提供）

了分析，并指出其"唐式平面"作为活化石的重要性。该文还叙述了万安山法海寺，特别是配了已不复存在的塔门和佛塔的照片（图0.7）。20世纪80年代以后，多所高校对碧云寺进行了测绘，有《碧云寺建筑艺术》[1]一书问世，书中除了测绘图外，还对碧云寺历史沿革、水泉院造园艺术进行了分析研究。李俊的论文《碧云寺金刚宝座塔探析》[2]，从图像学角度解析了碧云寺金刚宝座塔的建筑源流和造像意义，对印度和中国金刚宝座塔的关系进行了考证。

（三）多学科成果

北京西山园林的研究，同样离不开历史地理学[3][4][5][6][7][8]、地方文史和民俗

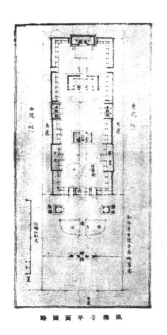

图0.7　《平郊建筑杂录》中的卧佛寺平面图和法海寺塔门（采自《中国营造学社汇刊》第三卷第四期）

①郝慎钧、孙雅乐：《碧云寺建筑艺术》，天津科学技术出版社，1997年。
②李俊：《碧云寺金刚宝塔探析》，北京，首都师范大学硕士学位论文，2009年。
③叶良辅：《北京西山地质志》，实业总署重印，1940年。
④侯仁之：《北京城的生命印记》，生活·读书·新知三联书店，2009年。
⑤侯仁之：《北京城市地理》，北京燕山出版社，2000年。
⑥侯仁之：《环境变迁研究》，北京燕山出版社，1989年。
⑦尹均科：《北京郊区村落发展史》，北京大学出版社，2001年。
⑧蔡蕃：《北京古运河与城市供水研究》，北京出版社，1987年。

学①②③④⑤、民族和人类学⑥⑦，甚至红楼梦学⑧⑨等多学科的研究。以历史地理学为例，侯仁之先生及其弟子从 20 世纪初即对西山地区进行系统考察，为北京西山园林的研究提供了丰富而翔实的一手资料，本书的园林和区域地图就多在《北京历史地图集》⑩ "清西郊园林·咸丰十年（1860 年）" 的基础上绘制。跨越学科的研究为本书提供了多样化的视角，在此仅列出部分成果，不一而足。

（四）研究展望

"在如何比前人更清晰地描绘出历代园林的形貌的探索上，本书都应该说是失败的；反之，若幸而能使读者透过园林的山池亭台看到它后面的深广背景，则书中固然处处难掩浅陋，但其尽管拙朴，却并不多见于世的方法就仍然值得尝试。"⑪ 从 20 世纪末开始，中国园林的研究从 "有什么" "是什么" 逐步向 "为什么" 发展。在此语境下，一方面对传统和原典的解读被提到了异乎寻常的高度，如何还原当时语境下的造园思想成为园林研究的焦点内容。另一方面，园林研究融合了历史地理学、环境生态学等更多的交叉学科的内容，逐渐由传统的造园史向聚落（城市）和区域（微观地理）层面的人文和自然环境、生态系统发展史扩展，开辟了研究的新角度。

三、研究意义

（一）依托地形，富含历史沉淀的西山园林

园林可谓是理想的人居环境，不同的基址选择所表达的居住理念是不同的。"古巢居穴处曰岩栖，栋宇居山曰山居，在林野曰丘园，在郊郭曰城傍。"⑫ 而山居在所有的园林居住形式中最为特殊。"山居胜于城市盖有八德：不责苛礼、不见生客、不混酒肉、不兑田宅、不问炎凉、不闹曲直、不征文遍、不谈仕籍。"⑬ "园林唯

---

① 常华：《古今香山》，北京出版社，2001 年。
② 常林、白鹤群：《北京西山健锐营》，学苑出版社，2006 年。
③ 魏开肇：《五园三山》，北京出版社，2002 年。
④ 梅郇：《北京西山风景区》，北京旅游出版社，1983 年。
⑤ 刘阳：《三山五园旧影》，学苑出版社，2007 年。
⑥ 陈庆英、王文静：《北京香山昭庙乾隆御制诗碑记略》，载《青海民族学院学报（社会科学版）》，1988（2），43~48 页。
⑦ 洪文雄：《北京西山健锐营——历史记忆与文化认同》，北京，中央民族大学硕士学位论文，2007 年。
⑧ 胡德平：《说不尽的红楼梦——曹雪芹在香山》，中华书局，2004 年。
⑨ 李强：《做不完的红楼梦——曹雪芹在香山正白旗》，中国文联出版社，2007 年。
⑩ 侯仁之：《北京历史地图集》，北京出版社，1988 年。
⑪ 王毅：《中国园林文化史》，上海人民出版社，2004 年。
⑫ [南朝·宋] 谢灵运：《山居赋》。
⑬ 《古今图书集成》，经济汇编考工典第一百二十九卷，山居部汇考，《岩栖幽事·山居》。

山地最胜，有高有凹，有曲有深，有峻而悬，有平而坦，自成天然之趣，不烦人事之工。"①中国是世界上最早将山岳作为风景资源进行开发的国家，很早就提出了"山居"的概念。山更是代表"仁"这一中国古代核心价值观，是自然环境和人的道德价值观的融合。仅以集历代园林大成的清代皇家园林为例，静明园、静宜园、静寄山庄三座山地园林的命名中，"静"字代表山地园林的属性，是造园的基调，也体现了"静"这一传统哲学追求的终极境界以及它和仁者之山的统一。其中静明园和静宜园是以北京西山为地理和文化依托的——一方面，它们受到普遍范式的影响，与其他清代皇家园林具有共通的造园理念和艺术原则；另一方面，西山的历史层叠与累积造成的复杂性，也是它们区别于其他历史园林的特点之一。从地形和历史角度进行的双重解读，可以为传统山地园林的设计方法和过程研究提供思路。

（二）与北京城紧密相关的西山园林

西山今日仍然是北京城的重要组成部分，并发挥着实际作用：从景观层面看，"依山傍水"是中国传统城市的选址范式，西山构成城市底景和天际轮廓线，园林与城市之间形成多样的视线廊道和景观对位；从生态层面看，西山园林是涵养水源之地，为城市提供部分生产资料，直接影响都市生态环境；从社会生活层面看，西山园林多选址在名山风景区，众多自然、人文景点是城市重要景观和旅游休憩地。此外，基于在城市整体设计中所扮演的角色，山地园林被赋予具体的象征意义：如西山因宗教建筑众多，明代以来有"小清凉"的称号，也被清代帝王誉为近在咫尺的五台山。由于城市化发展中认识误区的存在，许多园林与城市之间的重要联系被破坏。如北京城和西山之间的视觉廊道如今布满高层建筑，"银锭观山"等重要景观丧失……对西山园林和城市关系的深入研究，可以为新的城市总体规划、园林保护提供强有力的理论支持，有利于重新划定相关园林周边的保护范围，实现园林和城市的和谐发展。

（三）文化景观视野下的西山园林

"自然景色是静的，一种静的均衡。它具有自身的凝聚与和谐的秩序，在这凝聚与和谐的秩序中，所有形式都是地形、天候，自然成长与自然力量的表现，于原始森林或于开阔平原中，人是破坏者。假如人以小径或道路贯穿原野，它可能与基地的地形及自然特色有显著的和谐，否则，便是扰乱了风景，或造成破坏性的摩擦与紧张。当某一地区人的活动增加了，风景亦会变得更为有组织，假如其组织的关系良好时，组织即良好，

---

① [明] 计成 :《园冶·相地》。

假如其组织的关系混乱且不合逻辑时，组织即不佳。一地区的组织可导致其本身自然景色性质的集中，即自然与人为因素获得统一，或创造全部人为的空间与形式的复杂组织。在任何情况下，发展统一的体系会影响所有人为或自然的风景，不过那与创造有秩序而安静的新风景，都是值得称道的计划。"[1]

这段精辟阐释人为因素与自然力量之间关系的话语选自西蒙德（J. O. Simonds）的名著《景园建筑学》（*Landscape Architecture*）。在西方，Landscape Architecture 的含义丰富[2]，陈植先生将其与汉语中的"造园"一词相对应[3]，这恰好反映了它与中国传统环境观强调自然与人工和谐的相似之处。Cultural Landscape（文化景观）理论在 20 世纪的出现[4]，也佐证了这一观点，这是一种打破了西方传统人与自然二元对立关系，更侧重两者间的交互影响与共同作用以及特定自然环境与相应文化之间共生关系的当代理论。就具体的西山园林来说，文化景观的概念可以很好地诠释研究中的一些问题，例如研究范围的界定、研究对象的选择等。

四、研究内容

基于对研究意义的思考，本书并未就园论园，而是在讨论地理形胜、城市功能、人类活动的基础上，系统梳理了西山园林辽金至清末的历史与变迁，解析了大型皇家园林的营造意象，阐明西山寺院的园林化倾向。西山园林具有介乎传统园林与自然风景之间的独特魅力。本书主要内容围绕以下三方面展开。

第一，北京西山园林的营建过程及其与城市的互动关系。

北京西山园林的营建和城市发展有着密不可分的关系。郊野游览使原本的乡村融入了北京的城市生活，使村野转变为城郊。通过对西山园林和北京城市早期历史进行系统总结，开展西山地区在北京风景、游览中的地位研究。乡村城郊化进程带来的还有基础设施的提升，为清代的北京西山园林建设打下了良好的基础。深入研究西山园林的营建过程，利用现存的园林建筑、遗址、图档等实物和文献资料，厘清西山园林各建筑组群的修建年代和建筑布局，进行历史建筑图档和工程籍本的

---

① 西蒙德：《景园建筑学》，台隆书店出版，1971 年，24 页。

② Landscape Architecture 的译名目前有风景园林、景观设计、地景建筑、景园建筑学、景观建筑学等。

③ 陈植：《造园词义的阐述》，见中国建筑学会建筑历史学术委员会：《建筑历史与理论（第二辑）》，南京，江苏人民出版社，1981 年，114 页。

④ 文化景观的概念，兴起于 20 世纪 60 和 70 年代的 Landscape Architecture 和历史与地理学者对"风土景观"(vernacular landscape) 的研究风潮，以 J. B. Jackson 为首的研究者认为所有的地景在本质上均是文化的产物 (Ingerson, 2000)。近年来，文化景观已成为国际上用于描述空间文化资产所广泛使用的名词。1992 年 12 月在美国召开的联合国科文教组织（UNESCO）世界遗产委员会第 16 届会议将文化地景正式列入世界遗产提报的名单中，认定文化景观为文化资产的一类，并将其列为保护的对象。"There exist a great variety of Landscapes that are representative of the different regions of the world. Combined works of nature and humankind, they express a long and intimate relationship between peoples and their natural environment." 是对其的官方定义。来源：https://whc.unesco.org/en/culturallandscape/

鉴别，系统梳理北京城市景观、水系、生态与西山园林营建的相互关系。

第二，北京西山园林所代表的多文化复合的景观意象。

清代，基于几座大型皇家园林，景观经营中所表达的功能性、美学性、象征性是展示政治形象、治国手段的重要内容。西山园林在营建过程中，体现了多文化景观复合的意象，代表着清代皇家园林建立后，西山从自然文化景观向人文政治景观的转化过程。北京西山园林通过"写仿"等手法将代表汉族文化的江南园林建筑，代表西部边疆文化的多民族建筑精心组合，形成了多文化复合的景观意象。

第三，北京西山园林在政治生活、宗教信仰、民间活动中发挥的作用。

西山园林与生活是密切相关的。在政治生活层面，相对于北京城的皇宫大内，西山园林具有"礼乐复合"的文化特征，比如其中的皇家园林具有相对宫廷场合的自由度，而郊野山地也成为狩猎等皇家活动的场所。在宗教信仰层面，西山园林中层叠了多宗教的建筑和遗址，尤其乾隆朝兴建的一系列藏式建筑，为战俘安置、西藏宗教领袖来京等重要活动提供了场所。在民间活动层面，西山园林是民间游览、佛事活动、碧霞元君崇拜、节日庆典等的实物载体。

上篇

整体研究

第一章

西山与北京城——地理、功能和生活

第一节　北京西山

夫太行自天之西柱奔腾以北，云从星拥，几千万派，而至宛平三岔口，析而为二，此堪舆家所谓大聚讲也。一自口东翔，为香山，结局平原，一望数百里，奠我皇都。一自口北走，百折而东，逆势南面，去作皇陵，而浑河、玉泉等水纵横其间，为之界分而夹送之，令岳渎诸山川，得拱揖襟带，比之共辰。相传冀州风水极佳，宛平盖独收其胜矣。方今谈宛胜者，谁不曰西山、西湖？此盖以玉泉、香山布之湖上，卓锡、丹泉吐之山坳，山之中有水，水之上有山，古迹可求，近在几席。彼骚人游子，或艳美而欣赏之，然风景之丽云耳。而识者且鉴之桂子、荷花，斤斤焉唯妆点流连之惧，宛抑恶用有无？惟是皇都、皇陵，联于一脉，视彼负夏苍梧、岐周毕郢分为两地者，实超轶万万。榜尝从上元登鸡鸣，冯虚仰瞻钟山，王气蔚蔚葱葱，交加禁宫缳殿之上，拟之宛平山川，乃屈二指。赤县帝宅，亿万年基业，猗与盛哉！顾宛民则有不必是者。浑河本发源桑乾，会合数千里之水而入宛平，流二十余里至青白，与小浑河会；又二百余里至芦沟桥，又一百四十里至胡林，入固安界，计所经宛地约四百余里。每年夏秋，水生两岸，田庐鱼鳖，动数十里，而西山一带形势稍胜者，非赐墓、敕寺，则赐第、赐地。环城百里之间，王侯、妃主、勋戚、中贵获坟香火等地，尺寸殆尽。即榜来宛数年，再值水灾，沿河几无民矣。而竟以阖县计分之例，不获成灾，少沾蠲赈，乃免地则时奉旨，有所脱籍。而更以其免去地差重之见在丁地，溯自国初，其敝可知。由兹以谭，宛果何贵乎山川耶！嗟嗟！宛幸有

山川之重，而顾不得因山川以重宛，岂谓重宛不足以重山川哉！[1]

上面这段文字摘自《宛署杂记》第四卷"天字"的结尾。《宛署杂记》的作者是明代官员沈榜，他于万历十八年（1590年）起，任顺天府宛平县知县，在任期间根据署中档案编著了《宛署杂记》，辑录了明代社会政治、经济、历史、地理、风俗民情、人物遗文等资料，是现存北京最早的地方志书之一。书中第四卷描述了宛平县的"山川""水"和"古迹"，结尾处作者用大气磅礴的语言描绘了北京附近的山水形势，其中太行山脉自西而来，在永定河平原上的宛平地区"析而为二"：一脉向北与燕山山脉的军都山相连，十三陵所在的天寿山即在此；一脉"自口东翔，为香山，结局平原，一望数百里，奠我皇都"——这座"奠我皇都"的山脉就是北京西山。

中国传统文化中认为"山为地之胜"，"山"是"地"的代表与象征。《说文》云："山，宣也，宣气散，生万物，有石而高，象形。"我国是多山国家，山地和丘陵占到国土面积的三分之二，众多人类足迹可以到达的山区成为与人类活动密切相关的"名山"。一些名山远离城市，一些则与邻近城市在物质和文化上紧密相连，它们所创造的名山文化是城市文化的重要组成部分——如山地给城市带来的生态影响、物质影响、宗教影响、风景名胜、文艺作品等。尽管在时间长河中，许多名山上的

---

① [明]沈榜：《宛署杂记·卷四·山川》。

古迹湮灭无踪或仅存遗址，其对城市的自然、人文影响却不会随之消亡，至今仍有巨大的价值。北京城作为一座历史超过千年的古都，有着自己的名山——西山（图1.1.1）。

西山被称为"神京右臂"[①]，其地理范围很广阔，古人对北京西山大体的划分是，西去京城 30 里（15 千米）左右的太行山余脉[②]，其实就是北京城西面、永定河河谷南北的山脉。但是西山和北京城关系最紧密的是临近平原一带的低山和山麓，它们中的一些在北京城市发展的历史中，随着人类足迹所至演变为风景名山：

"京城之西三十里，为西山古所，称太行之第八陉也。其山因地立名不一，今举其表者，为游人屐齿所及者，则为香山、玉泉山、瓮山、卢师山、平坡山、仰山、潭柘山、罕山、百花山、聚宝山、白鹿岩、翠微山、觉山，而诸山中为岩、为洞、为岭、为峪，其立名者更不一，而总谓之西山。"[③]

古籍中对北京西山的描述非常概括，西山的具体范围到底如何呢？地理学上对北京西山的定义是北京西部山地的总称，属太行山脉，有大西山与小西山之称：大西山的范围北以昌平南口附近的关沟为界，南抵房山拒马河谷[④]；而小西山是指邻近北京平原的西部山脉——它们属于低海拔山区，一般海拔在 300~400 米，最低山脚线海拔高度为 100 米左右，总体平均坡度 15°~35°[⑤]。

民国年间出版的诸多北京四郊图可以反映出沿袭清代的京师郊县划分。北京城和东南西北四郊被通县、大兴、宛平和昌平四县包围。西山（小西山）是西郊的一部分，也是四郊里唯一的山地，且是距离京城最远的郊区（图 1.1.2）。这种划分恰恰说明，与那些距离相仿甚至更近却被划分到县域的地区相比，西山无论从空间上，还是从心理上，都是北京城市地理、功能和生活的延伸。

第二节　北京城的西北边界和天际轮廓线

一、地理条件所形成的边界关系

山峦水系是一座城市的自然边界。燕京八景中的"西山晴雪"，京城什刹海的

---

① [明] 蒋一葵：《长安客话·卷三·郊坰杂记》。
② [明] 沈榜：《宛署杂记·卷四·山川》。"西山，在县西三十里。旧记，太行山首始河内，北至幽州，第八陉在燕，强形钜势，争奇拥翠，云从星拱，于皇都之右。每大雪初霁，千峰万壑，积素凝华，若图画然，为京师八景之一，名曰西山霁雪。"
③《古今图书集成·方舆汇编·山川典·西山部汇考》。
④ 赵世瑜：《明代内官与西山诸寺》，载《腾讯文化·大家专栏》，2016 年 3 月 27 日，https://cul.qq.com/a/20160327/019730.htm。
⑤ 涂磊：《北京西山国家森林公园植物群落研究》，北京，北京林业大学硕士学位论文，2016 年。

图 1.1.1　西山图（采自《古今图书集成·方舆汇编·山川典·西山部汇考》）

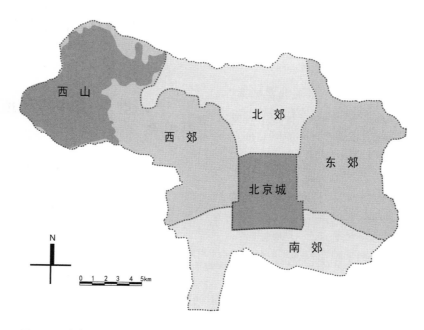

图 1.1.2　包含西山的北京四郊图（根据 20 世纪 30 年代《北平四郊详图》绘制）

"银锭观山"都是这种城市形态的具体视觉反映。京城的报国寺、万寿寺、摩诃庵、德胜门水关和什刹海，卢沟桥、高梁桥、白石桥等处均是望西山的好去处，明清诗文中对此多有描写，如："客来阁西望，阁对西山平"[1]；"芰荷池上远鸿飞，望处西山翠不微"[2]；"境旷夜犹望，城西山数岑"[3]；"四十里外城西山，青过城中照湖绿"[4]；"河声流月漏声残，咫尺西山雾里看"[5]；"银屏重叠湛虚明，朗朗峰头对帝京"[6]等。从西山远眺帝京的诗句也十分丰富[7]，由此可见西山和北京城之间存在着重要的"看与被看"意象（图1.2.1、图1.2.2），西山也是京城西面最重要的边界线和底景。

乾隆时期，北京西郊形成了以"三山五园"为代表的园林集群[8]。"三山五园"的海拔高度是自西向东依次降低的：静宜园为纯山地园，建于香山东坡；静明园主体位于平地突出的一座小山峰玉泉山上；清漪园则由南部的昆明湖和北部平缓的山丘万寿山组成；最东部的圆明园和畅春园则基本是在平地造园了。其中的香山和玉泉山是西山重要的组成山峰。香山距北京城约20公里（20千米），其最高峰香炉峰海拔557米。玉泉山距北京城西北10公里（10千米）左右。山体呈南北走向，纵深约1 300米，东西最宽处约450米。山的主峰高出地面不过90米[9]，但它的两座侧峰拱伏于主峰南北，与主峰相呼应而构成略似马鞍形状的轮廓，山形尤为清丽。它们也一起形成了京城西部的天际轮廓线。

①高叔嗣：《毗卢阁同伍畴中西望》，载《帝京景物略》，卷三，报国寺。
②刘应秋：《九日集净业寺湖上》，载《帝京景物略》，卷一，水关。
③倪嘉善：《饮北湖亭子》，载《帝京景物略》，卷一，水关。
④郑友玄：《北湖歌》，载《帝京景物略》，卷一，水关。
⑤杨荣：《卢沟桥北上》，载《帝京景物略》，卷三，卢沟桥。
⑥《乐善堂全集定本》，卷二十四，《燕山八景诗·西山晴雪》，四库全书内联版。
⑦以乾隆皇帝为例，他的御制诗中多次出现从西山园林远眺帝都的情景，如《清高宗御制诗》初集卷三十五，香山登高之作"帝都形胜地，屏障惟西山"；《清高宗御制诗》初集卷十四，初游香山作"西山卫帝都……我来揽景概，正值新晴后……远睇见窀堵，近却蔽林薮"；《清高宗御制诗》初集卷二十八，再叠旧韵二首"即境良复佳，极目皇都下"；《清高宗御制诗》初集卷四十二，香山静室作"云端纵目恰云开，一俯皇都亦壮哉"；《清高宗御制诗》五集卷六十，静室"平野畅俯临，皇都万万井"；《清高宗御制诗》二集卷八十八，登玉泉山定光塔二十韵"七层尽遥揽，百级自卑移……神皋压赤县，紫禁巩皇基"。
⑧"三山五园"最普遍的共识是三山为香山、玉泉山、万寿山，五园为圆明园、畅春园、静宜园、静明园、清漪园，此说法为《中国古代建筑史》等所采用。在清代官方的志书、实录、会典、档案中，并未发现有"三山五园"的专称。"三山"一词，在乾隆中期就见诸官方记载，清代专设三山大臣管理三山事务，在《大清会典·内务府苑囿》中专列三山职掌条目。至于"五园"之称，虽曾出现在圆明五园相关档案中，但只是尾随众多园名，并不单独使用，未形成明确的指代意义。综合前人的研究，笔者认为三山五园是指由包括圆明园、畅春园、清漪园（颐和园）、静明园和静宜园五个皇家园林的核心区以及那些联系以上各个核心区的中间过渡区及周边军事防御区组成的一个综合性皇家园林集群，见杨菁、李江：《北京西郊皇家园林的整体视觉设计》，载《中国园林》，2014（2），105~108页。
⑨数据根据北京市测绘局地图得出。

图 1.2.1 海达·莫理循 20 世纪 30 年代拍摄的紫禁城和作为底景的西山（哈佛燕京图书馆藏，http://via.lib.harvard.edu/via/deliver/advancedsearch?_collection=via 2009 年 8 月访问）

图 1.2.2 从北海琼岛看西山（来源同图 1.2.1）

二、园林建筑对视觉联系的强化

除因地理条件不同而形成的边界关系外，园林建筑也是加强西山和平原、城市之间视觉联系的重要因素，如大量存在的点景建筑，即独立的亭、榭等。乾隆皇帝在《静宜园记》中对香山静宜园的点景建筑有着精辟的叙述："而峰头岭腹，凡可以占山川之秀、供揽结之奇者，为亭、为轩、为庐、为广、为舫室、为蜗寮。"[1]香山中点景建筑的主要作用是供登山途中休息和眺望，如"青未了""看云起时""霞标磴"和"南山亭"等。

西山东部平原上的圆明园因其"御园"的地位，肩负了紫禁城外又一政治中心的任务，同样它也是借景西山的关键所在，并与西部诸园和西山诸峰形成有层次的视线关系。乾隆皇帝在他的《圆明园图咏》中描述此景时，指出"是地轩爽明敞，对西山，皇考（雍正帝）最爱居此"。园中的西峰秀色、四宜书屋、涵虚朗鉴、蓬岛瑶台、接秀山房、夹镜鸣琴、天然图画和坦坦荡荡等处皆是远借西山，近借万寿山和玉泉山的重要观景点（图 1.2.3、图 1.2.4）。

园林建筑中最能加强视觉联系的建筑类型就是塔。以塔为园林视觉焦点的手法在江南园林中很常见。江南的长江下游冲积平原上，常有小山丘平地隆起，山顶多建置寺塔，这种塔山结合构成的景观是江南大地的重要点缀，也是水乡特色风光之一。如杭州西湖的保俶塔和雷峰塔，无锡锡山的龙光塔，镇江金山的慈寿塔和焦山的万佛塔等（图 1.2.5、图 1.2.6）。

西山园林中的塔虽依附于宗教建筑组群，但其景观作用更明显，塔在园林中有竖向构图的功能，成为景观标志物和视线焦点。比如乾隆十八年（1753 年），乾隆帝计划在玉泉山最高峰建设一座九层宝塔[2]。乾隆二十四年（1759 年），静明

---

①《静宜园记》，见《清高宗御制文集》，初集卷四，见四库全书内联版。
②《题静明园十六景之玉峰塔影》，见《清高宗御制诗集》，二集卷四十二，四库全书内联版。

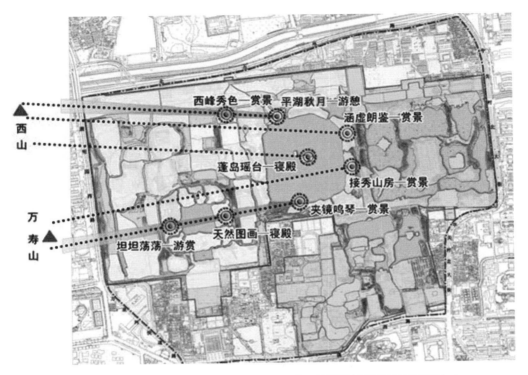

图 1.2.3　圆明园部分组群借景示意图（采自姜贝《圆明园规划布局及其结构研究》）

图 1.2.4　从圆明园接秀山房遗址看西山（2013 年摄）

图 1.2.5 从孤山看保俶塔（2007 年摄）

图 1.2.6 从苏堤看雷峰塔（2007 年摄）

园定光塔建成，但该塔是七层，并未像乾隆帝御制诗中描写的为九层。之后乾隆三十六年（1771 年）在玉泉山北峰兴建妙高寺，寺正中有一缅式金刚宝座塔。这两座塔的建成，加强了玉泉山马鞍状的山形，使静明园成为北京西郊平原的景观焦点之一（图 1.2.7）。

三、小结

北京西山自古就是北京城市的天际线和底景。但是，这种充满了中国古代设计智慧的造景意象，在如今飞速的城市化进程中面临考验（图 1.2.8、图 1.2.9）。

幸运的是，西山连绵的形态和大的山水格局尚存，仍可让世人想象其历史风貌。

第三节 北京城的养源之所

"水之源为泉"，"养源"就是通过种植大量植被，既对水源进行保护，又可固土防洪。无污染的水体反之又能促进林木生长，达到良性循环的生态效益。西山内繁茂的森林和丰沛的泉水资源不仅是营造园林美景的要素，从城市生态学角度来

图 1.2.7 从颐和园看玉泉山二主峰（2013 年摄）

图 1.2.8 从景山看北京西山（2010 年摄）

图 1.2.9 从什刹海看北京西山（2010 年摄）

讲也是整个北京城的"养源"之所[1]。

一、动植物资源

北京西山有着丰富的动植物资源，是北京地区生物多样性的典型代表。现在的小西山区域，被香山、八大处、北京植物园和北京西山国家森林公园所覆盖，其中面积最大的西山国家森林公园内，总计有野生维管束植物 82 科 266 属 442 种。侧柏林、黄栌林、油松林、刺槐林、元宝枫林和栓皮栎林是 6 种能够代表这一地区典型森林生态系统的主要植物群落[2]。

香山公园以历史上的"静宜园"为基础，坐西望东的地理布局成为阻挡西北寒流的屏障，使这一带小气候良好，香山地区自身优越的自然生态环境以及成为皇家行宫后长期的禁伐禁猎政策，使静宜园内

生长了大量的植被——"山中之树，嘉者有松、有桧、有柏、有槐、有榆，最大者有银杏、有枫。深秋霜老，丹黄朱翠，幻色炫采。朝旭初射，夕阳返照，绮缬不足拟其丽，巧匠设色不能穷其工"[3]。二十八景之一的"绚秋林"就是欣赏这层林尽染、秋色烂漫的绝好地点。静宜园内树木虽经兵燹及盗伐，但据 20 世纪 90 年代统计，香山有一、二级古树 5 894 棵，占北京市古树总量的 1/4，覆盖率达 90% 以上。山上主要乔木有油松、白皮松、华山松、圆柏、侧柏、槐树、榆树、山桃、桑树、栾树等几十种。尤其是香山红叶驰名天下，树种包括五角枫、三角枫、鸡爪槭、柿树、乌桕等，其中最多者是黄栌，共计十万余株[4]。

历史上西山地区动物种类也颇多。一些较大型的飞禽走兽，如鹤与鹿均可在静

①苏怡：《平地起蓬瀛，城市而林壑——清代皇家园林与北京城市生态研究》，天津，天津大学建筑学院硕士学位论文，2001 年。
②涂磊：《北京西山国家森林公园植物群落研究》，北京，北京林业大学硕士学位论文，2016 年。
③《静宜园二十八景诗 其十九绚秋林》，见《清高宗御制诗集》，初集卷三十，四库全书内联版。
④香山公园管理处：《香山公园志》，中国林业出版社，2001 年。

宜园内寻到身影。今天大型动物已经消失，但这里仍然是京西动物多样性保持较好的地区。根据《香山公园志》的统计，香山公园有留鸟24种、候鸟12种、蝴蝶57种。除了丰富的鸟类、昆虫资源，静宜园还有大量的小型哺乳类和两栖、爬行类动物。

二、供水源头

一座都城，在城市建设上首先要考虑的是宫苑的用水，其次是运粮河的开凿。北京作为都城，水利工程绝对是历代城市建设的根本。西山靠近北京平原地区，在地质上属于"香峪向斜"，其主要构造组成为有利于存储地下水的奥陶系灰岩，是补给和排泄自成体系的水文地质单元，且邻近西山的平原地区曾经是古河道，因此地下水深度较浅，且泉眼众多。这一带在历史上是北京城的供水源头，为西郊大规模园林建设提供了基础（图1.3.1）。

金中都时，玉泉山为高粱河乃至整个北京城供水，后经元大都对玉泉山的进一步开发以及补充，现在昌平白浮泉入瓮山泊，西北郊成为北京重要的给水源头。自从明成祖朱棣迁都北京（1421年）后，由南方迁移来的农民在西北郊平原东部多泉眼沼泽的海淀一带开辟水田、鱼池、藕塘，官僚、贵戚也纷纷占地兴建私家园林，于是，这一带逐渐形成宛若江南水乡的自然景观。白浮瓮山泉的断流更使玉泉山在都城供水方面的作用举足轻重。清康乾年间"三山五园"皇家园林集群形成后，玉泉山既要负担京城用水，又要补给西北郊一带的水田和园林用水。

北京西山水源主要有四处：香山静宜园内双井泉、碧云寺卓锡泉（图1.3.2）、樱桃沟水源头（图1.3.3）和玉泉山静明园内诸泉。其中以玉泉山诸泉水量最充沛，利用历史最悠久。玉泉山在地理位置上属于九龙山南翼与平原接壤处，这一带除了玉泉山有少量奥陶系灰岩露出外，其余均被第四纪沉积物所覆盖。玉泉山之灰岩，受强烈断裂作用而上升于地表，灰岩中之

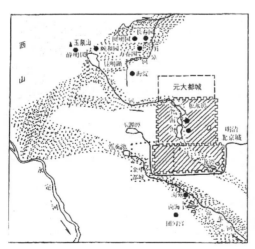

图1.3.1 古河道与北京园林关系示意图（采自侯仁之《北京城市历史地理》）

图1.3.2 碧云寺卓锡泉（2008年摄）

图 1.3.3　樱桃沟水源头（2010 年摄）

喀斯特溶洞水，即沿断层裂隙涌出[①]。自金代以来，玉泉山就成为城市供水的重要源头之一，尤其是明代白浮瓮山泉断流之后，更是城市供水的唯一来源。

康熙二十九年（1690 年）疏浚香山、玉泉山一带水道。乾隆年间开辟的西山一带的泉水成为新的水源汇入瓮山泊。至此，扩大后的瓮山泊改名为昆明湖，并在东、南、北侧各建水闸一处，平时关闭用以蓄水：南闸（绣漪桥闸）开放，则可经长河流入城内；东闸（二龙闸）为海淀诸园和御稻田提供水源；北闸（青龙桥闸）则为溢洪闸，将洪水排入清河。这样昆明湖实际上就成为北京郊区的第一座人工水库。

为了补充湖水的来源，乾隆十五年（1750 年），还将香山、碧云寺和卧佛寺等的山泉用特制的石槽汇聚于山脚下四王府村广润庙的石砌水池中，然后用石槽继续引水东下，直到玉泉山，汇玉泉诸水东注昆明湖。广润庙到玉泉山大约 2 公里（2 千米）的路程中，引水石槽架于逐渐加高的长墙上。

乾隆帝在《御制麦庄桥记》中提出了"水之有伏脉者其流必长，亦如人之有蕴藉者其德业必广"的观点。并认为玉泉山之水汇入西湖，"引而为通惠"，并不是只借玉泉山一脉之力，而是"会西山诸泉之伏流"，才使其"源不竭而流愈长"。但他同时也看到西山、碧云、香山诸寺的名泉"其源甚壮，以数十计"，却不能被良好地加以利用，"一出山则伏流而不见矣"。为了充分利用香山水源，静宜园从建园之始即着手对水体进行治理和改造，修建引水石渠，至乾隆二十三年（1758 年）全面完成（图 1.3.4）。乾隆二十四年十月，"静宜园外新建释迦佛庙（甘露寺）、观音庙（普通寺）、龙王庙（广润庙）业经告竣……暨引水明暗沟渠启闭蓄泻之处交静宜园管理事务官员经管"[②]。这三座寺庙和玉泉山静明园西面的妙喜寺一起，成为引水石渠汇聚西山诸泉后进入玉泉山途中兼具宗教、景观和管理功能的重要节点（图 1.3.5）。

清乾隆二十四年（1759 年），随着静明园工程的推进，在玉泉山南部开挖了高水湖，高水湖和原有的养水湖共同起到了调蓄玉泉山多余水量的作用。西山一带的山洪以及其他闲散水源按高程次第节蓄起来。当高水湖水量有余时先导入养水湖，再导入金河。金河是元代金水河旧道，其

①钱昂：《关于北京市地下水补给来源的讨论》，载《水文地质》，工程地质 1958（5），5~10 页。
②《总管内务府现行则例 静宜园》，239 页。

图 1.3.4　香山内的引水石渠（2010 年摄）

右岸还有一小湖叫泄水湖，可排金河多余之水，防止其涌入长河引起决堤。

　　为了进一步防止西郊水患威胁京城，乾隆三十九年（1774 年）于香山东侧开挖两条泄水河，一条向东北流至安河桥归入清河，最终流入通州以济漕运；另一条

向东南流归入钓鱼台，再东流入北京城，最终到达通惠河。乾隆帝在御制诗中自述了开凿这两条泄水河的始末：

　　"香山、卧佛及西山一带山沟，夏秋雨水下注，俱归静明园之高水湖，转入昆明湖。遇山水过大之年，漫流积潦既淹没民田。而汇入昆明湖者，宣泄不及，水去堤面无几。壬辰夏，命英廉等于香山东、昆明湖西开泄水河二，其一东北流至安河桥，归入清河，达通州，以济运。其一东南流归八里庄南之钓鱼台河，以达阜成门之护城河下，至西便门外分为二。一由南转东过前三门，入通惠河，一折而西入转南而东绕外城七门，亦入通惠河。同达于通州以济运。自此河开成，河东民田全免水患，昆明湖水亦无涨溢之虞矣。"①

图 1.3.5　[清]弘旿《京畿水利全图》局部：引水石渠沿途寺庙——广润庙、普通寺、甘露寺和妙喜寺（中国国家博物馆藏）

①《泛舟由玉河至玉泉山登陆往驻香山静宜园沿途即事得六首》，见《清高宗御制诗集》，四集卷二十一，四库全书内联版。

三、小结

北京位于华北平原的西北缘，北纬40°线从城区北部穿过。从气候带上来说，北京主要位于暖温带（平原和低山区）和温带（北部山区），年降水量在450~700毫米之间，四季分明。西山所处的地区，山间沟谷纵横，时有小盆地出现，水资源和山林资源都极为丰富。丰富的煤炭资源也是北京城重要的能源供给，但基于生态和景观等原因，经常处于开放和限制的交替状态[①]。供水源头这一功能至清末从未间断。其间即使遭遇了咸丰十年（1860年）的兵燹，在园林建筑多半倾圮的状态下，水道工程仍是关乎城市生存、先于园林重建工程的重中之重[②]。

第四节　北京城的郊野风景名胜地

一、皇家生活

（一）游猎活动

辽金时期的北京城，一直是北方少数民族政权的陪都或首都。这些民族来自东北山林地区，秉承着游猎传统。而距京城不远的西山拥有丰富的动植物资源和山林野地环境，成为皇家游猎活动的场所。

西山的自然条件颇具北方特色，与五代的《丹枫呦鹿图》（图1.4.1）以及庆陵墓室壁画中《秋山》（图1.4.2）的自然条件十分相仿。例如清代静宜园二十八景中的绚秋林就强调了这种层林尽染的动植物环境。《金史》记载了金章宗在西山进行的多次狩猎活动，后世也将西山区域作为皇家放养驯鹿等狩猎用动物的苑囿。

（二）宗教活动

明代西山大庙多为太监资助修建的，但在清代，"皇家敕建"成为西山大型寺庙的共同特点。顺治十七年（1660年）重修西山万安山的旧寺，并将其改名为法海寺、法华寺，顺治皇帝在法海寺御题"敬佛"二字，其碑尚存（图1.4.3）。康熙十七年（1678年）又在平坡山明代"圆通寺"基址上修建了圣感寺，康熙皇帝也题写了"敬佛"二字（图1.4.4）。

雍正皇帝在位时对西山一带的建设集中在几座寺院上，如"赐名万安山喇嘛庙为梵香寺"[③]；"重修西山旧寺，命名十方普觉寺"[④]等。雍正末年，怡贤亲王父子重修卧佛寺，十二年（1734年）卧佛

[①]有关西山在北京城能源供给方面的研究，详见孙东虎《北京近千年生态环境变迁研究》，北京燕山出版社，2007年，第五章"能源供给及其生态效应"，163~187页。
[②]详见第二章第四节。
[③]《内务府奏销档·乾隆四十四年十二月份》，第一历史档案馆。
[④]《大清一统志》，四库全书内联版。

图 1.4.1　[五代]佚名《丹枫呦鹿图》（台北故宫博物院藏，https://theme.npm.edu.tw/khan/Article.aspx?sNo=03009178 2019 年 6 月访问）

图 1.4.2　辽庆陵中室《秋山》（采自田村实造，小林行雄《庆陵》）

图 1.4.3　万安山法海寺顺治敬佛碑（2008 年摄）

图 1.4.4　香界寺康熙敬佛碑（2010 年摄）

寺竣工，雍正皇帝亲自撰写御碑，并因其内有卧佛，取"一佛卧游十方普觉"之意，将其命名为"十方普觉寺"。敕命与其关系密切的高僧超盛任住持。雍正皇帝在雍亲王时期和高僧迦陵性音有过交往，康熙五十九年（1720年），当时尚在潜邸的雍正对京西名刹大觉寺"特加修葺"，力荐迦陵性音任该寺住持。当年秋九月，雍正亲自撰文并书丹《送迦陵禅师安大觉方丈碑记》[1]。

乾隆皇帝在驻跸香山静宜园时，曾多次瞻礼和游览西山寺庙，并与一些高僧交往，如在来青轩和十方普觉寺住持青崖和尚谈禅，在栖云楼召见住持法海寺的三世章嘉呼图克图国师。乾隆四十五年（1780

年）九月十九日，皇帝和从西藏远道而来的六世班禅参加了静宜园内"宗镜大昭之庙"的开光典礼。

（三）祈雨、谢雨

清初，北京西山祈雨和拜祭龙王的场所是黑龙潭龙王庙（图1.4.5）。黑龙潭位于金山口北，山下有潭，传说潭底潜有黑龙，明清两代遂在此祈雨辄应，故名"黑龙潭"。山上有龙王庙，初建于明成化二十二年（1486年），万历年间重修，清康熙二十年（1681年）重建，并封为"昭灵沛泽龙王之神"，每岁遣官祭祀。

图1.4.5　海达·莫理循20世纪30年代拍摄的黑龙潭龙王庙（采自《西方的中国影像 1793—1949 海达·莫理循卷1》）

[1]孙荣芬：《迦陵禅师与雍正皇帝》，北京文博。

乾隆九年（1744 年）封玉泉山龙神为惠济慈佑龙神，遣官致祭，是岁奉谕旨加封号。由此每年农历二月和八月，清政府都会"遣官祭黑龙潭昭灵沛泽龙王之神，玉泉山惠济慈佑龙王之神"。

除了派遣大臣祈雨，乾隆皇帝还会亲自赴龙神庙祈雨、谢雨。比如乾隆二十一年（1756 年）农历五月十九日，赴玉泉山祈雨，当夜天降甘霖，于是第二日乾隆复至静明园谢雨，并作诗记录此事：

夜霖欹枕听檐声，优渥廉纤晓未晴。数县甘膏起禾黍，同堂慰志对公卿。趋酬神贶连朝谒，渴冀为霖续尺盈。于可欲应戒知足，十思吾未逮元成。

（四）水、陆出行

皇家出行前往西山区域有两条道路，陆路和水路。《日下旧闻考》中记载，西直门"外修治石道，西北至圆明园二十里。每岁圣驾自宫诣园"。据清末有关北京城郊道路的记述，御道东起西直门外北下关的高梁桥，途经寿福禅林、白祥庵、六堆、七堆、药王庙、黄庄、海淀南小街西大街，北出海淀镇，西折至万寿山。万寿山与玉泉山之间也有"御路"相通。出玉泉山南宫门，绕过玉泉山西宫门又可去香山。清代，这条路联系着京城与西郊众多园林，是皇家去往三山五园的必经之路。

水路出行则是通过高梁河和长河完成的。明代，玉泉山和西湖瓮山泊之间有一座大庙——功德寺，这里不仅有皇家行宫，还在临长河处建有功德寺码头。皇帝可以在此舍辇换舟，更加便利地返回京城（图 1.4.6）。

二、民间活动

明代，每年农历四月一日到十八日，京城会经历立夏、浴佛节、碧霞元君香会三个节日。其中四月八日为浴佛节，这天京城内外各个寺院都要搭棚施茶。京城人

图 1.4.6 ［明］《入跸图》中的功德寺和功德寺码头（台北故宫博物院藏，https://theme.npm.edu.tw/exh107/npm_anime/DepartureReturn/ch/index.html 2019 年 1 月访问）

则"四月一日至八日，游戒坛、潭柘、香山、卧佛、碧云、玉泉、天宁寺诸名胜"[1]。佛浴会中还有一种结缘活动，它是以施舍的形式，祈求结来世之缘。民间在这日流行舍豆结缘，而京城十八日也要舍豆。当天人们"耍戒坛，游香山、玉泉，茶酒棚、妓棚，周山湾涧曲"[2]。耍戒坛不仅要去佛寺参拜，还伴随一种特殊的北京民俗"赶秋坡"："戒坛在县南七十里……其旁有地名秋坡，倾国妓女竞往逐焉……绿树红裙，人声笙歌，如装如应，从远望之，盖宛然图画云。"[3]离戒台寺不远的潭柘寺也有一项活动"观佛蛇"："县西潭柘寺有二青蛇，与人相习，每年以四月八日来见，寺中僧人函盛事之。事传都下，以为神蛇，游人竞往施钱，手

摩之，以祈免阨。僧人因而致巨富云。"而浴佛节期间恰逢京城最大的香会，一日至十八日的碧霞元君香会，其中十八日是碧霞元君诞辰，"倾城趋马驹桥，幡乐之盛，一如岳庙"[4]（图1.4.7）。

虽然遗留的文字记载很少，但可以想象在这18天内京师的盛况：风和日丽的天气下全城百姓都涌出家门——无论是信奉佛教的虔诚教徒，还是祈求碧霞元君庇佑的妇女；无论是年年都趋之若鹜的本地人，还是被节日气氛感召的异乡客；无论是烧香拜神者，还是趁机开市的商贾——寺庙、道观以及它们所处的风景地成为活动的中心，民间的各项娱乐糅杂在佛教、道教、民间宗教的仪式中。尽管是佛诞日

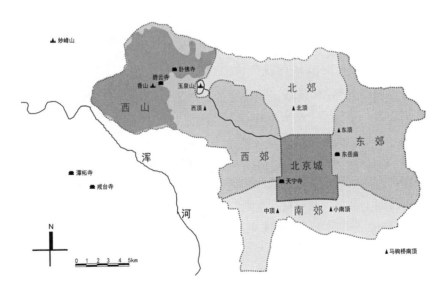

图1.4.7　北京市民四月佛诞日及碧霞元君香会游览景点（根据20世纪30年代《北平四郊详图》绘制）

①《历象汇编·岁功典·孟夏部·汇考》，见《古今图书集成》，古今图书集成内联版。
②刘侗、于奕正：《帝京景物略》，北京古籍出版社，1983年，68页。
③沈榜：《宛署杂记·卷十七·民风一》，北京古籍出版社，1983年，191页。
④同②。

这种带有浓烈宗教气氛的节日，但是沿着道路和溪流而建的饮酒、狎妓的棚子布满山野，充满怀古幽情的名山胜景被浓浓的世俗节日气氛所笼罩。

农历三、四月也是京城人去郊野"踏青"的好时节，从三月清明扫墓开始，"倾城男女，纷出四郊"[1]。而四月的节日里西山诸庙"都人结伴联镳，攒聚香会而往游焉"[2]。至九月，又有"辞青"一说，西山一带看红叶是最重要的活动。

在这些民间活动中，清代妙峰山香会极负盛名（图1.4.8）。妙峰山是仰山主峰，山顶建有碧霞元君祠，与北京五顶齐名，为"金顶"。顾颉刚考证明代的妙峰山还"数不到"，但清代这里的香会，即一种组织朝山进香的民间团体极为发达，仅从碑碣和会启上抄得的会名就有17个，另有持续上百年的"老会"19个，除去重复的共23个团体[3]。这些香会有着不同的分类，如修路、茶棚、缝绽、成补铜锡器、呈献庙中途中用具、呈献神用物品及供具、施献茶盐膏药、技术、普通进香等[4]。

妙峰山距离京城较远，"在京城西北八十余里，山路四十余里，共一百三十余里"。进香的道路主要有四条："曰南道者，三家店也。曰中道者，大觉寺也（图1.4.9）。曰北道者，北安河也。曰老北道者，石佛

殿也。"清末妙峰山进香堪称盛景："人烟辐辏，车马喧阗，夜间灯火之繁，灿如列宿。以各路之人计之，共约有数十万。以金钱计之，亦约有数十万。香火之盛，实可甲于天下矣。"[5]

总之，明清以来，西山已经不再是偏远的乡下，道路等基础设施修建完备（图1.4.10），成为和北京紧密相连的城郊地区，深深地融入普通市民的生活中。

图1.4.8 佚名《妙峰山进香图轴》描绘了清末妙峰山庙宇建筑、香道及山脚以沟涧村为中心的庙会市场和文化娱乐活动（中国国家博物馆藏，采自《中国国家博物馆馆藏文物研究丛书·绘画卷·风俗画》）

①潘荣陛：《帝京岁时记胜》，北京古籍出版社，1983年，16页。
②同上。
③顾颉刚：《妙峰山》，见《顾颉刚全集》，1928年，1031~1033页。
④顾颉刚：《妙峰山》，见《顾颉刚全集》，1928年，1038~1046页。
⑤富察敦崇：《燕京岁时记》，北京古籍出版社，1983年。

图 1.4.9 佚名《妙峰山进香图》从大觉寺出发的进香道路名为中道，图上描绘了香会时大觉寺山门前热闹的庙会情景（首都博物馆藏，采自吴钊《图说中国音乐史》）

图 1.4.10 潭柘寺光绪年间重修的香道（2018 年摄）

三、文人游览

（一）西山"艺文"与明代文人的集体记忆

明代文人钟惺在《蜀中名胜记》的序言中写道："山水者，有待而名胜者也，曰事、曰诗、曰文。之三者，山水之眼也。"按钟惺之说，山水若想出名为胜地，基本的自然条件并不是最重要的因素，关键还要有三点：名人逸事、诗和文章。西山除了留下大量前代传说外，更是富于诗文题咏等文学作品。它们反映了历代文人对于这座北京名山的集体记忆（图 1.4.11）。

成书于 1635 年的《帝京景物略》中辑录了大量的明代文人诗作。书中将北京分为"内城""外城""西山"（泛指西北郊）三部分加以描述。其中与香山、玉泉山及卧佛、碧云等地有关的诗文共有数百位作者的 317 首传世，是西山范围内诗作最集中、数量最多的几处（表 1.4.1 和表 1.4.2）。

在这些诗人中，不乏明代知识分子中举足轻重的人物。留诗最多的莫过于那些曾在京任职的文人，如永乐年间拥护迁都的几位翰林学士——胡广、杨荣、金幼孜、邹缉、林环、曾棨等；"吴门四才子"之一的文征明；著名文学家、政治家、哲学家王守仁；大学士李东阳；文坛"前七子"中的李梦阳、何景明；"后七子"中的王世贞、李攀龙、谢榛、吴国伦；万历年间的名臣郭正域；"山左三家"中的于慎行、冯琦。一些地方文化精英也曾到此游览留诗，比如："公安学派"的代表人物袁宏

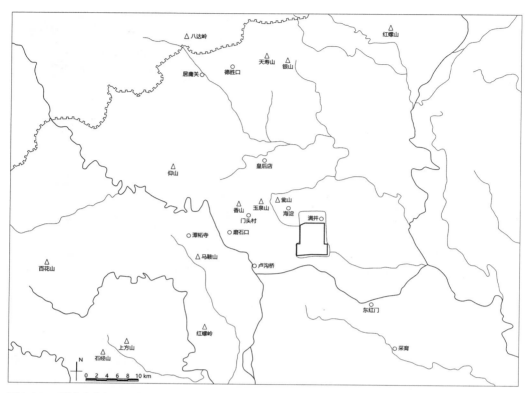

图 1.4.11　明代北京郊区风景游赏地分布示意图　（卢见光根据吴承忠《明代北京风景游赏地的分布特征》改绘），可见西山（小西山）是风景游赏地最密集的区域

表 1.4.1　《帝京景物略》香山及碧云、卧佛相关诗统计

内容	数量	代表人物及诗作
香山	21	王世贞《香山》、王守仁《香山》
香山寺	49	李东阳《游香山诸寺》、李梦阳《香山寺》
来青轩	37	徐渭《来青轩》、袁宏道《来青轩》
洪光寺及十八盘	16	文征明《从香山至洪光寺》、程正揆《同倪何二子登洪光寺》
玉华寺	2	王嘉谟《玉华寺》
碧云寺	75	李攀龙《碧云寺》、袁中道《碧云寺》、吕大器《碧云寺》
卧佛寺	21	姚希孟《卧佛寺听泉》、于奕正《娑罗树歌》
水尽头	19	张学曾《游卧佛寺至水源》、倪元璐《秋入水源》
香山其他景物	4	吴国伦《登香山流憩亭》、冯惟敏《上妙高台》、王衡《祭星台》
总计：244 首		

表 1.4.2 《帝京景物略》玉泉山相关诗统计

内容	数量	代表人物及诗作
玉泉山	14	胡广《玉泉山》、邹缉《玉泉山》、欧大任《经玉泉山望西湖》
望湖亭	21	杨荣《望湖亭》、李梦阳《望湖亭》、李东阳《望湖亭》、于慎行《望湖亭》
玉泉及玉泉亭	9	吴宽《饮玉泉》、何景明《玉泉》、蒋山卿《小憩玉泉亭》
华严寺	11	谢榛《游翠严七真洞》、高叔嗣《华严洞夜坐》、吕大器《玉泉山寺》
吕公岩	5	文征明《吕公祠》
金山寺	9	黎民表《金山寺》
裂帛湖	4	于奕正《观裂帛湖》
总计：73 首		

道、袁中道兄弟；广东"南园后五子"中的欧大任和黎民表；"江北四子"中的蒋山卿和著名画家徐渭等。当然还有北京本地的文化精英，如诗人王嘉谟、刘侗等（图1.4.12 和图 1.4.13）。

文人的诗作富含大量信息，从中可以推断出明代香山和玉泉山到底有哪些景物是最著名的，还可以窥出他们的游览经历。明代文人对香山、碧云等寺庙的游览，由于距离原因，大都需要住宿过夜，如王世贞《宿香山寺》、高叔嗣《宿香山禅房》、黄汝亨《宿碧云寺》等。这种暮往晨归的游览使他们留下了大量的描写黄昏、夜晚和清晨景色的诗篇，如姚汝循的《晚至香山寺》、王衡的《来青轩月》、翁元益的《香山晓起》。山中四季的变化也是一个重要的母题，尤其是在"西山霁雪"盛名下的冬日雪景。这类诗作如朱孟震的《雪游香山寺》、吴国伦的《登香山流憩亭》都描写了香山一带冬日千山雪色、万径踪灭的壮观气象。

香山较之玉泉山更具荒野气息，满山开遍的野花也是一大景观。《帝京景物略》甚至认为香山名字取自满山杏花的"香"，而非一般认为的"香炉峰"的"香"。饲鱼也是一种普遍的活动，香山寺前的水池是这些文人们喂鱼的地点。

香山附近的碧云寺和卧佛寺也是游人最集中的区域。碧云寺以水景取胜，住宿条件也较好。《帝京景物略》中辑录碧云寺诗 75 首，为寺庙诗文数量之最。卧佛寺的娑罗树和牡丹远近闻名，寺西北的水源名叫"水尽头"，流出的泉水沿山涧蜿蜒曲折，山涧两边有多座古庙，亦是游览胜地。

明代文人对玉泉山的游览，往往是与西湖、功德寺的游览相结合的。这一带离都城只有 30 里（15 千米）左右，拥有大面积北方不常见的湿地景观。这种南方水乡般的景色，不仅让北京本地人极为喜欢，也唤起了那些居住在运河沿岸和江南，客

图 1.4.12　在香山留下诗作的部分明代文化名人画像
（从左到右）文征明、王守仁、李东阳、徐渭（采自中国历代名人图像数据库 http://diglweb.zjlib.cn:8081/zjtsg/mingren/index.htm 2020 年 12 月访问）

图 1.4.13　在玉泉山留下诗作的部分明代文化名流画像
（从左到右）杨荣、王世贞、于慎行（采自中国历代名人图像数据库 http://diglweb.zjlib.cn:8081/zjtsg/mingren/index.htm 2020 年 12 月访问）

居异乡人的思乡情怀。

　　大面积的稻田从西湖一直延伸到玉泉山，游览过西湖的文人肯定要到玉泉山上的"望湖亭"一坐。《帝京景物略》中收录了 21 首名为《望湖亭》的诗作，数量为玉泉山名胜之最。眺望湖景、俯瞰山色的同时，饮酒、作诗成为文人们必需的活动，玉泉山优美的山形和清洁的泉水也是他们咏诵的对象，如吴宽的《饮玉泉》、蒋山卿《小憩玉泉亭》。山中众多的洞穴

和小庙宇也是登山过程中必须游历的景点，如谢榛《游翠严七真洞》、高叔嗣《华严洞夜坐》等。

　　以香山、玉泉山为中心的西山游览，还会扩展到更大的范围。比如香山以南的卢师山，因隋代卢师和尚和大小青龙的传说而闻名，是明代官员求雨的地方，文人们也会因为这著名的传说来到邻近的秘魔崖访古。毗邻卢师山有平坡寺，寺后山路可以抵达香山，李东阳曾经记录下他至香

山试图前往平坡寺的经历①。平坡寺在明末已成废墟，西南门头沟山区内的两座古寺潭柘寺和戒台寺也是诗文中常常咏诵的对象。

（二）《鸿雪因缘图记》中的西山游览

明代众多文人墨客游览西山，并留下相关的文学作品，使其声名逐渐远扬。游览使原本的乡村融入了北京的城市生活，促使它们转变为城郊。乡村城郊化进程带来的还有基础建设的完善——道路以及住宿条件都能满足游览的需求，最终为清代的进一步建设打下了良好的基础。

清代西山游览的功能依然延续。清初文人孙承泽辞官后，于顺治十一年（1654年）在西山樱桃沟筑造别墅，修造"退翁亭"，自号退翁，并写出了《天府广记》和《春明梦余录》这两部描写明代北京风物的名著。清中后期，一位满族官员的《鸿雪因缘图记》图文并茂，成为反映清代西山文人游览的最佳佐证。

作者麟庆（1791—1846）（图1.4.14），完颜氏，满洲镶黄旗人，出身名门望族，且少有才俊，嘉庆十四年（1809年）十九岁得中进士。道光年间由于"品学兼优、才具明练"，受到重视，被选派去安徽任知府。十四年升为江南河道总督，十九年兼署两江总督理两淮盐政、关防。

麟庆治河十四年，著有《黄运河古今图说》和《河工器具图说》两部科技著作，后者记录治河工具二百八十九种②。

除了上述两部科技著作，麟庆撰文，汪春泉等绘图的自编年谱《鸿雪因缘图记》采取了一幅图配一段散文的叙事方法，共三集二百四十篇。书中序言写道："是编所述，凡道理山川、形胜古迹、风土民俗、河防水利，靡不博考。见闻兼综，条贯生平，文章政绩略具于是，而大旨以记游为主。"该书画风非常写实，对山川形胜和园林建筑的绘制准确度很高，再配合其生动的文字，是难得的反映清中晚期社会生活的鲜活材料。

图1.4.14　麟庆五十三岁画像（采自《鸿雪因缘图记》）

---

① [明] 李东阳：《游西山记》，见《古今图书集成·方舆汇编·山川典·西山部艺文一》。

② 张佳生：《麟庆及其〈鸿雪因缘图记〉》，载《满族研究》，1986（1），31~37页。

书中有 16 篇是直接或者间接涉及西山游览的，按照原书顺序为：第一集的昆明春望和潭柘寻秋；第三集的戒台玩松、猗玗流觞、灵光指径、秘魔三宿、香界重游、平安就日、董墓尝桃、宝藏攀桂、卧佛遇雨、碧云抚狮、半天御风、大觉卧游、龙潭感圣和玉泉试茗（图 1.4.15）。

这些活动以寺庙游览为主，如潭柘寻秋、戒台玩松、猗玗流觞、灵光指径、秘魔三宿、香界重游、宝藏攀桂、卧佛遇雨、碧云抚狮、大觉卧游和龙潭感圣。麟庆游

览的西山寺庙包括潭柘寺、戒台寺、灵光寺、三山庵、香界寺、宝藏寺、普觉寺、碧云寺、大觉寺。除了住宿于寺庙中，玩赏山水环境、建筑、园林以及特色植物外，极目远眺皇家宫苑也是麟庆登山游览的乐趣所在："山腰有坊，额曰湖山一览。下车回望，昆明湖景，历历在目……出寺登南岭山山神庙，有广榭东向，时夕阳返照玉泉之塔，万寿之楼倒影涵虚，宛然蓬莱仙境。"

西山一带有多座皇家禁苑，官员平

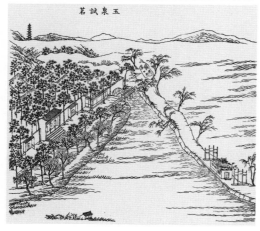

图 1.4.15　秘魔三宿、宝藏攀桂、玉泉试茗、董墓尝桃（采自《鸿雪因缘图记》）

时也无法进入。昆明春望、平安就日、碧云抚狮和玉泉试茗就描写了在这些皇家园林和寺庙周边游览赏景的情形："七月二十四日，余偕二客过金山口、青龙桥，沿石道至高水湖。水澄以鲜，漾沙金色，荷花香艳异常，鸨鹑、鹈鹕低飞。远立稻田弥望，俨是江南水乡。乃坐柳荫，汲玉泉……试之甘冽清醇，为诸泉冠。"

西山的小园林也是麟庆游赏的对象。"董墓尝桃"中的御果园，始建于明代，内监董四"退老于此，善种桃"。清中叶起，桃园面积逐渐扩大，被奉宸苑选为御果园。麟庆和友人在此不仅能品尝到御桃，还可以采摘附近高水湖中鲜嫩的莲藕一饱口福。"半天御风"则描述了普觉寺附近的多处名胜——水源头、樱桃沟、退谷、看花台、烟霞窟和水塔园。

麟庆对西山游览的描述和图绘，展示了与明代文人西山游览大相径庭的特点，反映了二百多年后，清中晚期西山的变化：首先，明代文人最喜爱的三处名胜——香山、玉泉山和碧云寺都成为皇家禁苑，不再是游览的目的地；其次，清代西山游览的条件和活动范围更广阔了，虽然明代已有"西山三百寺，十日遍经行"[1]的说法，但清代西山道路交通的条件更加便利，比如麟庆游览最多的西山寺庙，是相对离京城较远的潭柘寺，较好的山路条件使其可以呼朋唤友，坐马车前往这些藏于深山的景点；最后，除了核心的几座皇家园林和寺院，西山其他带有皇家行宫的寺庙是向王公贵族开放的，如普觉寺、黑龙潭、大觉寺、香界寺和潭柘寺等。

四、小结

北京西山是北京城的"郊野风景名胜地"。皇家生活中的游览、游猎、宗教、祈雨谢雨等活动都是依托西山的地理环境展开的；西山在北京的民间信仰中也占据了重要的地位；众多文人墨客游览西山，并留下相关的文学作品，使其声名远扬，成为北京胜景的代表。这些活动使得原本的乡村融入北京的城市生活，逐渐转变为城郊。乡村城郊化进程带来的还有基础建设质量的提高——道路以及住宿条件都能适应游览的需求，最终为清代在此建设大型皇家园林打下了良好的基础。

---

① [明] 郝敬：《西山》，见《畿辅通志》，卷一百二十，四库全书内联版。

第二章

北京西山园林——历史与变迁

第一节　从八大水院到燕京八景——北京西山园林早期历史

一、金章宗与西山

"子曰：知者乐水，仁者乐山。知者动，仁者静。知者乐，仁者寿。"[1]在儒家思想中"山"作为仁者德行的外化和彰显体现了"静"的品质。孔子在回答"夫仁者何以乐山也"的问题时解释道："夫山……万民之所观仰。草木生焉，众木立焉。飞禽萃焉，走兽休焉。宝藏殖焉，奇夫息焉。育群物而不倦焉，四方并取而不限焉。出云风通气于天地之间，国家以成，是仁者所以乐山也。"[2]水动山静的景象呈现出的早已不是单纯的自然美感，也摆脱了原始的神秘感，儒家比德的思想被赋予其中。"山水以形媚道，而仁者乐"[3]。魏晋士人将山水作为审美的对象，文学、绘画中的山水艺术空前发展。山水自然超越了道德层次而引向审美境界，自然景物成为情感表现和自由想象的对象[4]。从这时起，园林在精神生活上的意义突出起来。"少无世俗韵，性本爱丘山"[5]，不再出仕的陶渊明，隐居山水田园之中，成为后世的榜样。专门收录魏晋南北朝时期清谈的谈录《世说新语》有卷名为"栖逸"，记载了士人为避开尘世而隐逸于山水间的生活。士大夫仕隐的矛盾促成了隐逸文化和其载体——园林的大发展。这种理念后来逐渐发展出"山居"的概念，所谓"栋宇居山曰山居"[6]成为中国园林最核心的部分。

北京西山优越的山地条件和远离城市喧嚣的氛围，促使其成为"山居胜于城市"[7]的理想居住场所。同时一些宗教活动也因借环境展开，比如这一地区最早的传说可以追溯到东晋时期，相传炼丹家葛洪在香山留有丹井[8]。唐代西山出现了多座佛教寺院，如香山寺[9]、兜率寺[10]和妙高堂[11]等。

---

① 《论语·雍也第六》，四库全书内联版。

② [西汉] 刘向：《说苑·卷十七杂言》，四库全书内联版。

③ [南朝·宋] 宗炳：《画山水序》，四库全书内联版。

④ 刘彤彤：《问渠那得清如许，为有源头活水来——中国古典园林的儒学基因及其影响下的清代皇家园林》，天津，天津大学博士学位论文，1999年。

⑤ [东晋] 陶渊明：《归园田居》，古今图书集成内联版。

⑥ [南朝·宋] 谢灵运：《山居赋》，古今图书集成内联版。

⑦ [明] 路绍珩：《醉古堂剑扫》，古今图书集成内联版。

⑧ 丹砂泉在香山下，相传为葛洪丹井，见《宛署杂记》。

⑨ 香山永安寺建于唐代，沿于辽、金，商辂：《香山永安寺记》，见《宛署杂记》。

⑩ 寿安寺，在煤厂村，唐建，名兜率，见《宛署杂记》。寺，唐名兜率，见《帝京景物略》。

⑪ "妙高堂"，古名。唐以来有之，即今东方丈处，《香山八景诗》，见《宛署杂记》。

辽金时期，佛教盛行，随着北京地位的进一步提升，西山呈现出"诸兰若内，尖塔如笔，无虑数千"[①]的景象。辽会同元年（938年），得燕云十六州，升幽州为南京，成为陪都之一。辽代佛教盛行，北京有众多佛寺兴建。现在西山还遗存几座辽代佛塔，如八大处灵光寺招仙塔塔基、普安山普安塔和戒台寺辽塔等（图2.1.1、图2.1.2）。

金章宗完颜璟（1168—1208年）是金世宗之孙，也是金朝汉文化水平最高的皇帝，甚至有"西山古迹多金章宗所遗"[②]之说。后人论及章宗与北京，总是提起流传至今的"燕京八景"以及"西山八院"，即金章宗在西山的八座行宫。

"燕京八景"始于章宗的说法，最早见明初翰林学士胡广作《北京八景图诗序》："地志载明昌遗事有燕山八景。"这里提出明昌遗事说，将燕京八景归功于金章宗。此说在清代首先被孙承泽的《天

府广记》应用，后又出现在乾隆《大清一统志》中，遂成定论。

"西山八院"可见于明末《帝京景物略》："金章宗设八院游览，此其一院，草际断碑'香水院'三字尚存。"清初《春明梦余录》也有："金章宗西山八院为游宴之所，其香水院在京山口，石碑尚存。稍东有清水院，今改为大觉寺。"

这两部著作虽然提到西山八院，但未明确说明具体是哪八处。现在西山八院，也称西山八大水院，最普遍的一种说法是：①圣水院，位于凤凰岭，现称黄普院；②香水院，位于妙高峰山麓，现为法云寺；③金水院，位于阳台山，现称金山寺；④清水院，位于阳台山南麓，现称大

图 2.1.1　北京八大处灵光寺辽招仙塔塔基
（2010 年摄）

图 2.1.2　北京戒台寺辽塔（2005 年摄）

---

① [明] 蒋一葵：《长安客话·卷三·郊坰杂记·西山》。
② 沈榜：《宛署杂记》，北京，北京古籍出版社，1982 年，55 页。

觉寺；⑤潭水院，位于香山，现双清别墅内；⑥泉水院，位于玉泉山南麓玉泉湖，传说为芙蓉殿旧址；⑦双水院，位于石景

山的翠微山双泉村北香盘寺，今为双泉寺；⑧灵水院，位于仰山，现称栖隐寺[1]（图 2.1.3）。

图 2.1.3　西山八大水院
（a）圣水院　（b）香水院　（c）金水院　（d）清水院　（e）潭水院
（f）泉水院　（g）双水院　（h）灵水院
（采自高大伟《依托湿地创建山水园林的中国传统造园思想》）

①高巍，孙建华：《燕京八景》，学苑出版社，2002 年。

二、燕京八景和地方文化认同

（一）燕京八景的起源

中国传统城市中一般都有"八景""十景"等称谓。这些景点包括优美的自然景观和古老的人文遗迹，最能突出该地域的特色。它们往往通过图咏传播，使外来者借助这种图文并茂的形式，对该地区产生大致的最初印象。

1. 潇湘八景

"八景"文化如何产生，历来有不同说法。《辞源》和《中文大词典》均认为最初起源于北宋的"潇湘八景"，即"平沙落雁""远浦归帆""山市晴岚""江天暮雪""洞庭秋月""潇湘夜雨""烟寺晚钟""渔村夕照"。这八景并不是指某个确切的地点，而是泛指现在湖南潇水、湘江和洞庭湖的八种自然、人文景观。

宋代多位画家都以此为题进行过创作，如南宋夏圭和牧溪。王洪则因其《潇湘八景图》[1]传世至今而闻名。此外潇湘八景还传播到朝鲜半岛和日本，成为流行的绘画题材。

"潇湘八景"之后，各地文人士大夫纷纷效仿，各种"八景""十景"如雨后春笋般出现，著名的有"西湖十景""关中八景"以及"燕京八景"。

2. 燕京八景

燕京八景是北京八处风景名胜的统称。明永乐十二年（1414年），一些翰林官员[2]在随同朱棣巡狩北京时，以北京八景为主题，运用诗歌的形式吟诵成章，并由王绂（1362—1416年）绘制了《北京八景图》（图2.1.4、图2.1.5），并由胡广[3]作八景诗咏序文。序文写道：

地志载明昌遗事有"燕山八景"，前代士大夫间尝赋咏，往往见于简册。圣天子龙飞于兹，肇建北京，为万方会同之都，车驾凡再巡狩，文学之臣多列扈从。翰林侍讲兼左春坊左中允邹缉仲熙独曰："昔之八景，偏居一隅，犹且见于歌咏。吾辈幸生太平之世，当大一统文明之运，为圣天子侍从之臣，以所幸从游于此。纵观神京，郁葱佳丽，山川草木，衣被云汉，昭回之光。昔之与今，又岂可同观哉？乌可无赋咏以播于歌颂？"众咸曰："然。"遂命曰"北京八景"。（图2.1.6）

胡广提出燕京八景出自金章宗的说法。目前，史籍所见关于燕山八景的记载，无论赋咏，还是方志，均始于元初。最早是陈孚作于至元二十九年（1292年）的《咏神京八景》为：太液秋风、琼岛春阴、

---

① 现存美国普林斯顿大学艺术博物馆。
② 这些翰林官员包括：胡俨、金幼孜、曾棨、林环、梁潜、王洪、王英、杨荣等十三人。
③ 胡广（1370—1418年）在燕师入南京时因与同乡好友解缙一同迎附朱棣而被选入内阁。其后升任文渊阁大学士，并随同成祖两次巡狩北京。

图 2.1.4　王绂《北京八景图》之一到四，由上至下：金台夕照、太液晴波、琼岛春云、玉泉垂虹
（采自史树青《王绂北京八景图研究》）

图 2.1.5　王绂《北京八景图》之五到八，由上至下：居庸叠翠、蓟门烟树、卢沟晓月、西山霁雪
（采自史树青《王绂北京八景图研究》）

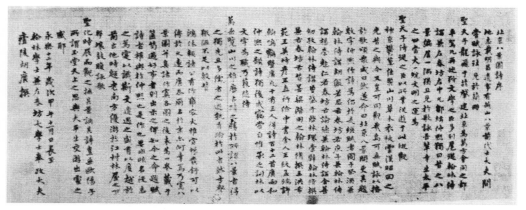

图 2.1.6　胡广《北京八景图诗序》（采自史树青《王绂北京八景图研究》）

居庸叠翠、卢沟晓月、西山积雪、蓟门飞雨、玉泉垂虹、道陵夕照。此诗屡见方志引用，是现今发现的最早关于燕京八景的文字。而最早讨论燕京八景的是元代陈栎的《燕山八景赋考评》，此文大概成于元贞元年至泰定四年（1295—1327年）之间。明确指出燕山八景之名起于元中统以后。因此，"燕京八景"的起源应追溯至元代，明初这些翰林学士将"燕京八景"归功于金章宗的行为，到底有何意义呢？

首先，北京八景诗和图的创作和永乐皇帝迁都北京这一历史事件紧密相连。明永乐元年（1403年），北平改称北京顺天府。永乐十九年（1421年）正式迁都北京，以南京为留都。新都的建设从永乐四年（1406年）开始，直到永乐十四年（1416年），朝中对于迁都的非议声才得以平息，迁都成为定议。胡广等人这次"倡和"行为，背后却有着附议成祖迁都的政治背景。

其次，北京八景诗和图的创作削弱了元代对燕京八景的创造，而归功于更倾向汉文化的金章宗。金章宗是金代汉文化修养最高的一位皇帝，他的诗作有7首留世，且擅长书法，尤其喜好宋徽宗的瘦金书。章宗在位时还提倡金贵族学习汉文化。如南宋曾奉敕出使金国的周密在《癸辛杂识》①中提到：

金章宗之母，乃徽宗某公主之女也。故章宗凡嗜好书札，悉效宣和，字画尤为逼真，金国之典章文物，惟明昌为盛。

南宋文人将崇尚汉文化的金章宗视为宋徽宗后裔，汉族优秀文化在北方的继承者。而元时，汉族知识分子备受歧视，元朝统治者基本不通汉文，中土文化得不到元朝上层社会的支持，反而被大肆破坏。明代文人的这种行为将元在北京的影响降低，归根到底是希望得到朝臣和子民对北京文化地位的肯定。

最后，《北京八景》的创作也是对北京地方文化的传播。明初王绂的画卷、翰林们题写的诗咏，都向南方的居民宣传了北京特有的自然、人文景观。它们经过清

① [南宋] 周密：《癸辛杂识》，维基共享版。

代的继承发展，最终成为脍炙人口的燕京八景（表2.1.1）。

（二）燕京八景与地方文化确立

明代的北京是在元大都的基础上改建和扩建而成的（图2.1.7）。天顺五年（1461年）成书的《明一统志》对于北京地理范围的描述是：

> 京师，古幽蓟之地。左环沧海，右拥太行，北枕居庸，南襟河济。形胜甲于天下，诚所谓天府之国也。[①]

燕京八景的定位，不仅强调了北京的特质，而且还标识出了北京的范围。明代

表2.1.1 元、明、清三代燕京八景名称变化

朝代	八景名称	出处
元	琼岛春阴、太液秋风、玉泉垂虹、西山积雪、蓟门飞雨、卢沟晓月、居庸叠翠、道陵夕照	《元一统志》
明	琼岛春云、太液晴波、玉泉垂虹、西山霁雪、蓟门烟树、卢沟晓月、居庸叠翠、金台夕照	《北京八景图》
清	琼岛春荫、太液秋风、玉泉趵突、西山晴雪、蓟门烟树、卢沟晓月、居庸叠翠、金台夕照	乾隆《燕京八景诗叠旧作韵》

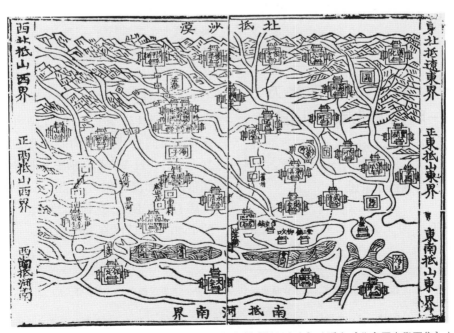

图2.1.7 《畿辅图》，出自（明）万历二十一年出版《顺天府志》（采自《北京历史舆图集》）

---

① [明] 李贤、彭时等修撰：《明一统志》，四库全书内联版。

早期的"燕京八景"载誉至今，但流传下来的八景图对"八景"的描绘并不准确，甚至是难以识别的，图上的题注和说明性文字成为人们，尤其是没有到过北京的人识别和认知京城景色的依据；浓缩了人们情感和城市名片化的"八景"之说，是一种对著名景点的记忆和认可，并且使人们通过这些郊野地标来进一步识别城市（图 2.1.8）。其中的"西山霁雪"和"玉泉垂虹"是八景中位于西山的两处，也是北京西北郊标志性的风景。它们为明清西山园林建设奠定了基础。

第二节　明清变迁与西北郊皇家园林的建立

一、深山古寺与北方水乡——明代的北京西山园林

（一）寺庙建设

经历了明王朝两个多世纪的统治后，晚明，西山由于其优越的生态条件与城市之间便利的交通系统，逐渐发展出"梵宇琳宫，不可胜数"的寺庙群，有三百六十寺之称，古人将之比喻为佛教圣地五台山[1]。而西山诸寺中很多都在北京历史上颇负盛名[2]，成为游人的主要观光景点。

出明代北京西直门一路向西山，高梁河、长河与穿过海淀镇的道路形成最主要的交通。沿途风景中最重要的就是寺庙。在晚明关于北京的游记中，寺庙成为最普遍的观光景点，作为游览的景点、朝圣的目的地和节日的庆祝地，是北京独特风景的见证。

最早将人类足迹带到西山的是僧人——"西山岩麓，无处非寺，游人登览，类不过十之二三"[3]；"西山三百寺，十日遍经行"[4]。根据美国学者韩书瑞（Susan Naquin）统计，明末北京西北郊共有寺庙330座，超过一半（172座）的庙宇坐落在山中，这172座中有106座是明代文人经常游览的[5]。这时西山的土地是允许建立寺庙的，且寺庙都鼓励游人来访。明初北京西北郊仅有97座寺院；一个世纪后就翻了一倍还多，达到了240座；至明末的1640年前后已有330座之多。此三阶

---

① [明] 蒋一葵：《长安客话》，北京，北京古籍出版社，1982年，52页。西山，神京右臂，太行山第八陉，《图经》亦名小清凉也。

② [明] 郝敬：《西山》，见《畿辅通志》，卷一百二十。西山岩麓，无处非寺，游人登览，类不过十之二三。西山三百寺，十日遍经行。

③《寺观》，见《畿辅通志》，卷五十一。

④ [明] 郝敬：《西山》，见《畿辅通志》，卷一百二十。

⑤ Susan Naquin：*Peking：Temples and City Life*，1400–1900，University of California，259.

图 2.1.8　燕京八景的地理位置[①]

1—琼岛春云；2—太液晴波；3—玉泉垂虹；4—西山霁雪；5—蓟门烟树；6—卢沟晓月；7—居庸叠翠；
8—金台夕照
由图可见，有 4 景（或 3 景）集中于北京城、西山和浑河所界定的西郊范围内；东南郊明显弱于西北郊
（卢见光绘制）

①图中燕京八景的位置根据乾隆十六年高宗考证结果所绘，但蓟门烟树（5）和金台夕照（8）两处位置历来
说法不一：《金史》记"蓟门"在今宣武门外大街西侧一带；而孙承泽的《天府广记》有云：燕城故迹，见
于元人乃邀禄、乃贤文集者，一曰黄金台，大悲阁东南隗台坊内。这处隗台坊的地点，据《宸垣识略》记载：
隗台坊内其地约今白纸坊，殆金所筑也，这个位置也在今宣武白纸坊一带。故图中用括号标识。

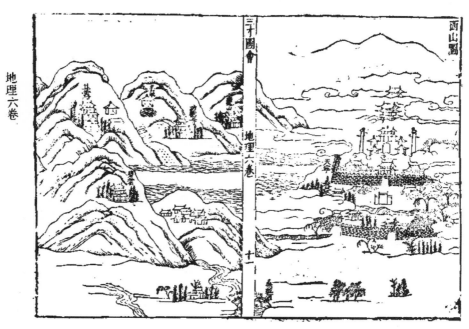

图 2.2.1　西山图（采自《三才图会·地理六卷》）
图右半部是绘出了城墙和宫殿屋顶的北京城；左半部是像湿地一般的郊野和西山；瓮山、玉泉山、香山和卢沟桥都被标识出来，甘露寺、卧佛寺、碧云寺等寺庙清晰可见；深山古寺和南方水乡这两种特质在图中构成了与北京城相对立的景观。

段中西山的寺庙都占到了总数的一半以上[①]。

明代，宦官成为寺庙的主要捐助人，原因主要是为了解决身后事——"对没有后嗣、不能归葬祖坟的内官来说，这个问题就成为亟待解决的终极人生问题。他们所找到的变通方法，就是生前建造寺庙，成为寺庙的香主，死后可以同样享受前来求神拜佛的香火，将僧众和络绎不绝的香客变为广义上的子嗣。"[②]明末西山诸寺的捐助人都是宫中有权势的太监，甚至有

"西山三百七十寺，正德年中内臣作"[③]的说法。

明代西山诸峰中，香山较著名的寺院有永安禅寺、洪光寺、玉华寺；玉泉山有华严寺，华严寺西半里为金山寺；聚宝山有碧云寺[④]；寿安山有卧佛寺，传说始建于唐，明末亦名永安寺；瓮山有圆静寺[⑤]，明末已经倾圮；卢师山有秘魔崖、清凉寺、证果寺等；中峰上有中峰庵，山之阴有晏公祠、翠岩寺、永寿庵，山之

① Susan Naquin：*Peking：Temples and City Life*，1400-1900，University of California，259.

② 赵世瑜：《明代内官与西山诸寺》，腾讯文化·大家专栏，2016 年 3 月 27 日，https://cul.qq.com/a/20160327/ 019730.htm。

③ 王廷相：《西山行》，见《宛署杂记》，第二十卷，志遗三，北京古籍出版社，1983 年，256 页。

④ [明] 蒋一葵：《长安客话》，北京古籍出版社，1982 年，56 页。大抵西山兰若，碧云、香山相伯仲。碧云鲜，香山古。碧云精洁，香山魁恢。

⑤ [明] 刘侗、于奕正：《帝京景物略》，北京古籍出版社，1983 年，308 页。弘治七年，助圣夫人罗氏建也。

阳有弘教寺；翠微山上有圆通寺即平坡寺，明末寺已破败不堪；戒坛山有一古寺，正统年间易名为万寿寺，因其中有三层白石坛，俗称"戒台寺"；潭柘山上有京西名刹潭柘寺，历史极为悠久[1]。

（二）水乡记忆

随着西山名胜在"燕京八景"中占据两席——"西山霁雪"和"玉泉垂虹"，其作为北京郊野的风景名胜地，也随着各种描写北京的诗文、著作而声名远扬。在这些作品中西山成为最著名和最受欢迎的景点，成为明末所有描写北京的游记都无法回避的重点。这个时期，尽管在西北郊大地上，村庄和居住点零星点缀其间，西山在人们心目中仍然是无人居住的。明末海淀一带已经出现了京城显贵们的园林，比如米万钟的勺园和李伟的清华园。但是西山并不是建立园林别业的理想选择，反而是阴宅的风水宝地[2]。

自从明成祖朱棣迁都北京（1421年）后，由南方迁移来的农民在西北郊平原东部多泉眼沼泽的海淀一带开辟水田、鱼池、藕塘，官僚、贵戚也纷纷占地兴建私家园林，于是，这一带逐渐形成宛若江南水乡的自然景观。

瓮山上的圆静寺在明末已经倾圮，山的形状也不美，被称为"童山"，多数游人并未登上山峰，仅是从青龙桥上远眺。

瓮山真正吸引人的风景点是"西湖"这一北方不常见的大面积湿地景观。而西湖的水源是邻近玉泉山的泉水，泉水从山东侧源源而出，在山东侧形成了大面积的水洼，逐渐和"西湖"融为一体。这种水乡般的景色不仅为本地居民所喜爱，也唤起了来自运河沿线或是南方旅居者的思乡情怀。西湖附近有着大面积的水稻田，稻田一直向西延伸到玉泉山，因此玉泉山和西湖呈献出来的是一种浓浓的水乡景象[3]。

一些南方来的游人也将西山园林中的著名景色以各种方式带回家乡，以纪念在京师的经历，最著名的典故就是文征明与玉泉。文征明参与了友人王献臣的私家园林拙政园的建设，明嘉靖十二年（1533年），他依照拙政园中的景物绘成《拙政园三十一景图》，并配以诗文。其中"玉泉"一诗为："曾勺香山水，泠然玉一泓。宁知瑶汉隔，别有玉泉清。修绠和云汲，沙瓶带月烹。何须陆鸿渐，一啜自分明。"文征明诗后解释了这段故事的前尘，既拙政园主人王献臣自号玉泉山人，在京为官多年，历经宦海沉浮。致仕返乡经营园林后，他虽已和前尘往事瑶汉相隔，北京的玉泉却通过拙政园的玉泉得以重现，以此纪念在京师的那段人生："京师香山有玉泉，君尝勺而甘之，因号玉泉山人。及得泉于园之巽隅，甘冽宜茗，不减玉泉，遂以为名，示不忘也。"（图2.2.2）

---

[1] [明] 刘侗、于奕正：《帝京景物略》，北京古籍出版社，1983年，314页。谚曰：先有潭柘，后有幽州。夫潭先柘，柘先寺，寺奚遽幽州论先，潭柘则先焉矣。潭柘而寺之，寺莫先焉矣。

[2] Susan Naquin：*Peking：Temples and City Life*，1400–1900，University of California，259.

[3] Susan Naquin：*Peking：Temples and City Life*，1400–1900，University of California，258.

图 2.2.2　文征明《拙政园三十一景图·玉泉》（美国大都会博物馆藏）

二、清代皇家园林的建立

公元 1644 年的北京城命运多舛。从农历三月到五月，北京历经崇祯皇帝自尽、李自成 42 天统治以及最终清军的占领。而此前一年的崇祯十六年（1643 年），北京由于遭遇了持续几年的鼠疫，人口锐减 50 万~60 万[1]，甚至到了"十室九空"的程度。其后的李自成和清军入关，使北京居民的处境雪上加霜。

清军入城后，北京残留的居民被驱赶出内城转向外城居住，形成了所谓"满汉分城"的局面。据学者研究，此时约 40 万旗人移居城里或是邻近郊区[2]。

与此同时，清朝统治者也实施了"圈地"政策，大批城郊农田变为"旗地"。随着政策的实施，北京城从一座生机勃勃的大都市转变为被占领的城池。而对于满人来讲，北京城是他们从游猎到定居，生活方式改变的载体。

圈地的进一步加剧使北京郊野也经历了巨大改变。邻近城市的庄园被清朝上层贵族和官员占领，旗人兵营驻扎在原来的汉人村庄附近。但这同时也加强了城内外的联系，使明代就开始的乡村城郊化进程明显加快。

清朝的统治者很快就开始利用城外的大面积开敞空间。明代在都城东面饲养马匹，清代则将此扩展到更远的范围，对于郊野空间的利用更加多样，这其中尤以对北京西北郊的利用最为明显。

满族在关外是"逐水草而居"的游猎民族，"田狩"等马背民族的习惯一直作为清朝的"国本"保持着。利用郊野进行军事训练和阅兵成为清朝的惯例。如顺治

---

①曹树基：《明时期》，见《中国人口史》，第四卷，复旦大学出版社，2000 年，433 页。
②韩光辉：《北京历史人口地理》，北京大学出版社，1996 年，110 页。

时期的南苑，因其三倍于北京城的巨大面积以及湿地生态环境成为清朝狩猎、阅武、军事训练的场所（图 2.2.3）。

而八旗兵营的建设也在郊野的大范围内展开了：新增满族人口使得在明后期骤减的北京人口得到补充，但也使得城内地皮日益紧张。顺治十八年（1661 年）将原设于城内的各旗大校场迁往各旗方位相应的城外[①]。这一举动拉开了西北郊军营建设的序幕。

清代驻扎在北京城的军队称为"京师八旗"。八旗按照驻地不同，又分为内七营和外三营。外三营驻扎在城外，分别是火器营、圆明园护军和健锐营。

火器营组建于康熙三十年（1691 年），是专门操演火器的部队。因为平时不承担警卫的任务，既要减少外界干扰，又须提高战斗力，因此"令其远屯郊坼"[②]。火

器营有内外之分，外火器营营房部署于西北郊蓝靛厂一带，毗邻长河（图 2.2.4）。

圆明园护军营始建于雍正二年（1724年）（图 2.2.5）。健锐营系由乾隆十三年（1748 年）从八旗兵勇中选拔的云梯兵组成，第二年更名健锐营。这两支队伍承担皇帝园居时的警卫和扈从任务，也在

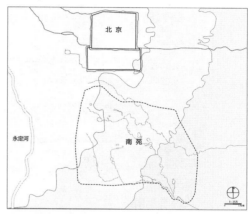

图 2.2.3　南苑与北京城关系示意图（张煦康绘制，底图依据侯仁之主编《北京历史地图集》）

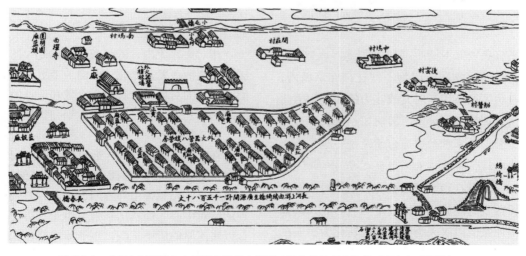

图 2.2.4　《三山五园图》中长河上游外火器营（采自熊涛老人等辑《西山名胜图说》）

① 赵生瑞：《中国清代营房史》，中国建筑工业出版社，1999 年，155 页。
② [清] 昭梿：《赛将军》，见《啸亭杂录》，卷五，中华书局，1980 年，273 页。

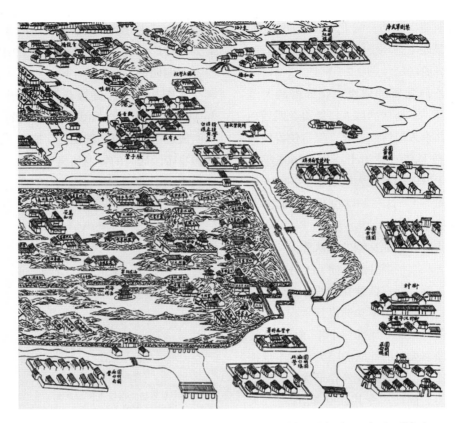

图 2.2.5 《三山五园图》中圆明园护军营房（采自熊涛老人等辑《西山名胜图说》）

平日负责保卫圆明园和静宜园。

这三支队伍因为不驻扎在北京城内，避免了城市生活对其战斗力的削减。因此清人评价曰：香山、圆明园、蓝靛厂为外三营，凡京营劲旅皆出于是……缘其地去城既远，不甚染繁华靡丽之习[①]。

军营在西北郊的驻扎，也使得周围的村落变为满族包衣们的定居点。北京西郊由原来的以汉人为主的社会转化为旗人在北京城外的重要聚居地。

相对皇宫大内，清代帝王更偏爱"园居"的生活，尤其是北京西山一带更是他们所欣赏的对象。随着游幸次数和地点的增加，西北郊越来越多的场地划归皇家所有（表 2.2.1）。

在这些皇家园林中，后世所谓的三山五园，即圆明园、畅春园、万寿山清漪园、玉泉山静明园和香山静宜园，是西北郊景观的绝对中心。而西山一带，由于其自辽金以来深厚的历史积淀，更能体现这种变革带来的景观变迁。

---

① [清] 震钧：《外三营》，见《天咫偶闻》，卷九，北京古籍出版社，1982 年，209 页。

表 2.2.1　清代北京西北郊园林和行宫建设简表

园林名称	主要建设年代	营建基础
香山行宫和静宜园	康熙十六年（1677 年） 乾隆九—十一年（1744—1746 年）	香山及香山诸寺
澄心园和静明园	康熙十九—三十一年（1680—1692 年） 乾隆五年（1740 年） 乾隆十五—二十三年（1750—1758 年）	玉泉山
畅春园	康熙二十九年（1690 年）	清华园
万寿寺行宫	康熙二十五年（1686 年）；乾隆十六年（1751 年）	明代万寿寺
圆明园	康熙四十六年（1707 年）始建	明代故园
乐善园	乾隆十二年（1747 年）	康亲王废园
碧云寺行宫	乾隆十三年（1748 年）	碧云寺
香界寺行宫	乾隆十三—十四年（1748—1749 年）	康熙十七年修明代圆通寺，赐名圣感寺
颐和园（清漪园）	乾隆十五—二十九年（1750—1764 年）	瓮山和瓮山泊
倚虹堂	乾隆十六年（1751 年）	长河
紫竹院行宫	乾隆二十六年（1761 年）	万寿寺下寺
大正觉寺行宫	乾隆二十六年（1761 年）	正觉寺
泉宗庙、圣化寺	乾隆三十一年（1766 年）	万泉河
卧佛寺行宫	乾隆四十八年（1783 年）	雍正十二年重修明代卧佛寺，命名为十方普觉寺
大觉寺行宫	乾隆十二年（1747 年）	大觉寺
岫云寺行宫	康熙三十一—三十三年（1692—1694 年）	潭柘寺

第三节 皇家园林与西山景观的变迁

一、"景"的继承与发展

（一）景文化影响下的清代皇家园林建设

中国传统文化中惯常以"景"来命名著名地点或风景名胜，如潇湘八景、西湖十景、燕京八景等，并利用绘画和文学作品对地方景文化进行创作和传播。清代皇家园林建设中也利用了这一传统文化，康熙皇帝命名的避暑山庄三十六景是一系列实践的开端：早在热河行宫[①]时期，山庄内既已形成十六景[②]。康熙五十年（1711年），避暑山庄正式得名，并选取山庄景致以四字命名并逐一赋诗为三十六景。次年，由沈嵛绘图，朱圭、梅裕凤雕版的《御制避暑山庄诗》刊印成书（图2.3.1）。在此基础上，康熙五十二年（1713年）意大利传教士马国贤（Matteo Ripa）主持印制了铜版《御制避暑山庄三十六景诗图》（图2.3.2）。

乾隆十九年（1754年），乾隆皇帝以三字为名，增添了新的三十六景。但七十二景并未涵盖山庄的全部景色，《御制再题避暑山庄三十六景诗序》有云："我皇祖，圣祖仁皇帝，肇斯灵囿，标三十六景，题句、绘图，垂示册府。朕……乃知三十六景之外，佳胜尚多。萃而录之，复得三十六景。"通过系列题名，配以图文对应的画册，禁苑美景得以昭示，成为宣扬清帝治国理念的特殊媒介。

避暑山庄七十二景是"景"文化在皇家园林中的反映，康乾两朝制作的图册不下十种，现存图册均以沈嵛版本为圭臬。这些绘画采用了较高的视点，表现了类似于"平远"的视觉效果；建筑物采用了写实的手法，但周围山水的比例则根据画面效果而作了夸张的处理，以强调山环水抱的意象；图中空无一人，也没有任何人类活动的暗示，图面的整体氛围朴素而宁静[③]。

这些诗图给清代皇家园林的建设带来了灵感，而其提炼景点、赋诗咏志并制作图咏的方式，也成了在雍正、乾隆两朝皇家园林建设中涌现出来的圆明园四十景、静寄山庄诸景[④]、静宜园二十八景和静明园十六景等诗图结集作品所效仿的模

[①]山庄所在的承德原名热河，清初人烟稀少，称为热河上营。康熙二十年（1681年）始，清帝秋季的木兰行围，带动了从古北口外至木兰围场间，沿途的一系列行宫建设，热河上营东北部也建起了热河行宫。康熙四十二年（1703年）行宫建设初具轮廓，并设立热河行宫总管，又雍正十一年（1733年）承德之名出现，再于乾隆四十三年（1778年）升为承德府，统领一州五县，城市随园林经营而迅速发展起来。

[②]据张玉书《扈从赐游记》记载：澄波叠翠、芝径云堤、长虹饮练、暖流暄波、双湖夹镜、万壑松风、曲水荷香、西岭晨霞、锤峰落照、芳渚临流、南山积雪、金莲映日、梨花伴月、莺啭乔木、石矶观鱼、甫田丛樾。

[③]美国学者 Whiteman 在 *Translating the Landscape* 一文中探讨了沈嵛三十六景图的艺术特点，认为其是不同于明代私家园林图咏的，反映了康熙皇帝治国理念的新形式。

[④]静寄山庄有内八景、外八景、新六景和附列十六景，共38景。

图 2.3.1 《御制避暑山庄诗·锤峰落照》（采自《清殿版画汇刊》）

图 2.3.2 《御制避暑山庄三十六景诗图·西岭晨霞》（大英博物馆藏）

本。这些景点或以四字为名，如圆明园四十景、静寄山庄内八景和静明园十六景；或以三字为名，如静寄山庄外八景、新六景和附列十六景以及静宜园二十八景。

大量相关绘画作品亦层出不穷，其中不乏以避暑山庄图册为蓝本的作品，例如乾隆九年（1744年）绢本彩绘的《圆明园四十景》：该画册共纳入作品40幅，每幅右侧由沈源、唐岱等宫廷画师绘制一景，画面几乎是正方形，工笔彩绘的建筑十分写实，甚至彩画等细节都清晰可辨，建筑仿佛环绕于真山真水之间，但圆明园实为平地叠山理水的人工园林；每幅左侧为乾隆皇帝的《四十景对题诗》，由工部尚书汪由敦书写。此外亦有更多作品在图册的基础上发展了各种类型的表达方式：董邦达的《田盘胜概图》仍然是图册形式，但没有沿用图文分列两面的方法，而是图文合一，乾隆皇帝御笔的静寄山庄内外八景诗排版在画面的上方；方琮的《静明园十六景图屏》（图2.3.3）共八面，每面上下排列两景，上幅为长方形抹圆角、下

幅为长方形；张若澄的《静宜园二十八景（手卷）》（图2.3.4）则利用长卷将二十八景与地势巧妙融为一个整体，突显出皇家园林磅礴大气、自然天成的韵味。

这些景中，静宜园二十八景和静明园十六景分别位于西山范围内的香山和玉泉山。它们并不是园林中的全部内容，但却是整个园林特质的高度概括和浓缩。反映了在历史遗迹较多的西山地区，匠人们如何利用旧有自然文化景观去构建崭新皇家园林。

（二）静宜园二十八景

香山在元代曾有八景之说。著名诗人萨都剌喜爱山水，对香山情有独钟，有著名的香山八景诗流传后世。香山八景分别是：祭星台、丹井、护驾松、乳峰山、妙高堂、金界香莲、松顶明珠、仁王佛阁。清高宗在乾隆十一年（1746年）静宜园初成后，将园内二十八处分别冠以三字题名，是为"静宜园二十八景"，并作诗咏

图 2.3.3 　《静明园十六景图屏》（沈阳故宫博物院藏）

图 2.3.4 　《静宜园二十八景（手卷）》（故宫博物院藏，香山公园管理处提供）

之。这二十八景包括[1]：

勤政殿、丽瞩楼、绿云舫、虚朗斋、璎珞岩、翠微亭、青未了、驯鹿坡、蟾蜍峰、栖云楼、知乐濠、香山寺、听法松、来青轩、唳霜皋、香岩室、霞标磴、玉乳泉、绚秋林、雨香馆、晞阳阿、芙蓉坪、香雾窟、栖月崖、重翠崦、玉华岫、森玉笏、隔云钟（图 2.3.5）。

乾隆帝在《静宜园记》中自述："名曰静宜，本周子之意，或有合于先天也。"这是取周敦颐《通书·圣学第二十》中"一者，无欲也，无欲则静虚动直"之意。他在御制诗中也写道："宜静原同明静理，此山近接彼山青。"静明园的名字是由乾隆的祖父，圣祖康熙所赐[2]，是第一座以

静命名的清代皇家园林。乾隆皇帝在为香山行宫命名时秉承了祖父的思想，"静"表示其是一座山地园林，而"宜"字代表了香山静宜园的特点和乾隆皇帝想赋予它的意义。乾隆的御制诗中"宜"字出现的频率很高，最多是表达了适当、合适的意思，如"对月最宜秋，此言良不易"[3]，"景向淡中宜藻绘，山从老处见精神"[4]等等。无论是形容山中独特月色、秋景还是精致的山中建筑，静宜园最大的特点都被归结于出色的山景之中[5]，并且通过对山景的描写赋予了对农时、生产的赞美[6]。以上的一切都被乾隆帝总结为一种山中特有的

①《静宜园二十八景诗》，见《清高宗御制诗集》，初集卷三十，四库全书内联版。

②[清]内务府编，[清]郭良翰编，[明]袁应兆撰：《总管内务府会计司南苑颐和园静明园静宜园现行则例三种、皇明谧纪汇编、祀事孔明》，见《总管内务府现行则例·静明园》，海南出版社，2000年。（康熙）三十一年二月奉旨玉泉山澄心园着改名静明园，钦此。

③《香山对月》，见《清高宗御制诗集》，初集卷三十五，四库全书内联版。

④《初冬香山》，见《清高宗御制诗集》，初集卷四十四，四库全书内联版。

⑤《初夏香山杂咏》，见《清高宗御制诗集》，二集卷九，四库全书内联版。御园自是湖光好，山色还须让静宜。

⑥《爽》，见《清高宗御制诗集》，二集卷十，四库全书内联版。飒然朝爽报秋意，宜暄宜润占农和。

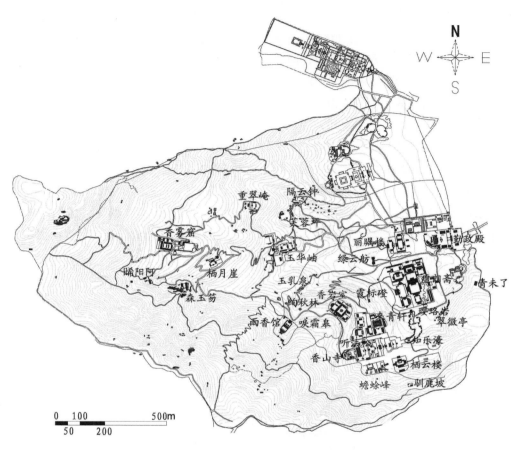

图 2.3.5　静宜园二十八景分布图

"宜静"之美①。由此可见，香山的山地风光可以带给乾隆帝一种温和、怡然的感受，这些特点都被一个"宜"字所概括。二十八景的确立也是紧密联系了这种特质的。

　　这二十八景按照其所指建筑及景物类型，可以分为三类。第一类是景名为园林中某一建筑或景物名称，有勤政殿、丽瞩楼、虚朗斋、栖云楼、知乐濠、听法松、来青轩、香岩室、玉华岫 9 景；第二类景名即寺庙或园中园名称，有璎珞岩、香山寺、玉乳泉、雨香馆、晞阳阿、芙蓉坪、香雾窟、栖月崖、重翠崦、森玉笏 10 景；第三类景名即为单体点景建筑或景物名称，有绿云舫、翠微亭、驯鹿坡、青未了、蟾蜍峰、唳霜皋、霞标磴、绚秋林、隔云钟 9 景。每类占二十八景的三分之一。二十八景中的十四景，从名称就可以反映

①《仲夏香山》，见《清高宗御制诗集》，二集卷二十八，四库全书内联版：依泉展席偏宜静，纳嶂开膛不碍虚。

出山地地貌特点（表2.3.1）。

这二十八景基本涵盖了当时园中各种主要园林建筑类型：宫廷区建筑，即勤政殿、丽瞩楼（太后宫）、虚朗斋（中宫）；寺庙，即香山寺（知乐濠、香山寺、听法松）、洪光寺（香岩室）、观音阁（来青轩）、玉华寺（玉华岫）；园中园，即璎珞岩、栖云楼（松坞云庄）、雨香馆、晞阳阿、芙蓉坪、香雾窟、栖月崖、重翠崦、森玉笏；点景建筑，即绿云舫、翠微亭、青未了、驯鹿坡、蟾蜍峰、唳霜皋、霞标磴、玉乳泉、绚秋林、隔云钟。

二十八景有很大一部分是对历史建筑和景观的扩建和改建：如虚朗斋原址是康熙的香山行宫；知乐濠、香山寺、听法松、香岩室、来青轩、玉华岫、栖云楼和晞阳阿是在旧有寺庙和建筑基础上的扩建；森玉笏和蟾蜍峰是借奇峰怪石造景；霞标磴利用了十八盘山路；玉乳泉利用了泉水；绚秋林则是通过特殊植物景观造景。它们也反映了乾隆九年到十一年静宜园的基本建设方式——除宫廷区外，规模较大的组群均在历史建筑和园林基础上建设，完全新建的建筑，单体体量和组群规模都较小。其后静宜园内垣和外垣区的营造都是围绕二十八景展开的。

表2.3.1　静宜园二十八景山地相关名称释义

名称	释义①
璎珞岩	岩：岩石突起而成的山峰
翠微亭	翠微：指青翠掩映的山腰幽深处
驯鹿坡	坡：地形倾斜
蟾蜍峰	峰：山突起的尖端
唳霜皋	皋：水边的高地
香岩室	岩：古写作"嵓"
霞标磴	磴：石头台阶
晞阳阿	阿：①大的丘陵；②山阿，指山弯曲的地方
芙蓉坪	坪：山区或高原上的平地
香雾窟	窟：洞穴
栖月崖	崖：山石或高地的陡立的侧面
重翠崦	崦：太阳落山的地方
玉华岫	岫：山洞
森玉笏	笏：此处指像笏板一样狭长、高耸的山石

①摘自《现代汉语词典》，商务印书馆，2002年版解释。

（三）静明园十六景

"康熙……三十一年二月奉旨玉泉山澄心园着改名静明园，钦此。"[①]清圣祖康熙命名了玉泉山静明园，这也是清代第一座以"静"字开头的皇家园林。康熙在《玉泉赋》中写道："融则川流，峙惟山静"，阐释了山与静的关系。静、明在庄子的论述中大量出现："水静犹明，而况精神！圣人之心静乎！天地之鉴也，万物之镜也。"在"静""明"之外还有"虚"的概念："静则明，明则虚，虚则无为而无不为也。""虚者，心斋也。"可见静和明是纯粹的意识和知觉，当不为一时之耳目心意所左右，截断意念，敞开观照，这样精神便自由了，心灵便充实了，人便可以逍遥游——最高级别审美的人生态度就可以达到[②]。从澄心园到静明园，这种摒除杂念，洗涤心灵的含义一直都在，有借由西山园林之美，建构起自己的帝王心斋之意。

静、明还和更具体的山水形态相关——如果"静"点明了其山地园林的本质，那么"明"字则反映了水景在其中的重要作用。乾隆皇帝在御制诗中，多次点明了"静明"二字代表的含义。如"风物欣和畅，林泉果静明"[③]；"静明绝胜处，山秀水偏清"[④]；"饱看山态看水态，恰有轻舻候岸边；此是玉泉胜常处，静明两字注真诠"[⑤]；"静宜佳以山，静明佳以水；山静宜仁性，水静明智体"[⑥]；"宜静原同明静理，此山近接彼山青"[⑦]。这些诗句也突出了静明园虽作为山地园林，但拥有出色水景的特点。因此，乾隆十八年（1753年），清高宗题静明园十六景时，山水景观成为命名的中心。这十六景包括[⑧]：

廓然大公、芙蓉晴照、玉泉趵突、竹炉山房、圣因综绘、绣壁诗态、溪田课耕、清凉禅窟、采香云径、峡雪琴音、玉峰塔影、风篁清听、镜影涵虚、裂帛湖光、云外钟声、翠云嘉荫（图2.3.6）。

静明园十六景中，竹炉山房、圣因综绘、绣壁诗态、清凉禅窟、采香云径、峡雪琴音、玉峰塔影和云外钟声集中体现了山地园林的特质，而廓然大公、芙蓉晴照、玉泉趵突、溪田课耕、风篁清听、镜影涵虚、裂帛湖光和翠云嘉荫更多反映了水景的重要性。这十六景亦可根据功能分为三大类别（表2.3.2），是山地园林"可居、可游、可行、可望"意象的集中体现。

静明园十六景的分布和静宜园二十八景类似，也体现了对历史景观的继

---

① [清]内务府编，[清]郭良翰编，[明]袁应兆撰：《总管内务府会计司南苑颐和园静明园静宜园现行则例三种、皇明谥纪汇编、祀事孔明》，海南出版社，2000年，224页。
② 详见李泽厚《美学三书·华夏美学》，天津社会科学院出版社，2003年，268~269页。
③ 《暮春静明园杂咏》，见《清高宗御制诗集》，初集卷二十五，四库全书内联版。
④ 《清音斋》，见《清高宗御制诗集》，三集卷二十六，四库全书内联版。
⑤ 《泛舟至影湖楼》，见《清高宗御制诗集》，三集卷五十九，四库全书内联版。
⑥ 《题乐景阁》，见《清高宗御制诗集》，五集卷六十五，四库全书内联版。
⑦ 《香山静宜园回跸憩静明园即事》，见《清高宗御制诗集》，五集卷九十二，四库全书内联版。
⑧ 《题静明园十六景》，见《清高宗御制诗集》，二集卷四十六，四库全书内联版。

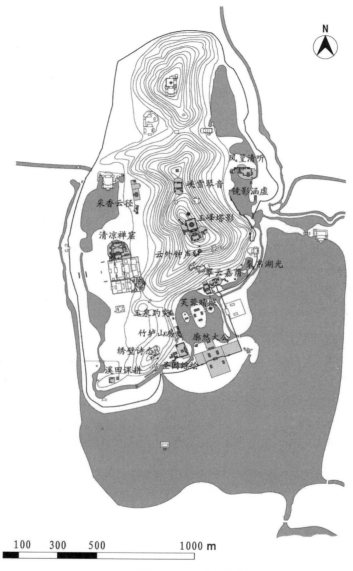

N

峰篁清听

溪雪琴音

镜影涵虚

采香云径

玉峰塔影

清凉禅窟

云外钟声

裂帛湖光

翠云嘉荫

芙蓉晴照

玉泉趵突

竹炉山房

廓然大公

绣壁诗态

溪田课耕　　圣因综绘

| 100 | 300 | 500 | | 1000 m |

图 2.3.6　静明园十六景分布图

表 2.3.2　静明园十六景功能

功能	景名
居住型	廓然大公、竹炉山房、圣因综绘、采香云径、风篁清听、翠云嘉荫
观瞻型	玉泉趵突、清凉禅窟、玉峰塔影、镜影涵虚、裂帛湖光
观景型	峡雪琴音、云外钟声、芙蓉晴照、溪田课耕、绣壁诗态

承和发展。玉泉山早期开发集中在玉泉湖、裂帛湖和主峰南坡，形成围绕山泉和湖水呈内向型的布局。这一带也成为十六景建设最集中的区域——廓然大公、芙蓉晴照、玉泉趵突、竹垆山房、圣因综绘和翠云嘉荫围绕玉泉湖而建；裂帛湖光在裂帛湖上；云外钟声以旧庙华严寺为基础，位于主峰南坡。为了和山左的静宜园和山右的清漪园呼应，西翼建有绣壁诗态、溪田课耕、清凉禅窟和采香云径，东翼有峡雪琴音、风篁清听和镜影涵虚。十六景中体量最大，也是最后完成的是主峰山巅的玉峰塔影。七层的玉峰塔彻底改变了玉泉山围绕湖泊内向型的园林布局，使其成为整个西郊景观的焦点。

二、西山藏式建筑群

基于大型皇家园林建设，从乾隆十三年兴建碧云寺金刚宝座塔开始，围绕皇家园林及周边的健锐营，北京西山出现了大量的藏式建筑，与圆明园和西苑三海共同组成乾隆时期北京藏庙建设最密集的区域（表2.3.3）。

（一）西山园林中的藏式佛塔

在西山藏式建筑群中，有一类是佛塔建筑，清代以前除了僧人墓塔外，园林中尚有大觉寺白塔和潭柘寺金刚延寿塔。清代西山园林中建有多座藏式塔，包括法海寺过街楼、香山碧云寺金刚宝座塔和玉泉山妙高塔。它们在布局上运用了都纲法式

或曼荼罗式空间布局。法海寺过街楼早已不存，仅存的照片上是一座小型的藏式覆钵塔。而其后在乾隆时期兴建的碧云寺金刚宝座塔和玉泉山妙高塔则融入了非汉族元素，并将曼荼罗式的空间布局发挥到极致。

乾隆十三年（1748年），临近香山的古刹碧云寺得到了大规模扩建，其核心就是在寺后原魏忠贤生圹处兴建了一座大型的金刚宝座塔（图2.3.7）。据《乾隆御制金刚宝座塔碑文》记载，该塔"西域流传，中土希有。乾隆十有三年，西僧奉以入贡，爰命所司，就碧云寺如式建造。尺寸引伸，高广具足"。这里所指的是乾隆十三年印度僧人进贡了一尊金刚宝座塔的模型，碧云寺塔即按照模型等比例扩大而成。《金刚宝座塔记》中所说的西僧进贡塔的模型到底是什么塔呢。印度菩提伽耶（Bodh-gayā）地区是释迦牟尼成道处，为佛教主要圣地，该处建有一佛塔，名为摩诃菩提（Mahabodhi，藏译为多吉丹），被后世认为是金刚宝座塔的鼻祖。据《大唐西域记》记载：

"菩提树垣正中，有金刚座。昔贤劫初成，与大地俱起，据三千大千世界之中，下极金轮，上侵地际，金刚所成，周百余步，贤劫千佛坐之而入金刚定，故曰金刚座焉。"在不远处亦有精舍一座："菩提树东有精舍，高百六七十尺，下基面广二十余步，垒以青砖，涂以石灰，层龛皆有金像。四壁镂作奇制。或连珠形，或天仙像，上置金铜阿摩落迦果（亦谓宝瓶，又称宝台）。东面接为重阁，檐宇特起三层，榱柱栋梁，户扉寮牖，金银雕镂以饰之，珠玉厕错以填之，奥室邃宇，洞户三重。外门左右各有龛室，左则观自在菩萨像，右则慈氏菩

表 2.3.3 北京西山地区主要藏式建筑

建筑名称	建成年代	现状	原型建筑	建筑风格
大觉寺白塔	元末明初	现存	—	藏式覆钵塔
普觉寺如来宝塔	明成化十八年	不存	—	藏式覆钵塔
潭柘寺金刚延寿塔	正统二年	现存	—	藏式覆钵塔
万安山法海寺过街楼	顺治十七年	不存	—	藏式覆钵塔
天宝山过街塔		现存	—	藏式覆钵塔
香山碧云寺金刚宝座塔	乾隆十三年	现存	印度摩诃菩提佛塔	印藏式金刚宝座塔
健锐营碉楼群	乾隆十三年始	少量保存	四川金川碉楼	平顶碉房式
香山宝谛寺	乾隆十四年	不存	五台山菩萨顶	汉式藏庙
香山实胜寺	乾隆十四年	存碑亭	盛京实胜寺	汉式藏庙
香山梵香寺	乾隆十四年	不存	—	汉式藏庙
香山宝相寺	乾隆二十七年	存旭华之阁	五台山殊像寺	汉式藏庙
金山、红山昭庙群	乾隆三十年	遗址或不存	—	平顶碉房式
青龙山方昭、圆昭	乾隆三十年	不存	—	平顶碉房式
玉泉山妙高塔	乾隆三十六年	现存	缅甸木邦塔	南传佛教金刚宝座塔
香山宗镜大昭之庙	乾隆四十五年	遗址	拉萨大昭寺	平顶碉房式

萨像，白银铸成，高十余尺。"

这些记载并没有提及金刚座上是否有塔，但是对精舍的描述却比较详细。摩诃菩提塔现已不存，但各地佛教寺院和信徒将佛塔作为主要供奉物，小型佛塔模型的材料多为金属和木料，比如西藏的布达拉宫就藏有多座模型（图 2.3.8）。小塔和碧云寺塔在造型上有诸多相似之处，也论证了碧云寺塔是按照印度塔模型所建的说法。

明代北京的正觉寺金刚宝座塔和呼和浩特的席力图大昭金刚宝座塔也是碧云寺塔所参照的原型[①]。自碧云寺金刚宝座塔后，乾隆皇帝在北京还修建了几座有金刚宝座塔形式的建筑，但仅保留了中间大塔四周小塔的意象，和碧云寺塔在形式上已经相距甚远。如碧云寺罗汉堂屋顶、西黄寺六世班禅灵塔及缅式金刚宝座塔——

①李俊：《碧云寺金刚宝座塔探析》，北京，首都师范大学硕士学位论文，2009 年，39~40 页。

图 2.3.7 碧云寺金刚宝座塔（2010 年摄）

图 2.3.8 布达拉宫木质多吉丹（摩诃菩提）佛塔（采自彭措朗杰《布达拉宫》）

妙高塔（图 2.3.9）。

乾隆三十六年（1771 年）因对缅战役的胜利，在玉泉山北峰峰顶修建了妙高寺及一座缅式金刚宝座塔妙高塔。妙高塔的底部是一座四方形台式金刚宝座，在台座的四面各建有一座悬山卷棚顶的拱门。台座上四周设有护栏，中间八角形塔基上矗立着覆钵型的主塔，四角上各立有圆形亭阁式小塔，塔刹细高呈锥形，所以俗称锥子塔。妙高塔在形式上与缅式塔十分相像，但是由于玉泉山北峰地形的限制，它的五塔坐落在较狭小的金刚座上，周围四

座小塔尖细如锥，但仍然保留了缅式塔的风貌。至于塔下的金刚宝座则四面开门，门券的形式是纯粹的汉式了。

"妙高"的佛教本意是须弥山，在藏传佛教建筑中广泛存在着"须弥山"意象，"都纲法式"庙宇及藏式覆钵塔、金刚宝座塔等均是非常直接的形式语言，其以"曼荼罗"为原型[1]。

（二）西山平顶碉房式建筑

清代建筑发展到乾隆年间，出现了

①赵晓峰：《禅佛文化对清代皇家园林的影响——兼论中国古典园林艺术精神及审美观念的演进》，天津，天津大学博士学位论文，2002 年。

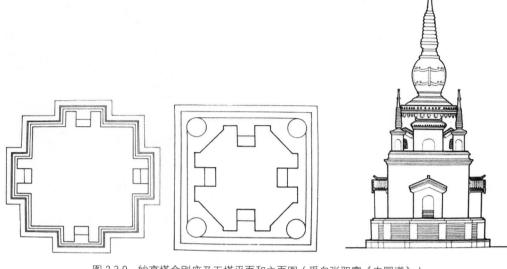

图 2.3.9　妙高塔金刚座及五塔平面和立面图（采自张驭寰《中国塔》）

"平顶碉房式"建筑，它们是将汉地坡屋顶木结构和藏地平屋顶石木结构相结合的产物，出现时间集中于乾隆年间，除了承德外八庙，其余建筑均分布在北京西山（图2.3.10），包括健锐营碉楼群、西山藏庙群、青龙山上的方昭和圆昭、宗镜大昭之庙。它们多数有着明确的藏式建筑原型，集以往清代皇家藏式建筑艺术大成，代表了清代汉族建筑体系和藏族建筑体系交流互动的高峰（表2.3.4）。

西山藏式建筑群中的平顶碉房式反映了东部平原和西部高原不同建筑体系相互影响和融合的过程，为处理内地相对少见的大体量单体和山地组群建筑提供了新手法，并且获得了独特和鲜明的艺术效果；它们依托西山的山地地形，建筑体量和布局庞杂；结构构造类型多样，在汉族木结构基础上混合石木结构和石拱券结构的特点；采用了鱼鳞板瓦、金属脊饰等内地建筑上罕见的特殊构件；建筑装饰和室内装修藏族元素丰富、纹样繁复、宗教意味浓厚。这其中遗址保存较为完好，其各种艺术特色最为典型的就是位于香山静宜园内的宗镜大昭之庙。

三、肖仿五台

北京西山一带有三百六十寺之称，古人将之比喻为佛教圣地五台山："西山，神京右臂，太行山第八陉，《图经》亦名小清凉也。"[1]"香山……亦号小清凉山，以五台为大清凉也。"[2]清代皇帝有"曼

①蒋一葵：《长安客话》，北京古籍出版社，1982年。
②陈梦雷编撰，蒋廷锡校订：《古今图书集成·方舆汇编·山川典·西山部》，中华书局，1986年。

图 2.3.10 清代皇家藏式"平顶碉房"建筑一览（上排右采自马龙 *History of the Peking Summer Palaces under the Ch'ing Dynasty*；中排中采自熊涛老人等辑《西山名胜图说》；下排左采自美国国会图书馆藏《避暑山庄全图》；其他为自摄）

表 2.3.4　清代皇家藏式"平顶碉房"建筑

建筑名称	建成年代	兴建地点	原型建筑
健锐营碉楼群	乾隆十三年始	北京西山	四川金川碉楼
须弥灵境	乾隆二十三年	北京万寿山清漪园	西藏山南桑耶寺
承德普宁寺	乾隆二十四年	承德外八庙	西藏山南桑耶寺
金山、红山藏庙群	乾隆三十年	北京西山	—
青龙山方昭、圆昭	乾隆三十年	北京西山	—
安远庙	乾隆二十九年	承德外八庙	新疆伊犁固尔扎庙
普陀宗乘之庙	乾隆三十六年	承德外八庙	西藏拉萨布达拉宫
广安寺	乾隆三十七年	承德外八庙	—
须弥福寿之庙	乾隆四十四年	承德外八庙	西藏日喀则扎什伦布寺
宗镜大昭之庙	乾隆四十五年	北京西山	西藏拉萨大昭寺

殊师利大皇帝"的称号，因此作为文殊菩萨道场的五台山尤受重视，康熙、乾隆曾多次拜谒五台诸寺。香山南麓汉式藏庙中的宝相寺和宝谛寺分别写仿五台山殊像寺和菩萨顶而建，可见清代帝王将香山看作近在咫尺的五台山：

"倘必执清凉为道场，而不知香山之亦可为道场……而清凉距畿辅千余里，披挈行庆，向惟三至焉，若香山则去京城三十里而近，岁可一再至…则余建寺香山之初志也。"①

宝谛寺肖仿五台山菩萨顶，也是清朝第一座允许满族人出家的藏传佛教寺庙。《章嘉国师必若多吉传》中有这样一段记载：

"大皇帝询问章嘉国师：'我们满族人自博克多汗（皇太极）居住在莫顿（盛京）的时候起，直到现在，虽然信奉佛教，却没有出家之习惯。如今想在京师西面的山脚下建立一座寺院，内设一所全部由新出家的满族僧人居住的扎仓，你看如何？'章嘉国师回答说：'博克多汗与格鲁派结成施主与上师的关系以后，在莫顿建有僧团和佛堂。后来迁都北京，历辈先帝和陛下都尊崇佛教，建立了寺院和身、语、意所依之处，成立了僧伽，尽力推广佛教。当今又想创立前所未有之例规，建造佛寺，振兴佛教，自然是功德无量，皇恩浩荡。'圣上闻言，龙颜大悦。于是，皇帝下旨，由国库拨款，修建了一座形式与雍和宫相仿的佛教大寺院，内有佛殿和僧舍。"②

根据《内务府奏销档》对满族藏传佛教寺庙的记载，和"京师西面山脚下"的位置判断，这里就是静宜园的附属寺庙之一宝谛寺（图2.3.11）。宝谛寺的主要建筑

有重檐大殿五间、后楼五间、配殿六间、三卷都罡殿九间、前配殿六间、天王殿三间、山门三间、钟鼓楼二座、两边围房十八间、转角围房二十四间、看守房六间。以上共计殿宇房屋八十七间。另外还有旗杆二座、影壁一座、北边僧房十二间（图2.3.12）。

自宝谛寺之后，香山南麓又兴建了三座汉式藏庙，实胜寺、梵香寺和宝相寺。从现存实物、文字记载以及历史照片中推断，它们虽然是藏传佛教寺庙，但其建筑布局和建筑技术均为汉式，仅在装饰和陈设上采用了藏式元素。

对比写仿原型五台山宝谛寺（图2.3.13、图2.3.14、图2.3.15），两者在建筑布局上有很多相似之处：如地处高岗，需要绕过影壁后攀爬台阶而上；庙门前有牌楼；寺庙中路外有围房环绕；大殿平面近似方形等。

乾隆三十二年建立的宝相寺是香山南麓寺庙中最晚建成的一座，却最能够表达北京西山"肖仿五台"的意象。根据内务府陈设册记载，宝相寺坐西朝东，有山门一座，其后为钟鼓楼，天王殿三间，再

图2.3.11　宝谛寺废墟旧影（采自柏世曼《中国建筑》）

①御制宝相寺碑文。

②土观·洛桑却吉尼玛：《章嘉国师若必多吉传》，中国藏学出版社，2007年，151页。

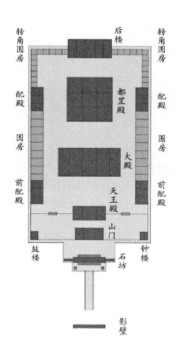

图 2.3.12　宝谛寺平面复原示意图

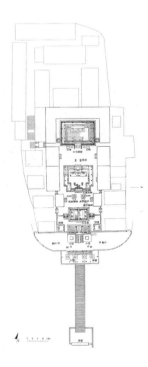

图 2.3.13　五台山菩萨顶平面图（采自清华大学《中国古建筑测绘十年》）

图 2.3.14　三山五园及外三营图中的宝谛寺（首都博物馆展览，2007年摄）

图 2.3.15　五台山菩萨顶（2016 年摄）

图 2.3.16　宝相寺旭华之阁（熊炜 2008 年摄）

西为主殿旭华之阁（图 2.3.16），阁前有南北配殿各五间，阁后为七开间二层的梵光楼。宝相寺附属行宫正殿名为香林室，由香林室宫门、香林室、妙达轩、方亭、敞厅等建筑组成。香林室创建年代早于宝相寺，因其始是为宝谛寺而建，名为宝谛寺南所。宝相寺之后在行宫东部落成，距离更为近便，所以一般就将其归为宝相寺的行宫园林部分了。

关于宝相寺兴建的缘起，清高宗于乾隆二十六年在《殊像寺落成瞻礼即事成什序》中写道：

"辛巳（1761 年）春，奉圣母幸五台祝厘，辦香顶礼，默识其像以归。既归，摹勒诸石，遂乃构香山肖碑模而像设之，额曰'宝相'。兹于山庄普陀宗乘庙西营构兰若，庄校金容，一如香山之制，而殿堂楼阁略仿台山，亦名以'殊像'，从其朔也。"[1]

按其序文所记，乾隆二十六年时值皇太后七旬寿辰，乾隆皇帝亲陪其母至山西五台山礼佛，在某寺内有感于其文殊菩萨

图 2.3.17　五台山殊像寺全景（采自常盘大定《中国文化史迹》）

① 《殊像寺落成瞻礼即事成什》，见《钦定热河志》，卷八十，寺庙四·殊像寺。

造像之庄严精妙，遂在回京之后，命人仿制了这尊文殊造像，于香山造阁供奉，并赐额"宝相"。据其文意推测，乾隆皇帝"默识其象以归"的五台山寺院应为台怀镇的殊像寺（图 2.3.17）。乾隆三十九年（1774年），乾隆皇帝命"名因台麓，制仿香山"[①]，在热河修造殊像寺（图 2.3.18），其文殊造像一如香山宝相寺之制。此后清廷对殊像寺按家庙管理，故寺庙中藏传佛教僧人皆为满洲旗民。从这段历史可知，五台山殊像寺、香山宝相寺和热河殊像寺之间有着多重联系。

首先是五台山文殊像的继承性：五台山殊像寺内供奉的明弘治年间的文殊像（图 2.3.19）是整个五台地区最大的文殊造像，乾隆皇帝先命丁观鹏绘制文殊像，再亲自绘画成图，镌刻在石碑上存入宝相寺旭华

之阁（图 2.3.20），之后则在热河殊像寺宝相阁内模仿五台山造像塑成巨大的文殊像（图 2.3.21）。这种行为除了对名迹的写仿移植外，更多体现了乾隆皇帝对孝道的尊崇以及文殊崇拜的继承性。弘治皇帝为母塑像，乾隆则奉母西巡五台，亲自摹写文殊金容，香山宝相寺内石刻文殊和承德殊像寺内塑像文殊均是乾隆皇帝孝道的体现。"曼殊师利大皇帝"的称号则体现了乾隆个人与文殊菩萨紧密的关系，也是文殊崇拜在乾隆时期清廷兴盛的反映。

然后是"名"和"制"的关联性：热河殊像寺"名因台麓，制仿香山"，所谓的名除了寺庙命名相同外（宝相和殊像同义，宝相寺和热河殊像寺附属行宫均名为香林室），还有对五台山的模仿——以香山为代表的西山地区，自古称为小清凉山，

图 2.3.18 承德殊像寺全景（2016 年摄）

①《钦定热河志》，卷八十。

图 2.3.19 五台山殊像寺文殊像（2016 年摄）　　图 2.3.20 旭华之阁（采自柏世曼《中国建筑》）　　图 2.3.21 热河殊像寺宝相阁文殊像（采自关野贞《热河》）

而热河殊像寺则是"堂殿楼阁略仿五台"，尤其主殿后巨型的人工假山，呈现出五峰和群狮意象，似是微缩化的五台山；"制"也有双重含义，一是"庄校金容，一如香山之制"，二是香山宝相寺和热河殊像寺均为满族藏传佛教寺庙，其寺庙管理体制相同。

菩萨顶与宝谛寺，殊像寺和宝相寺的写仿关系，是清帝将西山比拟为近在咫尺之五台山的例证。三座寺庙将五台山、热河、北京西山这三处清代藏传佛教寺庙建设最集中的区域连接起来，统一于清廷文殊崇拜文化之下。

四、军事纪功

北京西山一带，最早的护卫任务由圆明园护军担任——乾隆十一年（1746年）十月丙戌，高宗下旨："朕不御静宜园之时，彼处宫门，着添设圆明园护军堆拨一座。"[①]在驻扎京城外的"外三营"中，香山健锐营最后建立。它的出现和乾隆十二年征讨金川的战役紧密相关。乾隆十二年蜀西大金川叛乱，清军因此地山中的石碉楼易守难攻而败。静宜园附近山峦起伏，间有峡谷深涧，与蜀西山地的大金川地形有相似之处。乾隆在香山周围修筑类似金川的碉楼，并选京城八旗精兵操演云梯。在训练几个月后这支云梯兵即于乾隆十四年参加了战事，并在战争中起了很大作用，得胜归来后另建新营，名为"健锐"。日常没有战事时则驻扎静宜园担任守卫工作和做皇帝出巡时的随身护从。"健锐营"分八旗各自驻扎，平时拱卫于静宜园南北两翼（图 2.3.22）。除健锐营兵营和碉楼外，香山南麓还配合修建了团城演武厅、实胜寺、梵香寺、含清堂和藏式昭庙等建筑，共同构成了其独特的军事景观。

---

① 《清高宗实录·乾隆十一年十月》，第一历史档案馆内联版。

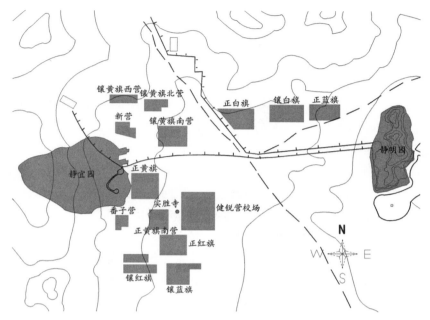

图 2.3.22　健锐营营区和实胜寺分布图（据常林、白鹤群《健锐营八旗营房示意图》绘）

图 2.3.23　健锐营演武图（首都博物馆展览，2007 年摄）

其中实胜寺是仿照盛京实胜寺建立的带有纪功性质的宗教建筑群，既是健锐营满、藏等多民族士兵信仰活动的中心，又彰显了乾隆皇帝的"十大武功"（图2.3.23）。

实胜寺现已不存，仅余碑亭一座（图2.3.24）。据嘉庆六年（1801年）内务府《实胜寺、显大雄力佛像供器清册》记载，建筑有山门、天王殿3间、显大雄力正殿3间、南北配殿各3间以及僧房若干，为典型"伽蓝七堂"汉式布局。显大雄力主殿内供奉释迦牟尼佛像一尊。根据陈设册及现场调研，推断现存碑亭应在山门之前，面向校场。庙中轴线为东西向，中路建筑坐西朝东，与演武厅呈垂直状。碑亭内现有《御制实胜寺碑记》一块（图2.3.25），碑文曾被修改过，将"因命于碉傍就旧有寺新之，易其名曰实胜"改为"因命择向庀材建寺于碉之侧，名之曰实胜"，至今碑上更改痕迹清晰可见。

作为香山实胜寺的原型，盛京实胜寺始建于清崇德元年（1636年），为清太宗皇太极敕建，又名"黄寺"，全称"莲花净土实胜寺"。其格局为两进院落，由两层青砖墙围起，占地约7 000平方米（图2.3.26）①。整个寺院由南向北建筑在中轴线上，山门两侧是钟楼、鼓楼，天王殿和大殿（图2.3.27）之间东西都有配殿，大殿两侧有经房和更衣房，大殿的西南有玛哈噶喇楼（图2.3.28），是整个寺庙中最重要的建筑，其一层为高僧灵塔，二层供奉了玛哈噶喇金佛（图2.3.29）。乾隆在御制诗中阐述盛京实胜寺的建寺缘由是为了庆祝皇太极松山之战大捷，但实际上这次打败明军并俘获洪承畴的战役发生在崇德六年（1641年），而实胜寺建寺和从林丹汗处得到的玛哈噶喇金佛有着更加密切的关系，这尊佛像的种种灵异传说，使实胜寺地位极高，甚至成为清廷祈祷和

图2.3.24　实胜寺碑亭（2010年摄）

图2.3.25　实胜寺内《御制实胜寺碑记》
（2010年摄）

①陈伯超：《沈阳都市中的历史建筑汇录》，东南大学出版社，2010年。

图 2.3.27　盛京实胜寺大殿

图 2.3.26　盛京实胜寺现状卫星图
（Google Earth，2011 年）

图 2.3.28　盛京实胜寺玛哈噶
喇楼（2015 年摄）

图 2.3.29　玛哈噶喇金佛
（采自内藤湖南《增补满洲写真贴》）

庇佑战争胜利最重要的藏传佛教庙宇。

在这种背景下，香山实胜寺成为盛京实胜寺在天子脚下的象征，并随着乾隆皇帝"十大武功"的展开，被赋予了新的含义。乾隆自金川得胜组建香山健锐营后，遇到平定准噶尔、大小和卓和台湾林爽文等重要战事，在战争焦灼及胜利后，均至实胜寺进行相关仪式，并通过御制诗等阐明其对战事的观点。这也使实胜寺成为重要的记功建筑，其延续盛京实胜寺的重要含义，成为三山五园军事景观的核心精神象征。

实胜寺西北的来远斋是一处坐西朝东的石敞厅（图 2.3.30），内置一屏风式石碑，碑文系乾隆十五年（1750 年）高宗"赐健锐云梯军士食即席得句"，碑前序后诗[1]（图 2.3.31）。

从空间形态来讲，含清堂行宫与西山其他附属寺庙的行宫不同，并没有紧附于某座庙宇。与它距离最近的虽然是梵香寺，但是从实际利用来看，这座行宫是为莅临团城演武厅、参拜实胜寺、检阅健锐营的乾隆皇帝所建的休息处，从功能上反而与稍远的实胜寺更加密切。行宫在选址时利用了来远斋周围茂密的松林，与自然融为一体。在众多寺庙和兵营的环绕中，含清堂行宫在空间上独立于特定寺庙之外。而乾隆皇帝在梵香寺碑文中也指出："朕既于勇健营旁近建实胜寺，其南有梵香寺者，亦古招提。在西山诸刹中未为宏丽，而爽垲不下实胜。爰命所司以余材饬而新之。"[2]可见梵香寺的重修与实胜寺和健锐营的兴建有着极为紧密的关系，又因其和含清堂行宫的空间关系，也成为香山南

①朕于实胜寺旁造室庐，以居云梯军士，命之曰健锐云梯营。室成居定兹临香山之便，因赐以食。是营皆去岁金川成功之旅。适金川降房及临阵停番习工筑者数人，令附居营侧，是日并列众末，俾预惠焉。犹忆前冬月，云梯始习诸。功成事师古，戈止众宁居。实胜招提侧，华筵快霁初。馂余何必惜，可以逮豚鱼。乾隆庚午御笔。
②御制梵香寺碑文。

图 2.3.30　来远斋石敞厅（2010 年摄）

图 2.3.31　乾隆"赐健锐云梯军士食即席得句"碑文（采自香山公园管理处编《香山石刻石雕》）

麓军事纪功建筑的重要一环。

五、从自然文化景观到人文政治景观

北京西山在地理上起到了划定北京城西部边界的作用，也在景观上成为整个北京城的底景。从辽金开始，以香山寺为代表的众多宗教建筑在西山范围内建立，浓厚的宗教气息和自然环境相互辉映，使西山地区成为北京郊野最负盛名的宗教和游览胜地。

清代因西北郊大型皇家园林集群的建设，在以香山为中心的西山范围内建立了八旗营房，与原有的汉族村落交错排列，其中还有苗子营、番子营等少数民族聚居区。八旗营房范围内有大量为了军事功能而仿照西南金川而建的碉楼，番子营附近有为藏族士兵而建藏式方、圆昭庙，而香山以北的金山一带还有众多昭庙建筑雄踞山巅。加之几座官修藏传佛教寺庙的建立，独特的军事景观和多民族混合居住的风物打破了香山地区原有的自然文化氛围，构成香山寓意清王朝"边界"的象征意义。

北京皇家园林的景观经营意象中所表达的功能性、美学性、象征性是清朝政府展示其政治形象、治国手段的重要内容。西北郊众多皇家园林的出现，大大改变了明朝时北京以汉地文化为主的自然人文景观，更随着清代对西部边疆地区的统一而形成了多文化景观的复合体。这种复合体既是清代大一统国家的象征，又代表着北京郊区从自然文化景观向人文政治景观转化的过程。随着对于北京西北郊的开发，大型皇家园林相继出现，这些园林通过"写仿"等手法将代表汉族文化的江南园林建筑，代表文殊崇拜的佛教建筑和代表西部边疆文化的藏式建筑等精心组合，与周围的军事建筑交相呼应，最终形成了能够代表清帝国形象的新景观（图 2.3.32）。

图 2.3.32　绘制于晚清的《颐和园及八旗营房全图》，图中展示了北京西郊园林内外多种景观复合的形象（美国国会图书馆藏）

第四节　毁灭与重修

一、由盛转衰

清乾隆时期，北京西山园林建设达到最盛，大型皇家园林、寺观园林和郊野园林依托自然山势而建，它们中既有静宜园、静明园这类大型皇家园林，又有碧云寺水泉院等寺观园林，还有像普觉寺附近的退谷一般的私家园林或公共园林[①]。根据《日下旧闻考》记载，乾隆时期西山共有这三类园林二十余处，香山、寿安山和翠微山是园林较为集中的区域（表 2.4.1）。

除了上述园林，这一时期西山地区还有水塔园（观颐山墅）、董四墓御果园

和日涉园等，清末西山兴建了一批私家园林，如红石山南麓的德家花园和贝家花园，白家疃的何魁庄园和维家花园，普安山一带的石居别墅，妙高峰的退潜别墅等[②]。1840 年之后，清朝国力日渐衰微，无力维持西山园林建设，于是裁撤管理人员、大批量撤走陈设。道光二十三年（1843 年）闰七月，静明园裁撤员外郎一员，六品顶戴苑丞一员，八品苑副一员，委署苑副三员，笔贴式二员，副催长二名，坐更园役八十六名。十二月二十五日，内务府从静宜园撤去陈设一万九千八百二十五件。据《养吉斋丛录》记载：

（三山）道光初年间有春秋游豫，阙后四方多故，库藏渐虚，力行节俭之政，于是三山遂不复至，工作尽停，陈设全撤。咸丰五年，移驻御园，稍稍循乾、嘉旧制。

不久，西山园林最致命的灾难降临。

---

①皇家园林、寺观园林、私家园林、公共园林的分类方法和定义参见周维权：《中国古典园林史》，3 版，第一章第三节"中国古典园林的类型"。
②焦雄：《北京西郊宅园记》，北京燕山出版社，1996 年；贾珺：《北京私家园林志》，清华大学出版社，2009 年。

表 2.4.1 《日下旧闻考》所记载的西山园林

园林名称	园林性质	位置
静宜园	皇家园林	香山
静明园	皇家园林	玉泉山
碧云寺水泉院	寺观园林	聚宝山
普觉寺含清斋	寺观园林	寿安山
宝藏寺园林	寺观园林	金山口
普安塔塔院嵩云洞	寺观园林	普陀山
水尽头	公共园林	寿安山
退谷	私家园林	寿安山
木兰陀	郊野园林	寿安山
法华寺龙王堂	寺观园林	万安山
含清堂	寺观园林	香山南麓
宝相寺香林室	寺观园林	香山南麓
香界寺宝珠洞	寺观园林	翠微山
翠微山龙王堂	寺观园林	翠微山
证果寺青龙潭秘魔崖	寺观园林	卢师山
翠微寺画像千佛塔院	寺观园林	翠微山
双泉寺园林	寺观园林	双泉山
西峰寺胜寒池	寺观园林	马鞍山
潭柘寺行宫园林	寺观园林	潭柘山
瑞云寺园林	寺观园林	百花山
黑龙潭园林	寺观园林	金山口北（画眉山）
法云寺香水院	寺观园林	妙高峰
大觉寺清水院	寺观园林	阳台山

咸丰十年（1860年）九月初五，英法联军占领圆明园，西郊园林俱罹浩劫。《翁文恭日记》载："初六日，京城西北，黑烟弥天意日不绝。"十六日（1860年9月29日）内务府大臣师曾、宝鋆前往圆明园和三山等处，"知所存物件被夷人搜取者固多，而土匪乘势抢掠或委弃道途被无知小民拾取者亦复不少"[1]。西山园林中邻近西郊平原的皇家园林和寺庙园林遭到重创。例如静宜园，兵燹之后，园内仅中宫部分建筑和见心斋、森玉笏、梯云山馆、芙蓉坪、晞阳阿、重翠崦、琉璃塔等处幸免。

二、同光中兴

（一）水利工程

内务府对西山皇家园林的清点工作，

---

[1] 香山公园管理处：《香山公园志》，中国林业出版社，15页。

最早的档案始于同治三年（1864年）[1]。而对相关园林的修复及重建工程，则始于同治六年（1867年）的水道工程。光绪年间伴随着颐和园的修建，还有一次对西郊水利的大规模工程。

1862年，同治帝以幼龄即位，两宫皇太后垂帘听政。同治五年（1866年）十二月丁酉：

"命理藩院右侍郎魁龄、通政使司通政使于凌辰、太常寺少卿王维珍、鸿胪寺少卿文硕，前往西山查探水源。"[2]

来年正月癸未，奉旨勘察的官员禀奏："查得昆明湖来源，出自玉泉。玉泉之水，实借助于香山、樱桃沟两泉。拟请力加疏瀹，节节导引，停蓄于昆明湖中。待其积长增高，自仍循故道，入长河以达京城。请钦派大臣覆勘修理。得旨，着即派魁龄、于凌辰、王维珍、文硕，前往估修。"[3]

二月："戊戌，谕内阁：魁龄等奏，覆勘石渠各工，钱粮较钜，请暂缓办理一摺。前据魁龄等奏，香山、樱桃沟两处之泉，拟力加疏瀹，节节导引，可达京城，请派大臣覆勘。兹复奏称，香山等处工程，估需钱粮过钜，恐虚耗国帑，泉水未见流通等语。西山一带泉源，关系京城水脉。该侍郎等奉命覆勘，自当妥筹办法，以期于事有济，岂容畏难中止。仍着魁龄等悉心筹商，设法疏浚。固不可稍涉虚糜，亦

不得意存推诿。"[4]

可见，在修复西山供水设施这一关系到整个北京供水的问题上，清廷的态度是十分坚决的，并没有因为会耗费较大的财力而退缩。

同月"壬寅，谕内阁：魁龄等奏，覆勘泉河各工，请分别缓急试办一摺。所有香山、樱桃沟石渠及各处泉河故道，即着魁龄等先行试办。并将香山等处封闭煤窑，设法搜采，以裕水源。其积水潭、十刹海并南北中三海各工，并着照所请办理，一面行文钦天监即行择吉。至所奏请将附近泉河稻田，一律改种陆田。并请酌减税课妥为抚恤之处，着奉宸苑妥速议奏。"[5]

二月的这两道谕旨，拉开了同治年间西郊水利工程的序幕。

遗留的大量工程档案证明，这次河道工程的具体负责人是样式雷家族的雷思起。同治五年十月初二日，雷思起的父亲雷景修故世，从第二年正月起，雷思起就得兼顾父亲的丧事和朝廷的差事。从同治六年到同治七年这两年，雷思起负责了清廷多项工程，除了西郊水利的整治，还有内城积水潭、什刹海及三海工程[6]，以及两宫皇太后在清东陵万年吉地工程[7]。

西郊水利工程整修的谕旨下达后，雷思起亲自制定具体工作并经由内务府官员

①《静宜园中路内外围普觉寺碧云寺、香界寺等处破坏不全陈设清册》《静宜园中路内外围普觉寺、碧云寺、来远斋等处陈设清册》《静明园堪用陈设清册》《静明园不堪用陈设清册》，第一历史档案馆藏，同治三年。
②《同治实录》，五年十二月上，第一历史档案馆内联版。
③《同治实录》，六年一月上，第一历史档案馆内联版。
④《同治实录》，六年二月上，第一历史档案馆内联版。
⑤同④。
⑥见国059-088，《雷思起就丈量三海清淤土方的禀文》。
⑦见国366-00211，《堂谕档普祥峪、普陀峪纪事》。

分段承包给厂商。这次全部工程分段承包给了通和、德和、祥茂、恒和四个厂家，在三月初十日正式动工[1]。

但是工程的进展并不是一帆风顺的，新修的石渠仅经一夏便出现了问题：

同治六年七月丁卯"谕内阁：本日据侍郎魁龄等奏，香山、樱桃沟等处新修石渠，有被山水冲汕情形，其办理草率已可概见。工部左侍郎魁龄、通政使司通政使于凌辰、大理寺少卿王维珍、内阁侍读学士文硕，均着交部议处，仍着照例赔修。寻吏部议魁龄等均降一级住俸。完工开复，从之。"[2]"丁丑，工部左侍郎魁龄等奏：樱桃沟旧有桥座，应如何设法改修，请派员查看。得旨，此项工程，无庸派员查看，即由魁龄等一并赔修。"[3]

在惩罚了相关责任人后，同治七年（1868年）二月三十日，样式雷开始查工，详细内容记载于《卧佛寺樱桃沟修理水源册》中[4]。

通过这次工程，基本疏通了从香山静宜园到长河广源闸的水道。同治六年（1867年），雷思起还受命对三海进行了清淤。通过这次为期一年的整治，北京城的用水条件得到了很大的改善。十多年后，随着光绪朝重修颐和园工程的展开，另一次西郊水利的大规模修缮开始了，该工程的主要设计负责人是雷思起的儿子雷廷昌。

光绪年间北京西郊最重大的工程莫过于重修颐和园。光绪十二年（1886年）八月十七日，醇亲王上折奏请恢复昆明水操。当日，慈禧太后就颁布懿旨，恢复昆明湖水操内外学堂。水操学堂的建设拉开了颐和园重修工程的大幕，恰好前一年六月，直隶遭遇了大暴雨，部分水利设施被洪水冲垮，光绪年间西郊水利工程也是在这一大背景下展开的。

光绪十四年（1888年）七月二十日《海军衙门为昆明湖闸板蓄水以资水操学堂演练事致奉宸苑咨》中有：

"据水操内学堂报称：现在昆明湖演练驾驶轮船，所有绣漪桥及玉带桥一带船道存水过浅，不能浮送船只，呈请闸板蓄水以资演练……饬将青龙桥、广源闸各闸板墩齐以养湖水，而资演练可也。"[5]

从这份咨文中可以得到一些信息，即昆明湖当时存在水浅不能浮船的现象，利用沿线水闸逐级蓄水是解决水量问题的关键。而上游玉泉山来水直接关系到昆明湖水量，尤其是连接静明园和昆明湖的玉河，高水湖和昆明湖的河道。

这次工程主要集中在对玉泉山水系的梳理上，通过玉泉山大虹桥至昆明湖迤西新闸挑挖河桶，颐和园以西至静明园开挖引河（图2.4.1）、修建挡水坝两项工程，基本解决了昆明湖的供水问题。

---

①详见张宝章：《样式雷与北京西郊水利》，见《雷动星流》，文物出版社，2004年，108~134页。其解释来源于国图所藏工程籍本《樱桃沟至静明园水道抄平丈尺册》《西山卧佛寺樱桃沟修理水道做法册》等。
②《咸丰实录》，九年七月下，第一历史档案馆内联版。
③同②。
④详见徐征：《样式雷的西郊水利工程籍本》，见《建筑世家样式雷》，北京出版社，2003年，146页。
⑤引自张龙：《颐和园样式雷建筑图档综合研究》，天津，天津大学建筑学院，博士学位论文，2009年，77页。

图 2.4.1 （左）玉河与玉泉山交接段与（右）疑似玉河北引河残留（2008 年摄）

（二）园林重修

1. 静明园重修工程[①]

同治和光绪年间集中进行了两次涉及静明园的重修工程。同治六年（1867 年）对从北京西郊到城内西苑的水道进行了大规模水利建设，一项重点工程就是对静明园内水道、龙王庙和寝宫的重修和修缮，使其基本功能得到了恢复。

光绪年间，静明园工程是在重修颐和园的背景下开展的[②]。玉泉山静明园和颐和园相距甚近，且因水道相连，关系密切，玉泉山南坡和东翼山坡更是颐和园重要的借景对象。配合颐和园工程，静明园部分有选择的建筑得到了重修，样式雷家族的雷廷昌作为工程的负责人主持了工程。

玉泉山南坡和东翼山坡是颐和园重要的借景对象。因此配合颐和园工程，静明园内部分建筑得到了修缮和重建。第一历史档案馆藏宫中有光绪朝朱批"静明园云外钟声等处殿宇开工日期"一折：

"谨开，静明园内云外钟声，乾山巽向兼亥山巳；资生洞，亥山巳向；伏魔洞，乾山巽向；水月洞，乾山巽向。均择于四月十四日巳时祭山破土。真武殿，庚山甲向兼卯酉。择于四月十九日未时祭山破土。"

对照《重修颐和园工程清单》记载，该宫中朱批的年代应为光绪十七年（1891 年）。云外钟声、真武殿等处为第一批重建项目。随后，更大范围的重修工作开始了：从光绪十七年到二十一年（1895 年）间，静明园共有 9 组建筑得到了重建，它们是云外钟声、香云法雨、峡雪琴音、清音斋、华滋馆、垂虹桥、坚固林、真武庙、龙王庙。光绪二十一年以后，又有西大庙

---

① 详见杨菁、王其亨：《解读光绪重修静明园工程——基于样式雷图档和历史照片的研究》，中国园林，2012，28（203），117~120 页。

① 光绪十四年（1888 年）二月初一，皇帝上谕："清漪园旧名，谨拟改为颐和园。殿宇一切，亦量加葺治，以备慈舆临幸。恭逢大庆之年，朕躬率群臣，同申祝悃，稍尽区区尊养微忱。"标志着颐和园重修工程正式开始。

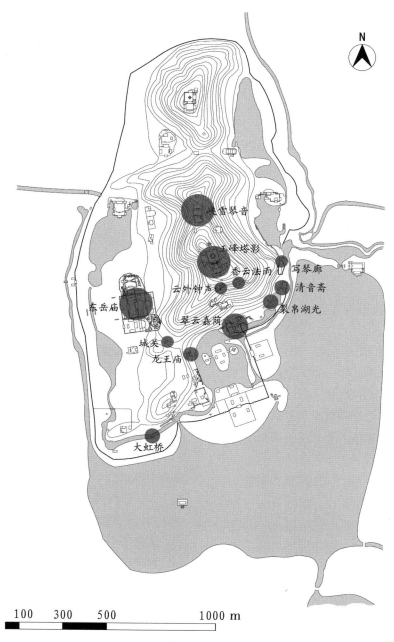

N

100 300 500   1000 m

图 2.4.2 静明园实际重建项目位置示意

等重修工程展开。

静明园实际重修的这十二组群（图2.4.2），可以按照重建目的分为三类。

一是与清帝临幸玉泉山关系密切的组群，它们有龙王庙、华滋馆（翠云嘉荫）、清音斋、裂帛湖光四处：玉泉关系到北京城市供水，其上的龙王庙是清帝西郊求雨的重要场所，也是玉泉泉水的精神象征，因此同治年间其成为静明园最早重建项目之一；华滋馆从乾隆年间兴建以来一直作为静明园的皇帝寝宫，加之其建筑相对保存完好，同治年间对其进行了修缮；清音斋和裂帛湖光靠近清帝临幸的主要出入口小东门，光绪年间随着颐和园的重建，静明园和颐和园的关系更加紧密，因此对主要入口处的组群进行修缮和重修是十分实际的。

二是和水道关系密切的组群，它们是大虹桥和写琴廊：大虹桥是沟通静明园南北水道的重要交通节点；写琴廊则是玉泉山水向东进入玉河前的水闸，直接关系到对颐和园及北京城的供水。

三是重要的景观建筑，它们是玉峰塔影、云外钟声、香云法雨、峡雪琴音、城关和东岳庙：玉峰塔影、云外钟声、香云法雨和峡雪琴音是玉泉山主峰上最显著的四组建筑，它们构成玉泉山的景观轮廓线，也是最能突出其大景观效果的组群，直接关系到颐和园西部对玉泉山的视线营造；

城关和东岳庙两组建筑位于玉泉山西麓，尤其东岳庙是静明园西面最重要的视觉焦点，其重建在景观上的意义很大。

在颐和园重建前，玉泉山北峰和南峰上的木结构建筑基本不存，仅剩妙高塔和华藏海塔矗立山巅，重建方案涉及此两处建筑，但终未实施，其他一些位于山脚的园中园组群也未实施重建。但这实施重建的12处组群，处处皆是静明园紧要组群，基本将其最重要功能包括在内，是光绪皇家园林重建中以最少项目实现最大效果的又一范例[1]。

2. 静宜园重修工程[2]

1860年兵燹过后，静宜园仍有部分园林建筑尚存，光绪年间配合重修颐和园工程，雷廷昌对主要的居住建筑——中宫、致远斋和太后宫都进行了详细的重建方案设计。太后宫是在原有两进院落基础上再加一进；中宫则把东南原有的纯山水庭院改建为院落。致远斋的新方案则是将原有较为灵活的三组院落的肌理完全打破，密布了20个同样大小和布局的四合院。这种僵硬的布局方式，和颐和园东宫门外辅助用房布局异曲同工，综合皇帝寝宫和太后寝宫的重建方案，推测在颐和园重建前后，清廷曾计划对静宜园进行大规模重建，并增加了大量的辅助用房。但此计划未能

---

①颐和园重建工程中也存在此种情况，如后山和西南湖区虽未得到重建，但最显示园林意象的前山区得到恢复，详见张龙博士论文《颐和园样式雷建筑图档综合研究》。
②详见李江、杨菁：《样式雷图纸上的修建计划——解读晚清香山静宜园重修方案》，景观设计，2020（2），30-37页。

实施,仅梯云山馆一处得到了修缮性重建。

梯云山馆（图2.4.3、图2.4.4）位于静宜园外垣区,相距园内最高处的静室组群和"西山晴雪碑"不远。其建筑于1860年劫难中幸存,是俯瞰西郊和帝京的重要景点,其下有一条山道直达。这三点原因促使其成为静宜园重建实施的唯一工程。

尽管样式雷图档上静宜园有多处工程计划重修,并绘出了阶段性方案（图2.4.5）,但是其中仅宫门区和梯云山馆两处得到了实施。除政治和经济因素外,其余工程未实施的原因还有两点:首先,当时西郊园林工程建设主要集中在新的"御园"颐和园,香山所处地理位置是"三山五园"西北部的边界和底景,虽然园林建筑多数被毁,但壮丽的山形还在,景观功能未消失;其次,静宜园内的林木及驯鹿等均是重要的物资,1860年之后虽园林损毁,作为生产基地的作用仍在。

光绪年间,"三山"①在功能上产生了变化,颐和园成为新的"御园",静明园趋于颐和园的附属,静宜园服务后勤功能趋于加强:乾嘉时期的"三山"并不承担主要的起居功用,清帝游览清漪园和静明园都是当天返回,仍然居住在圆明园,随着颐和园取代圆明园成为新的"御园",西北郊园林的核心向西转移,颐和园增加了大量的服务性建筑,静明园在功能上趋于颐和园的附属园林;乾嘉时期的静宜园因距离较远,清帝会短期居住,但根据内务府档案记载,巡幸香山时的食物等生活资料均由紫禁城或圆明园随行供给,园林内的后勤服务空间较少,光绪重修方案考虑到静宜园作为御园颐和园功能的延伸进行设计,和毗邻的静明园不同,并未作为完全的附属园林,而明显加强了其居住和后勤服务功能。

除了三山,西山一些园林也因要迎接圣驾而得到修缮,比如普觉寺的行宫和园林。光绪十九年（1893年）和二十二年（1896年）慈禧太后两次来普觉寺拈香,

图2.4.3 民国时期的梯云山馆（香山公园管理处提供）

图2.4.4 梯云山馆现状（2010年拍摄）

---

①即万寿山清漪园、玉泉山静明园和香山静宜园,清代档案中将这三座园林统称三山。

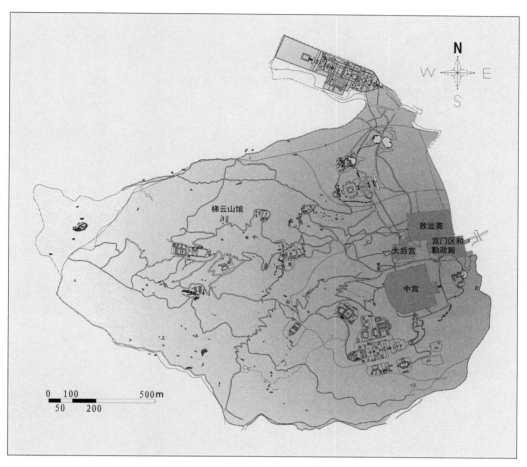

图 2.4.5　香山静宜园计划重建部分

并题写了卧佛殿的匾额"性月恒明"。为
此对西路行宫和北部园林进行了勘察，
共估需工料实银十七万九千四百七十二
两①。

　　这些重修工程虽然已经无法恢复西

山园林鼎盛时期的面貌，但西山和北京城
的功能关系在重修中得到了维持，也为民
国和中华人民共和国成立后的利用打下了
基础。

① 《普觉寺约估实用工料钱粮单》，国家图书馆藏。

下篇

个案研究

绿云舫

第三章

香山静宜园

乾隆乙丑秋七月，始廓香山之郭。薙榛莽，剔瓦砾，即旧行宫之基，葺垣筑室。佛殿琳宫，参错相望。而峰头岭腹，凡可以占山川之秀、供揽结之奇者，为亭、为轩、为庐、为广、为舫室、为蜗寮。自四柱以至数楹，添置若干区。越明年丙寅春三月而园成，非创也，盖因也。昔我皇祖于西山名胜古刹无不旷览，游观兴至则吟赏托怀，草木为之含辉，岩谷因而增色。恐仆役侍从之臣或有所劳也，率建行宫数宇于佛殿侧，无丹艧之饰。质明而往，信宿而归，牧圉不烦。如岫云、皇姑、香山者皆是。而惟香山去圆明园十余里而近。乾隆癸亥，余始往游而乐之，自是之后，或值几暇，辄命驾焉。盖山水之乐，不能忘于怀，而左右侍御者之挥雨汗而冒风尘，亦可廑也。于是乎就皇祖之行宫，式葺、式营，肯堂、肯构。朴俭是崇，志则先也。动静有养，体智仁也。名曰静宜，本周子之意，或有合于先天也。殿曰勤政，朝夕是临，与群臣咨政要，而筹民瘼，如圆明园也。有憩息之乐，省往来之劳，以恤下人也。山居望远村，平畴耕者、耘者、馌者、获者、敛者，历历在目。杏花、菖叶足以验时令而备农经也。若夫岩峦之怪特，林薄之华滋，足天成而鲜人力。信乎造物灵奥，而有待于静者之自得耶。凡为景二十有八，各见于小记，而系之诗。

——爱新觉罗·弘历《静宜园记》[1]

第一节　历史沿革

一、香山的早期历史

（一）辽代香山寺时期

香山寺的历史可以追溯至唐，明代大学士商辂《香山永安寺记》有"永安寺创自李唐，沿于辽金"[2]的记载。晚期的《大清一统志》记载香山寺"本辽中丞阿里吉舍宅为之，殿有二碑，载舍宅始末"。这一说法未见具体出处，真实性待考。

能够证明香山寺早期历史的是一块辽乾统三年（1103年）的"□□禅师残墓幢拓片"（图3.1.1）。这块经幢出土于今香山内买卖街一带（即后世香山寺东），今佚。幸而拓片尚存，记载了辽国公主请该禅师到香山寺的经过，是研究香山及香山寺历史最早的实物[3]。

皇姑宋魏国大长公主聆其风□，慕其高尚，亲诣□□，请礼殷甚。遂屈师于香山寺……乾统三年春正月十八日灭于本院。□其年四月二十二日迁葬于香山之阴，附葬先师灵塔之侧。

除了寺庙建设，《辽史》也记载了辽秦晋王耶律淳死后"葬燕西香山永安陵"

---

① 《静宜园记》，见《清高宗御制文集》，初集卷四，四库全书内联版。
② 《日下旧闻考》，转引商辂：《香山永安寺记》，四库全书内联版。
③ 拓片保存于国家图书馆，碑文采自香山公园管理处编：《香山石刻石雕》，新华出版社，2009年，13页。

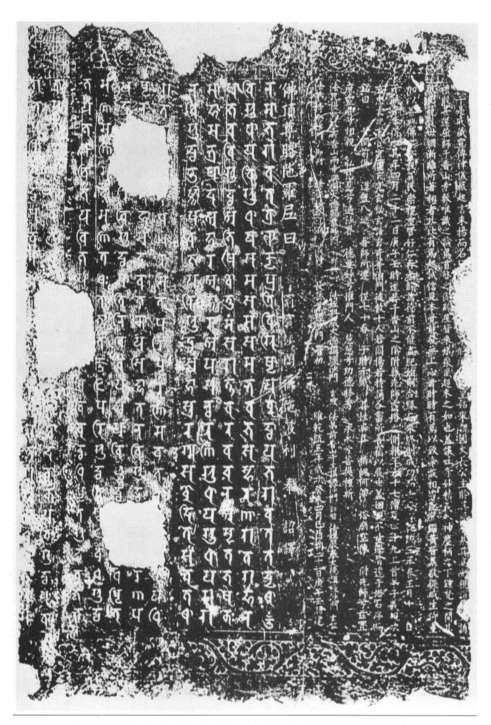

图 3.1.1　□□禅师残墓幢拓片（采自香山公园管理处编《香山石刻石雕》）

的经过①。

（二）金世宗兴建永安寺

金王朝灭辽和北宋后，海陵王完颜亮于贞元元年（1153 年）由上京会宁府迁都燕京，改称为"中都"。北京迎来了历史上第一段辉煌时期，也为其后元、明、清三代都城建设打下了基础。

金世宗时尚书吏部侍郎兼翰林直学士李晏撰有香山寺碑，《元一统志》刊录了部分碑文内容，这也是现存对香山最早的文字记载：

天都右界，西山苍苍，上干云霄，腾掷而东去，不知其几千里。穹然而高，窈然而深，回环掩抱，重冈叠阜。风云奔赴，来朝皇阙，如众星之供北辰，中有古道场曰香山。山有大石，状如香炉。山之峦万山缭绕。山顶有泉，出自山腹，清洁甘冽，凿高通绝，螭口喷流，下注溪谷。

金世宗对香山的开发主要集中在"大永安寺"的修建上。《元一统志》载录了章宗时的翰林应奉虞良弼在泰和元年（1201 年）四月的碑记。内称在世宗重修香山寺之前：旧有二寺，上曰香山，下曰安集。金世宗重道思，振宗风，乃诏有司合为一，于是赐名永安寺。这与辽代已

有香山寺的历史完全吻合。大定年间世宗"诏（巨构）与近臣同经营香山行宫及佛舍"②。大定二十六年（1186 年）永安寺建成③：

上院则因山之高前后建大阁，复道相属，阻以栏杆，俯而不危。其北曰翠华殿，以待临达，下瞰众山，田畴绮错。轩之西叠石为峰，交植松竹，有亭临泉上。钟楼经藏，轩窗亭户，各随地之宜。下院之前树三门，中起佛殿，后为丈室云堂，禅寮客舍，旁则廊庑厨库之属，靡不毕兴。千楹林立，万瓦鳞次。向之土木，化为金碧丹砂，旃檀琉璃，种种庄严，如入众香之国。④

金世宗将原来的香山寺及安集寺连成一片，建成新寺名为"永安"。永安寺规模宏大、建筑华丽，由于是两寺合并而来，因此有上下院之分。永安寺也同时作为皇帝行宫供游玩、巡幸之用。仅《金史》统计，章宗就多次游幸香山（表3.1.1）。

伴随着章宗的游览和会猎，香山留下了和他相关的大量古迹：

碧云庵在聚宝山，金章宗建玩景楼于此，年久废坠；

祭星台，在宛平县西，《客话》来青轩之前，两腋皆叠嶂环列，宾轩为金章宗祭星台⑤；

---

①香山建有辽永安陵。辽秦晋王耶律淳……百官伪谥曰孝章皇帝，庙号宣宗，葬燕西香山永安陵——《辽史·本纪三十·天祚皇帝纪四》。

②《巨构传》，见《金史》，卷九十七。

③《金史》：三月癸巳，香山寺成，幸其寺，赐名大永安，给田二千亩，粟七千株，钱二万贯。

④金代文学家党怀英任翰林编修时撰写的文章，摘自 [元]《元一统志》。

⑤《畿辅通志》，卷五十三，四库全书内联版。

⑥玩景楼、祭星台、护驾松均摘自《香山八景诗》，见《宛署杂记》，北京古籍出版社，1981 年。

表 3.1.1　金章宗游幸香山统计表

朝年	事件	出处
章宗明昌四年 （1193 年）	三月甲申，幸香山永安寺及玉泉山	《金史·本纪第十章宗纪二》
章宗承安三年 （1198 年）	秋七月丙午，幸香山；八月……癸酉，猎于香山	《金史·本纪第十一章》
章宗承安四年 （1199 年）	八月己巳……壬申，猎于香山	《金史·本纪第十一章》
章宗承安五年 （1200 年）	八月壬辰，幸香山。乙未，至自香山	《金史·本纪第十一章》
章宗泰和元年 （1201 年）	六月己卯，幸香山	《金史·本纪第十一章》
章宗泰和六年 （1206 年）	九月……丙戌，幸香山	《金史·本纪第十二章》

金章宗曾此失足，得松护之，封为护驾松，今不存[6]；

金章宗之台、之松、之泉也，曰祭星台，曰护驾松，曰梦感泉[1]；

旧云寺即金章宗之会景楼也[2]。

多数古迹在明代就几乎湮灭无踪，只余传说，却成为后人寻访香山、凭吊历史时所津津乐道的话题。如明"隆庆间，岭南黎民表与锡山安绍芳同游，蹑峤披磴，偏寻故址，得祭星台、护驾松二处，各为诗念之"[3]。金章宗好游山水的轶事也使其名声远播，成为历史上一位风流人物。而香山也留下了大量和章宗相关的名胜，甚至影响到了乾隆时期的"静宜园二十八景"。

（三）元代永安寺的扩建

元朝入主中原后，保持游牧民族传统的同时，也逐渐接受汉族文化的影响。元至元八年（1271 年）定都燕京，四年之后决定营建新都，这就是历史上著名的"元大都"。

元世祖即位（1260—1294 年），"幸香山永安寺，见书畏吾字于壁，问谁所书，僧对曰：国师兄子铁哥书也"[4]。元仁宗皇庆元年（1312 年）"夏四月辛未，给钞万锭修香山永安寺"[5]。至此，历经金、元两代修建，永安寺已经成为西山规模宏大的大庙。

除了香山永安寺的扩建，碧云寺和卧

①刘侗、于奕正：《帝京景物略》，北京古籍出版社，1983 年，230 页。
②《香山寺》，见《大清一统志》，卷二，四库全书内联版。
③蒋一葵：《长安客话》，北京古籍出版社，1982 年，55 页。
④《铁哥传附那摩传》，见《元史》，列传十二，四库全书内联版。
⑤《仁宗纪一》，见《元史》，本纪第二十四，四库全书内联版。

佛寺两座西山名寺也得到了相应的建设。元文宗图帖睦尔至顺二年（1331年），耶律楚材的后裔阿勒弥舍宅开山，在香山兴建碧云庵①。《春明梦余录》记载有至顺二年碧云庵碑。元英宗至治元年（1321年）九月：诏建大刹于京西寿安山；十二月，冶铜五十万斤作寿安山寺佛像②。由此可见，三座西郊最著名、规模最大的寺院香山寺、碧云寺、卧佛寺在明代以前就颇具规模了。

（四）明代香山——西山寺庙游览的中心

明代的香山是西山寺庙最集中的区域，许多太监在此修筑寺院，为出宫后养老所用。这一时期香山所有主要寺院均为内珰所资修。

明宣宗宣德年间（1426—1435年），宦官郑同创建洪光寺③。毗卢，古称"毘卢"，是毗卢遮那佛（Vairocana）的简称，也称作卢舍那佛、大日如来佛。这里所指的千佛绕毗卢之式，为中供大日如来的坛城式样。由香山寺至洪光寺的山路蜿蜒曲折，道两旁松柏掩映，俗称"十八盘"④。造型奇特的圆殿与十八盘山道成为明代洪光寺游览的主要景观。

香山永安寺在明正统年间也经历了扩建，大太监范弘捐资七十余万，希望可以将之作为晚年养老之所⑤（图3.1.2）。这时的香山寺被誉为"京师天下之观，香山寺，当其首游也"⑥。香山寺以泉水闻名，入庙门即有一石桥横跨方池上，池内即泉。方池中养鱼千头，游人多驻足投喂鱼食。蹬石阶向上，寺院前后共五重，用斜廊连接。

香山寺北侧也是一组附属寺庙群，可能是金代扩建之前安集寺旧址。这里有无量殿，还有一座可以眺望远景的轩堂，嘉靖皇帝莅临此处俯瞰京城时发出"西山一带，香山独有翠色"⑦的感慨。从这里众山"望林抟抟，望塔芊芊，望刹脊脊"⑧；西郊麦田则"青望麦朝，黄望稻晚，白望潦夏，绿望柳春"⑨；望京师"九门双阙，

---

① 《御制碧云寺碑文》，见《清高宗御制文集》，初集卷十八，四库全书内联版。自元耶律楚材之裔名阿勒弥者，舍宅开山，净业始构。

② 《元史》，引自[清]于敏中等编纂：《日下旧闻考》引，北京古籍出版社，1983年，1679~1680页。

③ 刘侗、于奕正：《帝京景物略》，北京古籍出版社，1983年，258页：长侍生高丽，其国王李祹遣入中国，得侍宣宗。后复使高丽，至金刚山见千佛绕毗卢之式，归结圆殿，供毗卢，表里千佛，面背相向也。自为碑文，自书之。

④ 蒋一葵：《长安客话》，北京，北京古籍出版社，1982年，55页。自香山折洪光寺，仅里许，蹬凡九曲，历十八盘而上，级级树松柏一行，如列屏嶂，诸山所无。

⑤ 刘侗、于奕正：《帝京景物略》，北京古籍出版社，1983年，230页。寺始金大定，我明正统中，太监范弘拓之，费钜七十余万。今寺有弘墓，墓中衣冠耳，盖弘从幸土木，未归矣。

⑥ 同⑤。

⑦ 同⑤。

⑧ 同⑤。

⑨ 同⑤。

如日月晕，如日月光"①。万历皇帝御题轩名为"来青轩"。

香山寺以西还有"流憩亭"，亦是著名的景观。此时传说中的章宗祭星台尚存，唐即有之的妙高堂也延续下来。

玉华寺为明正统九年（1444 年），太监韦敬、黎福喜创建。《日下旧闻考》辑录《游业》记载，谓之寺后有池，泉流不绝。寺后有玉华别院，共有山房十余间横跨山涧。山涧西北有小院名为慈感庵。玉华寺原本规模较小，《帝京景物略》《长安客话》等游记并未将其单独列出，而是和洪光寺、香山寺等一起记载。

明正德十一年（1516 年），税监太监于经扩建碧云庵为寺，并在寺后山上修建生圹②。明天启三年（1623年），魏忠贤在碧云寺于经墓的基础上大加扩建，也希望建成自己的生圹③（图 3.1.3）。

图 3.1.2 范弘碑残碑首（碧云寺展览，2007 年摄）

图 3.1.3 碧云寺挖掘出的魏忠贤生圹石像生（熊炜 2008 年摄）

---

①刘侗、于奕正：《帝京景物略》，北京，北京古籍出版社，1983 年，230 页。寺始金大定，我明正统中，太监范弘拓之，费钜七十余万。今寺有弘墓，墓中衣冠尔，盖弘从幸土木，未归矣。
②《御制碧云寺碑文》，见《清高宗御制文集》，初集卷十八，明正德中，税监于经为窀穸计，将以大作功德，而寺遂廓然焕然。
③《御制碧云寺碑文》，见《清高宗御制文集》，初集卷十八，至魏忠贤踵而行之，奢僭转甚。

二、静宜园营建缘起

（一）康熙香山行宫

香山行宫始建于康熙十六年（1677年），乾隆在《静宜园记》中记载祖父建行宫的缘由：

昔我皇祖于西山名胜古刹无不旷览游观，兴至则吟赏托怀，草木为之含辉，岩谷因而增色。恐仆役侍从之臣或有所劳也，率建行宫数宇于佛殿侧，无丹臒之饰。质明而往，信宿而归，牧围不烦。如岫云[①]、皇姑[②]、香山者皆是。

这段文字提供了有关于香山行宫的诸多信息：行宫的选址都依托古刹而建；建筑没有彩饰，风格简朴；康熙皇帝不在内留宿，只是歇脚。

除此之外，行宫留下的资料很少，所幸有一幅绘画存世（图3.1.4）：行宫所在的基址呈正方形，四面均有围墙，三面开门。正门在东面，门上悬有康熙御笔"涧碧溪清"匾额。进东门是一片荷花池，池后散布着六组建筑。从图上看来，这几组建筑以居住功能为主，伴有少量的亭、台等园林点缀。西南角的院落对内不连通，独立向外开门，应为仆从院落。图中建筑较为简朴，符合乾隆所述"无丹臒之饰"的风格。从位置来讲，行宫选址在原来的永安村基址上，这是香山东面最大的一片缓坡，出行宫

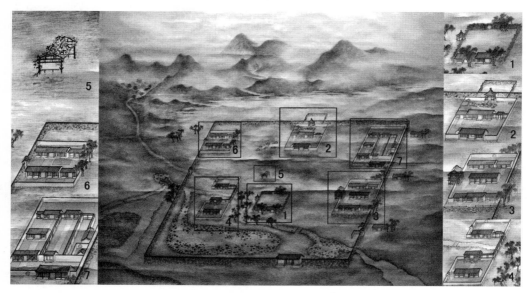

图 3.1.4　香山行宫图（首都博物馆展览，2007 年摄）

①今门头沟潭柘寺。
②今石景山显应寺。

表 3.1.2　康熙帝在香山书写的匾额

地点	建筑	匾额内容
香山行宫	东宫门	涧碧溪清
香山寺	来青轩	来青轩、普照乾坤
洪光寺	千佛亭	光明三昧
	正殿（香岩清域）	慈云常荫
行宫南侧（璎珞岩）	绿筠深处	绿筠深处

往南即香山寺。

以香山行宫为依托，康熙在香山行宫南侧建小园林"绿筠深处"；在紧邻香山寺的洪光寺内题写了"光明三昧"和"慈云常荫"两块匾额[1]；他尤为喜爱香山寺侧的来青轩，一方面，从轩内俯瞰，巍巍帝都，尽收眼底；另一方面，"来青"中的"青"与"清"同音，名字非常祥瑞。在此他题写了"来青轩"和"普照乾坤"二匾（表 3.1.2）。

虽然建设不多，但香山却是康熙帝喜爱临幸的风景胜地。康熙曾作诗数首，表达对香山名胜、古刹的欣赏以及登山眺望，对目之所及神州秀丽景色的感叹，如《洪光寺盘道》[2]《来青轩临眺二首》[3]等。

（二）乾隆营建香山静宜园

1. 乾隆初游香山

乾隆八年（1743 年）春，刚过而立之年的乾隆皇帝初次来到了北京西郊"香山行宫"。香山行宫建于康熙十六年（1677 年），当他站在来青轩内圣祖御笔"普照乾坤"匾下，追思之情充分抒发在《来青轩恭瞻皇祖御笔普照乾坤四大字》一诗中。乾隆在来青轩还与普觉寺的住持青崖和尚谈禅，在附近的妙高堂内品茶，之后便来到香山寺南的双井泉一带。

后世传说中金章宗建立的西山八大水院的"潭水院"即在此。除泉水外，临潭还建有名为"栖云楼"的"巉岩架木居"[4]式建筑，乾隆登楼远眺，可见西郊麦浪滚

---

①《洪光寺》，见《大清一统志》，卷二,四库全书内联版。
②《洪光寺盘道》，见《圣祖仁皇帝御制文集》，卷三十一,四库全书内联版。白云飞夏日，斜径尽崎岖。仙阜崇高异，神州览眺殊。
③《来青轩临眺二首》，《圣祖仁皇帝御制文集》，卷三十一,四库全书内联版。摇拂烟云动翠旗，登临翰墨每相随。山河景象无穷意，俯瞰人情因物知。来青高敞眺神京，斜倚名山涧水清。此日君臣同览赏，村村鸡犬静无声。
④高宗在《栖云楼》一诗中形容此楼：为爱巉岩架木居，风潭清泚朗吟余——四库全书内联版。

滚。入夏，他再次来到香山避暑。还是在来青轩里和青崖和尚畅谈、登栖云楼远眺，此时他的心中大约有了更宏大的计划。

2. 征收香山寺产

乾隆九年（1744年）香山工程处成立[1]，第一件有记载的事就是将永安禅寺（香山寺）和洪光寺[2]改为敕建。据《内务府奏销档》乾隆九年四月十三日，内务府大臣三和禀奏：

> 永安禅寺并洪光寺，从前因系民庙，其佛前所需香供等项未经管官办，今即经敕修，其所需香供等项，理合照例官给。

由此判断，从乾隆八年春天初游香山，到第二年四月这段时间，内务府对香山两座规模较大的寺院进行了重修。三日之后，《内务府奏销档》又记载了香山工程处拨银收购庙产事。

根据记载，当时征收的寺产包括永安寺、洪光寺、慈感庵、无量殿、元真庵、朝阳洞。庙内僧人被转移到各寺下院或者其他寺院居住。这些寺僧离开原有寺庙，内务府给予了多少补偿呢？《内务府奏销档》中详细记载了征收庙产的补偿措施：

> "查得永安寺、洪光寺等五处山场，所有松柏树株共一千六百余棵，并非果木树株，无庸作价外，其果木树共一千九百四棵。臣等照例每棵作价银五钱，共计银九百五十二两。"

只有能够带给僧人收成的果木被折价购买了，土地并没有按照面积大小给予补偿。被迁出的僧人，如果原寺有下院，内务府负责在下院添建僧房；规模较小没有下院者，则合并在其他寺院中，也由内务府出资建房。另外新园林圈起的范围内还有百姓的果园和住房，这些果树和房产都分别折价予以补偿[3]。

最终，内务府以三千一百八十两的价格，收购了香山行宫附近的寺产和果树。乾隆后来写诗记述了此事[4]：

> 稍出内府资，买地垂百亩。山僧饱囊橐，而我足林阜。一举两得之，香山宛我有。

对于香山旧寺的利用，可以概括为以下几个步骤：变民寺为官修、迁移寺僧、折价补偿。乾隆十二年（1747年）碧云寺扩建工程开始，官家以二十八两纹银的价钱收购了碧云寺所有果木，将寺僧迁至下院安顿[5]，这一过程看来已成乾隆时期

---

① 《内务府奏销档》，乾隆九年，第一历史档案馆。
② 洪光寺即明代文献中的弘光寺，应为清代避康熙名讳而改。
③ 又查得圈占民人果木树株二百二十四棵，每棵价银五钱。土瓦房共七十一间：内瓦房十五间，每间作银六两；灰梗房三间，每间作银五两；石板房七间，每间作银五两；土房四十二间，每间作银四两；平土房三间，每间作银二两；席棚一间，作银二两。共计银四百二十八两，亦动用工程处银两分晰赏给。所圈占房间仍令伊等自行拆去，任伊等拨给地亩内盖造。其山场内果木树株亦需人照看。
④ 《香山》，见《清高宗御制诗集》，初集卷四十，四库全书内联版。
⑤ 《内务府奏销档》，乾隆九年，第一历史档案馆。

收购寺产的固有流程。

（三）乾嘉时期静宜园主要建设

乾隆九年（1744年）"香山工程处"的建立，标志着静宜园建设的开始。自此至嘉庆中叶，园内园外建设不断。

据《总管内务府则例·静宜园》记载，"十一年正月奉旨：香山行宫命名为静宜园，钦此"。表明静宜园的正式命名在乾隆十一年一月。之后静宜园二十八景[1]相继完成。据《内务府活计档》所载，同一时期静宜园还修建了韵琴斋、听雪轩、致远斋建筑群；知时亭、约白亭、迟云馆等单体建筑[2]；乾隆二十年（1755年）建"欢喜园"[3]；乾隆二十七年（1762年）建"带水屏山"[4]；乾隆二十八年（1763年）完成对森玉笏和晞阳阿的扩建[5]；乾隆三十四年（1769年）在别垣建园中园正凝堂[6]；乾隆四十五年（1780年）宗镜大昭之庙落成[7]；嘉庆十三年（1808年）"洁素履"殿改为"梯云山馆"[8]；嘉庆十六年（1811年）改建中宫建筑群[9]。

第二节　营建概览

从乾隆十一年静宜园二十八景初成，到嘉庆十六年对中宫建筑群进行改建，这段时间是静宜园营建的高峰。静宜园史料遗存较多，除多件宫廷绘画外，还有样式雷图档、清宫档案、历史照片和部分遗址尚存。根据《日下旧闻考》的记载[10]，静宜园分为内垣、外垣、别垣三部分，分别阐述如下（图3.2.1）。

---

[1] 静宜园二十八景为：勤政殿、丽瞩楼、绿云舫、虚朗斋、璎珞岩、翠微亭、青未了、驯鹿坡、蟾蜍峰、栖云楼、知乐濠、香山寺、听法松、来青轩、唳霜皋、香岩室、霞标磴、玉乳泉、绚秋林、雨香馆、晞阳阿、芙蓉坪、香雾窟、栖月崖、重翠崦、玉华岫、森玉笏、隔云钟。

[2] 均根据《内务府活计档》推断。

[3] 《欢喜园二首》，见《清高宗御制诗集》，二集卷五十九，四库全书内联版。

[4] 《山阳一曲精庐、怀风楼、得一书屋、对瀑、净凉亭、琢情之阁》，见《清高宗御制诗集》，三集卷二十六，四库全书内联版。

[5] 《超然堂、旷览台》，见《清高宗御制诗集》，三集卷三十六，四库全书内联版。

[6] 《总管内务府则例·静宜园》，239页。（乾隆）三十四年六月……静宜园……新建正凝堂殿座。

[7] 《日下旧闻考》，卷八十七，四库全书内联版。宗镜大昭之庙亦称昭庙，额悬都里正殿。乾隆四十五年，就鹿园地建琉璃坊。

[8] 《总管内务府则例·静宜园》，240页。（嘉庆）十三年三月呈准，静宜园内改建梯云山馆殿座。

[9] 据内务府《陈设清册》中的记载比对推断出。

[10] 内垣、外垣和别垣的分区见《日下旧闻考》：自勤政殿以迄雨香馆是为内垣，为景凡二十。自晞阳阿以迄隔云钟是为外垣，为景凡八。外垣之北别垣。

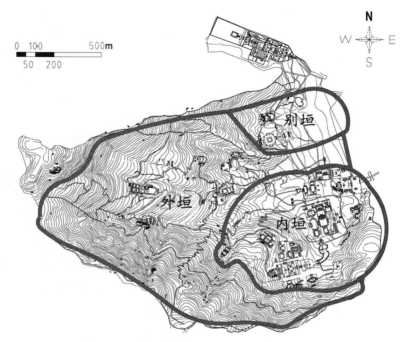

图 3.2.1　静宜园内垣、外垣、别垣分区示意图

一、内垣区

"自勤政殿以迄雨香馆是为内垣，为景凡二十。"[1]这二十景是：勤政殿、丽瞩楼、绿云舫、虚朗斋、璎珞岩、翠微亭、青未了、驯鹿坡、蟾蜍峰、栖云楼、知乐濠、香山寺、听法松、来青轩、唤霜皋、香岩室、霞标磴、玉乳泉、绚秋林、雨香馆，为二十八景中的前二十景（图 3.2.2）。

静宜园二十八景基本为乾隆十一年（1746 年）左右完成的。同一时期内垣还修建了韵琴斋、致远斋建筑群，知时亭、多云亭等单体建筑[2]。乾隆二十年（1755年）左右在栖云楼西侧建"欢喜园"[3]；乾隆二十七年（1762 年）在勤政殿南建"带水屏山"组群，俗称"南宫"[4]。

（一）勤政殿至绿云舫

静宜园正宫门建筑五楹，左右有罩门二座。宫门前南北俱有三间朝房一座，宫门及朝房南北东三面用拒马叉子围合成方形封闭空间。宫门现存，上悬乾隆御笔"静

---

① 《皇朝通志》，卷三十三，四库全书内联版。
② 均根据《内务府活计档》推断。
③ 《欢喜园二首》，见《清高宗御制诗集》，二集卷五十九，四库全书内联版。
④ 《总管内务府现行则例·静宜园》：乾隆二十七年，建成带水屏山。

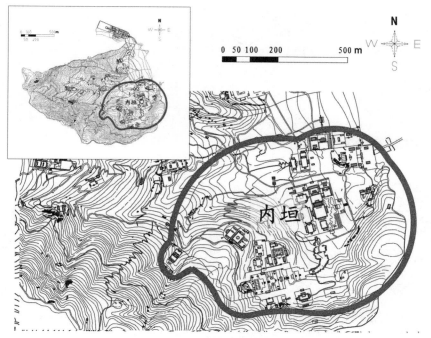

图 3.2.2　静宜园内垣范围

宜园"匾额①。进入大门后,有一长方形前院,南北各有配殿三间,配殿后又有两座值房。正对宫门有屏门一座,后院即为勤政殿。这是清代皇家园林中继圆明园之后又一座名为勤政殿的建筑,嗣后乾隆十五年(1750年)清漪园新建正殿也以此命名。圆明园、静宜园、清漪园中三座勤政殿的组群布局方式很相似——正殿一座,左右两座配殿,殿前水池,上架石桥,殿后叠石假山②。勤政殿自1860年火焚倾圮后仅余台明、石桥及殿后假山。四幅表现静宜园场景的宫廷绘画③中对勤政殿及两配殿屋顶的形式有不同的反映:全图、董邦达图和分景图中为带正脊的歇山式;轴图为卷棚顶歇山式(图3.2.3)。现存文献档案和样式雷图中也没有直接反映其屋顶形式的证据,相较其他园林中类似功能的组群,《圆明园四十景图》中正大光明和勤政亲贤的屋顶形式均为卷棚式;光绪重修颐和园后,仁寿殿也为卷棚

①《内务府活计档》,乾隆十年(1745年)七月初一日,内务府交御笔"静宜园"匾文,并于十一年(1746年)十月十八日将做得匾持赴香山安挂。
②勤政殿内悬乾隆御笔"兴和气游"匾一面,左右金柱上对联是:"林月映宵衣,寮案一堂师帝典;松风传书漏,农桑四野绘豳图。"殿内明间设红漆地平一座,上设屏风和宝座。殿北墙挂梁诗正写《御制静宜园记》挂轴,南墙悬董邦达画《静宜园》图一轴。殿外檐明间向东挂乾隆御笔"勤政殿"匾一面,外阶下设石座方鼎炉四件。
③四副绘画分别为董邦达《静宜园图》;张若澄《静宜园二十八景》手卷;董邦达《静宜园二十八景》图册;沈焕、嵩贵《静宜园全图》。

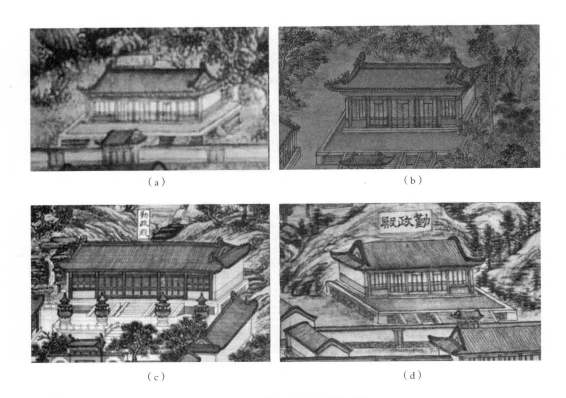

图 3.2.3　四张宫廷绘画中的勤政殿

（a）《静宜园图》（b）《静宜园二十八景图册》（c）《静宜园全图》（d）《静宜园二十八景手卷》

图 3.2.4　《静宜园二十八景》手卷中的致远斋一带（故宫博物院藏，北京香山公园管理处提供）

歇山顶。

自勤政殿南、西、北方向各有三条山路，北路达四进由西到东平行布置的院落，分别是听雪轩和韵琴斋、致远斋、膳房、军机处（图3.2.4）。韵琴斋又名智仁山水德殿，建筑五间，坐北朝南。明间罩上挂乾隆御笔"智仁山水德"匾一面，屋内还有"空籁琅璈""挹润"两块御笔匾额。殿外檐向南挂黑漆金字"韵琴斋"匾一面。根据《内务府活计档》记载，乾隆十一年三月《皮作》出现了"香山韵琴斋东梢间……"的记载，由此可判断该建筑建成时间为乾隆十一年。韵琴斋南有方形水池，池水从碧云寺引来，并向东注入月河。池南有一座三间敞厅，外檐向北挂"听雪轩"匾一面。《内务府活计档》乾隆十二年三月《木作》有将东园（长春园）"听雪轩"的匾额换下送往香山挂讫的记录，可见听雪轩落成时间不晚于乾隆十二年。

致远斋在韵琴斋和听雪轩东院，它是乾隆来静宜园的"香山理事处"。外檐明间向南挂乾隆御笔"致远斋"匾一面。该建筑建于乾隆十三年[1]，"致远"取自诸葛亮《戒子篇》"非淡泊无以明志，非宁静无以致远"之句。乾隆帝在建此斋时，正值在香山附近组建健锐营，征讨金川叛乱之际，命名此斋，有企盼第一次金川之战胜利之望。

由致远斋后廊向北，有一组线性的建筑。其最北面为一座两孔泄洪桥，南为一座五间正殿坐落在方形月台上，殿左右各为两间顺山房。样式雷国图125-001中将此殿标为"小宫门"，对比《静宜园二十八景手卷》和《静宜园全图》，可知此建筑为两层的正直和平楼。第一历史档案馆《内务府陈设册》载该楼上下各七间，但样式雷图档和清宫绘画中此楼均为五开间。道光时，清帝驾临静宜园就在此听政。可见勤政殿虽为静宜园正殿，但皇帝平时并不在这组布局严整且刻板的建筑群中咨政理事，而偏爱更加园林化的致远斋组群。

丽瞩楼坐落在勤政殿后一片地势平坦的山岗上，相较宫门和勤政殿，整组建筑的轴线稍稍偏北（图3.2.5）。组群有两进院落，宫门三间，前有南北配殿各三间，入门后第一进院的正房五间，抱厦三楹坐北朝南，名为清寄轩，再北为五间后照殿。清寄轩南有一座方亭名为"日夕佳"，院西正中为三楹穿堂殿"横秀馆"。后院地势较高，且建高台加强了前后院高差，台东为一座白石牌坊，后为丽瞩楼。楼上下十间，南北各有配殿三间。楼后正对八边形"多云亭"。从静宜园东宫门外牌坊开始到多云亭，勤政殿与丽瞩楼建筑群随山地起伏层层上升，衬托出宫廷区的雄伟气势。

乾隆皇帝以孝道闻名，因此为奉母游览香山而建的太后宫十分精巧，丽瞩楼也成为二十八景之一。乾隆十一年的《丽瞩

---

[1]《清高宗御制诗集》，五集卷八十，《致远斋叙事》中有"斋建于戊辰年"即乾隆十三年的注解，四库全书内联版。

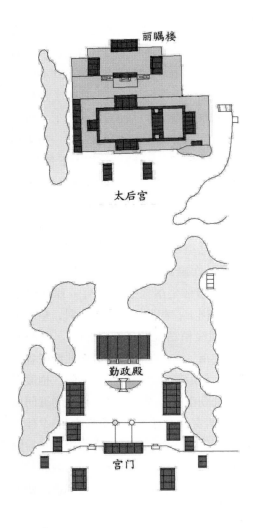

丽瞩楼

太后宫

勤政殿

宫门

图 3.2.5　太后宫和宫门、勤政殿位置示意图（根据样式雷图改绘）

《楼》诗中，太后宫建筑群的题额为"静寄"，但在乾隆四十四年《清寄轩迭辛巳诗韵》中提到清寄轩为乾隆二十年以前建成。《内务府活计档》中还提到将静宜园换下的匾安挂于静寄山庄大门，很可就是这块"静寄"匾。

丽瞩楼这一组群位于主入口的轴线上，而皇帝寝宫中宫在原康熙香山行宫的基地上，虽不在入口轴线上，规模却胜于太后宫。这种布局方式和圆明园、避暑山庄将太后宫偏于主轴线布置的方式不同，而与畅春园、绮春园等颐养太后的园林布置方式相仿[①]。再看同样是大型山地园林的静寄山庄，太后寝宫位于"中宫"太古云岚皇帝寝宫东南部的寿萱堂，"晨昏问视跬步可达"[②]。静宜园的太后宫和皇帝寝宫则根据地形坐西朝东、南北并置，更多地考虑了地形地貌以及同原有建筑关系等因素。

丽瞩楼西南山坡上有一座船型建筑绿云舫。是处仿效避暑山庄"云帆月舫"而建，面阔共十五间：左右各六间，中间殿三间。绿云舫以西山坡上有八角三层的钟楼"知时亭"。顶层向东挂西洋报时钟一面，该组群在乾隆十一年三月即已落成[③]。

①关于圆明园、避暑山庄、畅春园、绮春园太后宫详见贾珺：《清代离宫御苑中的太后寝宫区建筑初探》，载《故宫博物院院刊》，2002 年第 5 期，33~44 页。
②乾隆：《太古云岚》，见《钦定盘山志》，卷一。引自朱蕾：《境惟幽绝尘，心以静堪寄——清代皇家行宫园林静寄山庄研究》，天津大学硕士学位论文，2004 年。
③《内务府活计档》乾隆十一年三月《做钟处》有"二十一日……传旨香山西楼上着做时刻钟一分"的记载；同年二月《油作》有"初三日……交御笔……绿云舫白笺纸匾文一张……传旨着做木胎油匾四面……于三月二十日……赴香山等处悬挂讫"的记录。

（二）中宫至欢喜园

循勤政殿后南侧山路，过石桥有一片方形平岗，西邻山石。这里是皇帝在静宜园的寝宫"中宫"建筑群，即为康熙时香山行宫所在地，乾隆始建静宜园时扩建而成①。东宫门三楹，东向挂康熙御笔"涧碧溪清"匾额，进入大门是四座砂山，山间小路引向三组院落。

最北一组院落主体建筑坐北向南，以五间南出三间抱厦的"郁兰堂"为主殿，郁兰堂北有后照殿三间。堂西为"物外超然"殿，建筑五开间，向北出抱厦三间，北为物外超然后九间殿。物外超然以西的院落，正殿为五开间的"情赏为美"，北为"元和宣畅"戏楼。正西为西宫门，出即可达半圆形宇墙围绕的后院。

正中一路，最东为五间殿，向东挂"濠濮想"匾额，向西挂"敷翠轩"匾额。穿过该殿，北为中宫主殿"学古堂"，此殿七间，南出抱厦五间，北出抱厦三间，为清帝在静宜园的寝殿。堂内有"稽古佩文""长春书屋""正谊明道""学古堂""坐春风处""见天心处""莲峰瑛曦""云窦通泉"等乾隆御笔字和匾额②。

敷翠轩正西为五间的"聚芳图"，西出抱厦三间，匾额为"凌虚馆"。凌虚馆后是高台一座，沿爬山游廊而上即是中路最后一进院落，乾隆时期，该院落的主体建筑为五开间二层的"旷真阁"，北为三开间二层的"伫芳楼"，南为三间开二层，南出抱厦一间的"揖翠楼"。而在嘉庆十六年（1811年），中宫建筑群发生了变化，乾隆年间的旷真阁改为了单层的延旭轩，其南北各二层的配楼均改为单层③（图3.2.6）。

南一路先是到达一处园林色彩丰富的小院，进入垂花门，院内山石错落，中有曲水流觞石渠一座。北为三间抱厦殿，额名"虚朗斋"，为二十八景之一，后接五间的泽春轩。南为三间"画禅室"，嘉庆十六年，在画禅室南边添加了三间转角房，并分割出一进新的院落④。西为八方"露香亭"。穿过露香亭，有山石为阶，拾级而上正对三间抱厦"披云室"，后连五间殿"水容峰翠"，南为"采香"方亭，西为五间的"怡情书史"，后有山路至西面宇墙，出随墙门南转，即到二十八景中的"璎珞岩"。

璎珞岩主景为三间殿"绿筠深处"此

---

①《内务府活计档》乾隆十年七月《木作》有"七月初七日，传旨将旧匾……'怡情书史'收拾好后在香山挂；修补'涧碧溪清'……'学古堂'……'水容峰翠'等旧匾""七月十四日，交御笔'敷翠轩'……'画禅室''情赏为美'……'凌虚馆''伫芳楼''露香亭''物外超然'……'揖翠楼''采香亭'……'虚朗斋''旷真阁'匾文。于十一年三月十八日将虚朗斋、韵琴斋二匾安挂，其它匾于十二年正月二十二日安挂。""七月十四日，交御笔'元和宣畅'匾文，做得匾于十一年十月二十日安挂。"以上匾额均在中宫。
②见第一历史档案馆藏，乾隆五十五年，《学古堂陈设清册》。
③据《内务府陈设清册》中的记载比对推断出。
④同③。
⑤《内务府修缮黄册》："璎珞岩拆卸立峰改为堆石，共实净销银一万八千余两。"

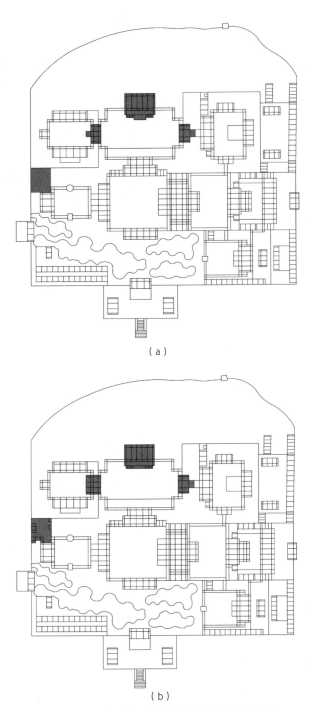

（a）

（b）

图 3.2.6　嘉庆朝中宫改建部分（据样式雷图改绘）
（a）嘉庆十六年前中宫地盘图　　（b）嘉庆十六年后中宫地盘图

处在康熙时即已存在。殿北接一方亭，殿南转角游廊连接着两间的"横云馆"。馆东沿山石达方亭"清音"。乾隆三十六年（1771年），内务府对璎珞岩假山进行了较大的修缮。将立峰假山石改为堆石假山[⑤]。

璎珞岩东南山腰有翠微亭一座。园东南山巅有五间敞厅命名为"青未了"。青未了南有一六方亭名为"看云起"。

"看云起"西南山坡上有上下鹿苑两座，外均由围墙圈起，内各设三间值房一座。

中宫以东有一座精巧的园中园"带水屏山"，也称为南宫。这里是乾隆帝理政之余的休憩之所。南宫建筑群兴建的时间晚于静宜园二十八景，应为乾隆二十七年左右[①]。

带水屏山最南是对瀑殿三楹，殿南叠石假山上有飞瀑喷涌，这里的泉水源于双井泉，经香山寺前知乐濠至此为飞瀑，再注入带水屏山院中。由对瀑向北进入三楹带水屏山宫门后，迎面有两座二层楼阁并峙而立：西为怀风楼，东为琢情之阁。怀风楼上下六间，南边有转角游廊四间和敞厅三间。"琢情之阁"亦上下六楹，其南为山阳一曲精庐，三间殿东向，前有方形水池一座。该建筑群最东有半圆形水池，

西面临水建三间"得一书屋"，半圆形水池中间建四方亭，名为"净凉"。

（三）香山寺至雨香馆

香山寺在静宜园二十八景中独占三景，从绿筠深处往南有一条折而转西的买卖街，因与东宫门外的外买卖街相对，称为"内买卖街"。买卖街内有龙王庙、山神庙、财神庙各一座[②]。买卖街的铺面房均为点景房，约为乾隆三十六年兴建[③]。

买卖街两端各有一道冲天牌楼，西边的牌楼四柱三楹，上嵌乾隆御笔"香云入座"匾额。牌楼前有一方形水池，上架汉白玉三孔石桥，栏杆和栏板上遍布石雕，精巧至极。乾隆帝将此处命名为"知乐濠"，位列二十八景。过知乐濠有一座三楹永安寺殿，也名"接引佛殿"，殿外檐向东挂乾隆手书"香山永安寺"匾一面。

第二进是天王殿，也名"西佛殿"，该建筑三楹。殿后上高台，从东向西建有三组建筑，第一组为钟鼓楼，在钟楼北侧有一四方形碑，上有乾隆在三十九年（1774年）作《娑罗树歌》和五十年（1785年）手书《娑罗树》两首诗。钟鼓楼后为两座八方坛城：北座内设"上乐王佛"坛城一座，南座内设"呀吗达噶"坛城一座[④]。

①《总管内务府现行则例·静宜园》：乾隆二十七年，建成带水屏山。《内务府活计档》乾隆二十七年七月《如意馆》：香山新盖所。

②内务府乾隆五十八年《永安寺天王殿、天泽神行、南北坛城、山神、土地庙、圆灵应现、南北配殿、眼界宽、香林、水月空明、鹫峰云涌等处佛像供器清册》。

③十二月十七日，查核静宜园内知乐濠至香山寺牌楼石道两边添盖点景铺面房，山门前添建四柱三楼牌楼——《内务府奏销档》乾隆三十六年十二月份。

④《内务府活计档》乾隆十一年三月《油作》："五月初六日……将檀城二座送赴香山安设讫。"

两座坛城又西，北为山神庙，南是土地庙，均面阔一间。

香山寺第四层台上有四柱香山寺牌楼一座，牌楼后有石座大铁炉一只。铁炉南北各有一株古松，是静宜园二十八景之一的听法松。再西上台阶迎面有二柱牌楼一道，西为一座大石屏，汉白玉石基台上镶嵌三方碑刻。屏后建主殿"圆灵应现"，殿面阔七间，外檐悬乾隆御笔蓝地铜字匾一面。

圆灵应现后为"眼界宽"敞厅一座计三间，再后有三层六方亭一座名为"蔷葍香林"，亭首层内檐挂"慈因净果"匾，外檐挂"卜葡香林"匾；二层内檐挂"圆通净照"匾，外檐挂"无往法轮"匾；三层内檐为"能仁妙觉"匾，外檐是"光明莲界"匾。卜葡香林后有"水月空明"殿一座三间。再上一层平台为"青霞寄逸"，楼上下六间，殿外檐向东悬"鹫峰云涌"匾一面。这组建筑均为乾隆十一年左右建成[①]（图 3.2.7）。

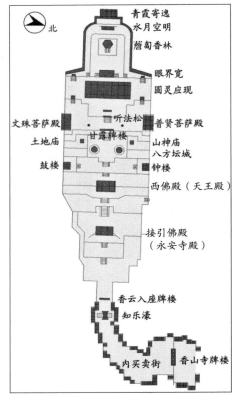

图 3.2.7　静宜园香山永安寺地盘图
（根据样式雷图改绘）

---

①根据《内务府活计档》，乾隆十一年六月初九"……交御笔光明莲界……无往法轮……卜葡香林……鹫峰云涌……眼界宽……水月空明……白纸匾文……十二年九月十二日……光明莲界等匾十二持赴香山各处挂讫"。乾隆十二年三月"十五日……交御笔白纸……青霞寄逸……匾文……于六月初五将做得油木匾七面持赴挂讫"。由此可见香山寺正殿后眼界宽殿到青霞寄逸楼四座建筑为乾隆十一年左右建成。但乾隆十七年内务府《黄册》内有"香山寺后增建敞厅一座，楼一座"的记载，这里的敞厅和楼疑似眼界宽敞厅及青霞寄逸楼，特此存疑，以待今后研究。

乾隆九年年初，香山寺改扩建工程开始之前，内务府档案中记载香山永安禅寺的部分建筑名单有：永安禅寺三世佛殿、南北配殿、正法殿、六角亭和接引佛殿。静宜园建成后进行了多次工程，其中乾隆十七年和乾隆三十六年这两次工程规模较大，添建了寺院后半部的一些园林建筑和山石以及内买卖街、牌楼[1]。此外，"圆灵应现"大殿至少屋面部分进行过改建。1992年，香山公园管理处对香山寺遗址进行了清理挖掘，在圆灵应现殿遗址处发掘出大量的龙形琉璃正脊。

如今，香山寺已全部重建，重建前对总面积约1900平方米的部分遗址进行了考古发掘[2]。

香山寺北侧有三组庙宇，由低到高分布在三层平台上，自东向西依次为观音阁、妙高堂和无量殿。

从香山寺向北进入最东一进院落，它坐落在花瓣形的高台上。进山门后有一影壁，东西为两座五间的配殿。正殿观音阁是一座重檐庆殿的高大建筑，面阔五间，殿外檐向南挂"性因妙果"匾及一幅对联，上层檐挂"普门圆应"匾一面，殿前供石座铜鼎一件[3]。观音阁南是"来青轩"，殿五间，明间西墙上向东挂"乾坤普照"匾一块，外檐向东挂"来青轩"匾一面，这两块匾额均为康熙皇帝御笔。来青轩北为两间的"含和"殿一座。此殿后改为带一间抱厦的"青霞"殿。含和殿向西北有一段弧形游廊，游廊另一端为海棠院。"海棠院"殿一座三间，其东抱厦一间，外檐向东挂"青霞在抱"匾一面。

妙高堂在观音阁西进院中，殿五间，外檐向东挂乾隆御笔"妙高堂"匾一面，南北各有配殿三间。

---

① 《内务府活计档》乾隆十一年三月《油作》：香山东亭子、香山西亭子……于五月初六日……将檀城两座送赴香山安设。《内务府活计档》·乾隆十一年六月《木作》：初九日……交御笔光明莲界白纸匾文一张、无住法轮……葡萄香林……鹫峰云涌……眼界宽……壶中镜……水月空明……十二年九月十二日……光明莲界等匾十二持赴香山各处挂讫。《内务府活计档》乾隆十一年六月《铜作》：六月二十九日，交御笔"香山寺"匾文，于十二年三月初十在香山安挂。《内务府活计档》乾隆十二年三月《木作》：初八……传旨香山木坛城二座各将东边火焰安在西边，西边火焰安在东边钦此。初九……传旨壶中境的匾不必挂，将眼界宽的匾挂在壶中境的匾处，鹫峰云涌的匾样式另写字做匾一面挂在眼界宽的匾处，钦此。《内务府活计档》乾隆十三年六月《木作》：六月十一日，交御笔"普门圆应""万法皆如""香山永安寺"匾文，于十四年十月初三，将匾送往静宜园安挂。《香山公园志》，346页：乾隆十五年，静宜园内三世佛殿并万善殿供佛及牌疏事；乾隆十七年，香山永安寺后添建敞厅一座，计三间。山楼一座计二间，随山式游廊五间。平台二座以及油饰彩画，裱糊，做内里装潢，太湖山石点景等项工程……此项工程于乾隆十七年冬备料，乾隆十八年春兴建。《内务府奏销档》乾隆三十六年十二月份：十二月十七日，查核静宜园内知乐濠至香山寺牌楼石道两边添盖点景铺面房，山门前添建四柱三楼牌楼。《内务府奏销档》乾隆三十八年十二月份：十二月二十三日，查核静宜园圆灵应现添安鼎座。

② 2011年10月28日至12月10日，北京市文物研究所对香山寺部分遗址进行了考古发掘。主要包括七处单体建筑遗址：圆灵应现殿、南配殿、八方亭、鼓楼、西佛殿、接引佛殿和爬山廊。——详见孙劲：《静宜园香山寺遗址的考古发掘与初步认识》，第五届北京三山五园研究院学术研讨会论文集，北京，2018年12月，1~12页。

③ 内务府乾隆五十五年《来青轩、海棠院、妙高堂、性因妙果、两配殿等处陈设佛像供器清册》。

④ 十一月十六日，查核静宜园内无量殿北边城关上添盖房间等项工程——《内务府奏销档》乾隆三十二年十一月份。

妙高堂西有一山门额为"楞伽妙觉"。进山门往北的山道上遍植松树和丁香，最北为方形城关，乾隆三十二年（1767年）左右在城台上添盖三间殿宇④。山道西侧平行布置了三跨院落，最南为无量殿组群，它由无量殿山门、南北配殿、无量殿和无量殿西角门内殿组成，所有建筑均面阔三间。再北一跨院内有观音殿和南北配殿均

为三间。第三进院落中是三间的伽蓝殿（图3.2.8）。

在乾隆九年的档案中，观音阁、无量殿、无量殿山门、南三世佛殿、北观音殿、伽蓝殿均已存在。通过对历史档案的梳理，这组建筑除了乾隆三十二年在北部城关上加建房屋外，基本维持了明代以来的格局①（图3.2.9）。

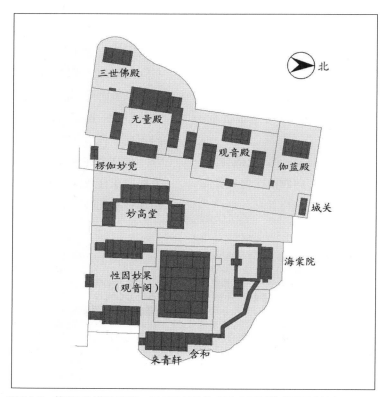

图 3.2.8　静宜园时期来青轩、无量殿等处地盘图（根据样式雷图改绘）

---

①《内务府活计档》乾隆十一年六月《木作》：六月初九，交御笔……海棠院……匾文，于十二年九月十二日将匾在香山安挂。《内务府活计档》乾隆十二年三月《裱作》：三月十三日，传旨将康熙"乾坤普照"匾文糊在旧匾上，于五月初六将匾安在来青轩。《内务府活计档》乾隆十三年六月《木作》：六月十一日，交御笔"普门圆应""万法皆如"……匾文，于十四年十月初三，将匾送往静宜园安挂。《内务府活计档》乾隆十三年七月《木作》：七月十四日，交妙高堂匾文一张，于十四年六月二十一日按挂。《香山公园志》，346页：隆十六年："观音阁换琉璃吻兽宝塔瓶座"。《内务府奏销档》乾隆三十二年十月到十二月：十一月十六日，查核静宜园内无量殿北边城关上添盖房间等项工程；静宜园内无量殿北城关上添盖歇山房一座，计三间。

（a） （b）

图 3.2.9 乾隆十六年更换琉璃吻兽、并宝塔顶开光前后的观音阁
（a）《静宜园二十八景》手卷 （b）《静宜园全图》

出方形城关，可达三楹敞厅"霞标磴"。敞厅坐落在山路崎岖处，北面有一条极为蜿蜒曲折的山道，名为"十八盘"。

香山寺东南有一院落"松坞云庄"，其宫门三楹，辟于北院墙正中，进宫门正南为"山水清音"殿，北面为三间伴戏房，南面是戏台一间。松坞云庄院内水池名为天池。池水从院西南石间两眼清泉中涌出，是香山南部主要水源头之一。泉名"双井"，亦名双清。泉边山石上有高宗御笔"双清"二字刻于石壁上，至今尚存，相传此即金章宗的"梦感泉"。天池东岸是三楹二层的"凭襟至爽"楼，隔池相对为"青霞堆"亭一座。岸四周建筑以廊相连，南岸即为五楹正房"松坞云庄"。庄后青石层叠为台，寻阶而上有一座上下十间的"栖云楼"。此楼原为"巉岩架木居"[1]的结构，十一年兴建静宜园同时对其进行

了重建。新建的栖云楼位列二十八景之一。

院西双井泉畔有一座龙王庙。庙三间，坐西向东，庙内神台上供龙牌一件。后檐柱上挂御笔"天泽神行"匾，对联一幅[2]。

欢喜园在松坞云庄西侧，出香山寺正殿南侧小门即到。园内主要建筑有"得象外意"殿一座三间。"欢喜园"殿一座三间、南抱厦一间，"丛云"方亭一座。欢喜园又南，出内垣墙有两块巨石"蟾蜍峰"，为二十八景之一，峰侧有一四方亭（图 3.2.10）。

从香山寺西北端上山，途经一段曲折的山路，山道口有一座六方亭，名为"唉霜皋"，为二十八景之一。

再北可达洪光寺，其坐落在半圆形的平台之上。寺前有一四柱三间牌楼，沿石阶向上，左右有钟鼓楼。牌坊西侧正对三

---

①《栖云楼》，见《清高宗御制诗集》初集卷三十二，四库全书内联版。
②据《内务府活计档》记载该匾于乾隆十一年六月十一日挂于香山。

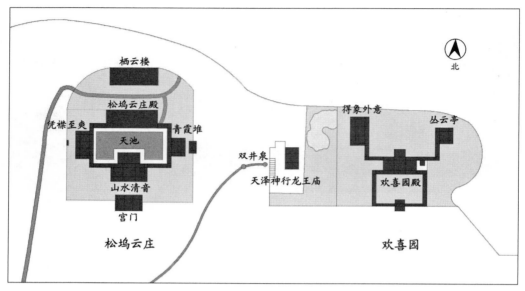

图 3.2.10　静宜园时期松坞云庄和欢喜园地盘图（根据样式雷图改绘）

间砖石结构的洪光寺山门，进门后四周以廊屋围合成长方形的院落，正中有一座圆攒尖屋顶的千佛亭，建在八边形台明上。殿外檐向东挂康熙手书"光明三昧"匾一面。千佛亭后是洪光寺正殿，它五间东向，殿内檐挂康熙手书"慈云常荫"，殿外檐是乾隆御笔"香岩清域"匾。洪光寺南跨院正殿为三间观音殿，殿前有南配殿一座。出跨院门楼，迎面有抱厦殿一座，主体五开间，西出抱厦一间。

北跨院南北向建香岩室楼一座，上下十间，向北出抱厦上下两屋各六间。楼下东墙上向西挂"香岩室"匾一面，楼上室内向北挂"大圆通"匾和对联一副。楼下后抱厦向北安三屏宝座一张。香岩室西为东向太虚室一座三间，东出跨院垂花门有抱厦房一座五间，向西出抱厦三间（图 3.2.11）。洪光寺基本保持了明代以来的格局，清代营建的重点在北跨院的香岩室[1]。

二十八景之一的"玉乳泉"坐落在中宫以北的一条山道边。泉边面东建玉乳泉殿三楹，泉西面假山间有一重檐亭"鹦集崖"，内有石台，上供观音像。泉东有六方形"致佳亭"一座。

洪光寺以西是二十八景之一的"绚秋林"。其为四面出抱厦的亭一座，亭西巨石森列，石壁和山石上镌刻有"萝屏""翠

①《内务府活计档》乾隆九年六月《裱作》：六月初九日，交御笔"香岩清域"匾文，于十年七月十一日做得。《内务府活计档》乾隆十一年六月《木作》：六月二十七日，交御笔"净界慈云"……匾文，于十二年十一月十二日在香山安挂。《内务府活计档》乾隆十二年十月《裱作》：十月十四日，交御笔大圆通匾文（香岩室匾文），于十一月初八将匾在静宜园悬挂。
②内务府乾隆五十五年《雨香馆宫门、翠微山房、洒兰书屋、林天石海、揽秀、绚秋林、霞标蹬等处陈设清册》。

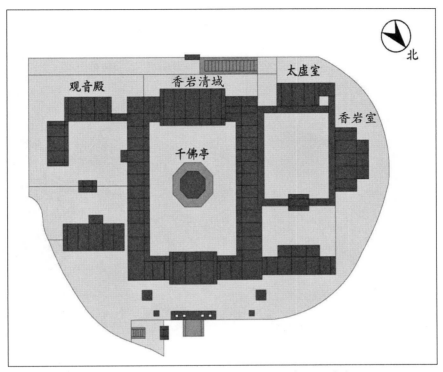

图 3.2.11　静宜园时期洪光寺地盘图（根据样式雷图改绘）

云堆""留青"等题字，均为乾隆御笔。沿山道而上可达雨香馆。

二十八景中的"雨香馆"，坐落于山之半，主体建筑为二进院落，逐层因地势加高。宫门三楹，后抱厦三间，外檐向东挂"雨香馆"匾一面。进入宫门后第一进院落正房为三间的"翠微山房"，周围用叠落游廊连接。第二进为"洒兰书屋"，正房五间，抱厦三间②。

雨香馆院落西南，过石桥，有一组建筑。北为三间"林天石海"殿，南为"揽秀"方亭，二者用爬山游廊连接。这组建筑营建时间稍晚于雨香馆，约为乾隆十六年（1751 年）①。

总之，内垣是静宜园建筑密度最高的区域，理政和就寝功能都集中于此。香山永安寺等旧庙扩建后形成的寺院园林群的规模也十分可观，是最能体现静宜园的历史继承性的区域。

①《内务府活计档》乾隆十六年五月《裱作》：五月，雨香馆新建殿三间（林天石海）。
②《皇朝通志》，卷三十三，四库全书内联版。

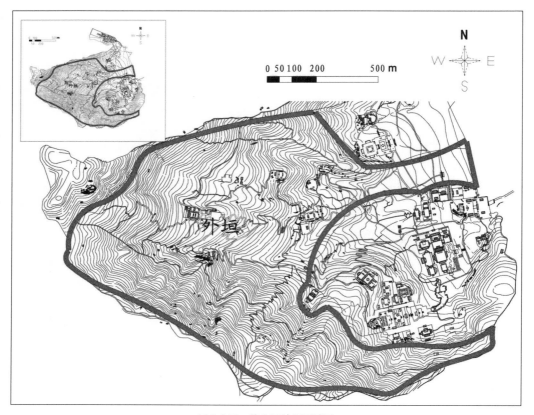

图 3.2.12　静宜园外垣区域图

二、外垣区

"自晞阳阿以迄隔云钟是为外垣，为景凡八。"②

外垣主要建筑为森玉笏、晞阳阿、香雾窟、栖月崖、洁素履、重翠崦、玉华寺、芙蓉坪和隔云钟（图 3.2.12）。

外垣建筑多为乾隆十年（1745 年）始建，第二年与内垣区建筑相继完成。之后乾隆十四年（1749 年）扩建静室建筑

---

①《内务府活计档》乾隆十六年十一月《裱作》：十一月二十七日，交御笔竹炉精舍匾文一张。《内务府活计档》乾隆十七年三月记事：三月初九，将乐善园半山敞厅游目天表匾摘下送至香山。《内务府活计档》乾隆十八年十月《木作》：十月二十八日，交御笔集虚匾文。竹炉精舍、游目天表、集虚均为静室内建筑，但《大清一统志》注明静室建筑为乾隆十四年建，推断为乾隆十四年始建，后陆续添加。

②《内务府活计档》，乾隆十一年六月二十七日宫中太监持来乾隆御笔"约白亭"匾文，着令做匾，第二年十一月十二日将做好的匾额持付香山悬挂。

群①，乾隆十六年（1751年）立西山晴雪碑，乾隆二十七年（1762年）于森玉笏、晞阳阿添建房间，乾隆三十三年（1768年）建胜亭于森玉笏。

（一）森玉笏、晞阳阿、香雾窟、西山晴雪、梯云山馆（洁素履）、栖月崖

从雨香馆向西北，出垣墙上的"约白门"，就到达了外垣。约白门西为"约白亭"，四方形，周围山石耸峙②。

顺山道向上攀登120米左右①，即为"森玉笏"建筑群。"森玉笏"得名于西北角上的一块巨型岩壁，石壁森然而列，宛如朝臣使用的笏板。

乾隆十一年建园时，这里只在东北角建一圆亭名为"云巢"，其他都为天然景观。乾隆二十七年（1762年）末，在森玉笏石壁东南平坡上始建一进院落②，最东为五楹的"超然堂"，超然堂南紧连三楹的"旷览台"殿，它们以西是三间的"碧峰馆"。之后的乾隆

三十三年（1768年），在森玉笏石壁下添建一座方胜形的"胜亭"③。其形式仿照杭州小有天园方胜亭而建，为两个方形尖角连接的形状。

"晞阳阿"在森玉笏西，它得名于《楚辞》中"晞汝发兮阳之阿"之句，为二十八景之一。乾隆十一年，静宜园初成时，晞阳阿仅有旧山洞一座，即朝阳洞，内供龙王像一尊。朝阳洞以西过山间石桥，有一座四方亭匾曰"延月亭"，其建设年代不晚于乾隆十四年（1749年）④。后于乾隆二十七年末，添建"晞阳阿"殿一座，东向四间；"净界慈云"殿一座，南向三间⑤。晞阳阿往北即为"香雾窟"。

香雾窟又名"静室"，主殿"游目天表"东向七间。游目天表头层南配殿三间，北配殿三间向北出抱厦一间，室内挂"集虚"匾一面。第二层南北配殿各二间，第一层南北配殿二座各三间。香雾窟宫门三间，前三面建牌楼四座。在四座牌楼围合成的空间中有四方形"小有亭"一座。香雾窟北路还有一组建筑，其中出游目天表北面夹道有"竹炉精舍"楼，上下共六间。

①根据北京市测绘局绘制的《香山公园地形图》推断。

②据《内务府奏销档·乾隆二十七年十月份》载，当年十月初四，乾隆下旨于森玉笏、晞阳阿添建房间。

③《胜亭纪事》，见《清高宗御制诗集》，五集卷九十七：戊子构胜亭，巧仿江南式。

④《内务府活计档》乾隆十四年四月《木作》：于九月二十七日……将做得木胎彩油青字延月亭匾一面持赴静宜园朝阳洞安挂讫。

⑤内务府乾隆五十六年《晞阳阿、净界慈云、朝阳洞、延月亭等处陈设供器清册》。

⑥在乾隆时，虽然两张表现静宜园的绘画中均可看到这座城关，但乾隆年间的做法册中并无其内部陈设记载。嘉庆的御制诗从十七年开始出现"镜烟楼"的名称，从笔者所查阅的咸丰三年内务府《游目天表、集虚、竹炉精舍、镜烟楼等处陈设清册》中可知，镜烟楼一座三间，室内向东挂道光御笔"神皋一览"绢匾对三件，外檐挂嘉庆御笔"镜烟楼"匾一面，楼下为城关，券门内设床一张。

⑦乾隆十六年御制碑文及题壁：《西山晴雪》《御制西山晴雪诗》见《皇朝通志》，卷一百一十七。

与静明园竹炉山房一样，它们都是仿照惠山听松庵而建的，乾隆帝登上静宜园最高处的静室游览时，就在这里饮茶。竹炉精舍西有一座貌若城关的建筑，名为"镜烟楼"[6]。

静室以北的山岩间，乾隆十六年建御笔西山晴雪碑一块[7]。南面刻"西山晴雪"四个大字，北面刻乾隆《西山晴雪》诗一首。

碑东部坡下有东向五间的"洁素履"殿，东西两间为重檐亭式，中间三间为单檐卷棚顶。嘉庆十三年（1808年），洁素履殿被改为五间带抱厦三间的"梯云山馆"[1]。

"栖月崖"在森玉笏山下，是乾隆皇帝赏月之所。主殿为三间南向的"乐此山川佳"，殿西为三间"得趣书屋"，殿东有东配殿二楹。殿前宫门过梁石上向南刻栖月崖三字。再东是三间南出抱厦一间的"倚吟"殿。

（二）玉华寺、芙蓉坪、重翠崦、隔云钟

静宜园外垣区规模最大的一组建筑是玉华寺，是由明代玉华寺、玉华别院和慈感庵三者合并而成的（图3.2.13）。其主要建设年代集中于乾隆十年到十三年[2]。

玉华寺的宗教建筑主要集中在北路，最东是玉华寺天王殿三间，其后为玉华寺佛殿三间，明间柱上向东挂乾隆御笔"香岩慧日"匾和对联一幅。殿前有南北配殿各三间。寺后有台层层而上，台下有几座山洞，山泉从中而出。

玉华寺园林区占整个寺庙的绝大部分。南面有以"玉华岫"为主的一组建筑，可以俯瞰南部山谷。最东为"皋涂精舍"，乾隆十一年兴建，二楹南向，皋涂精舍附近遍种桂花，成为香山一景。皋涂精舍以西用连廊和三楹玉华岫相连，玉华岫为静宜园二十八景之一。玉华岫再西有抱厦殿一座，正房三间，南抱厦一间。这三座建筑西面有一高一层的平台，平台上是三间东向的敞厅"邀月榭"。

西面台地曾经是明代玉华别院的位置，用爬山廊串起一连串敞厅、方亭。最南为四方形"绮望"亭，稍北有一南北朝向的三楹敞厅"迟云馆"，馆西北由转角游廊连接东西向玉华岫西配殿两间。过迟云馆再北，为"溢芳轩"殿一座三间。

游廊向北横跨一道山涧，有城关一座。再北是原来的慈感庵，这部分被乾隆

---

①《总管内务府现行则例·静宜园》：嘉庆十三年，改洁素履殿为梯云山馆。

②《内务府活计档》乾隆十年七月《木作》：七月十四日，交御笔……烟霏蔚秀、虚朗斋……匾文……其它匾于十二年正月二十二日安挂。《内务府活计档》乾隆十一年十月《匾作》：十月二十九日，交皋涂精舍匾文。《内务府活计档》乾隆十一年十一月《木作》：十一月初一，交御笔境与心远匾文，于十二年七月初二在静宜园安挂。《内务府活计档》乾隆十二年三月《油作》：三月十五日，交御笔绮望亭、迟云馆……玉华岫匾文，于六月初五日将做得匾在香山安挂。《内务府活计档》乾隆十三年七月《杂活作》：七月二十八日，将皋涂精舍内境与心远匾移至碧云寺。

③内务府乾隆五十五年《玉华岫抱厦殿、皋涂精舍、邀月榭、溢芳轩、西二间、绮望亭、烟霏蔚秀、东二间、迟云馆、概云亭等处陈设清册》。

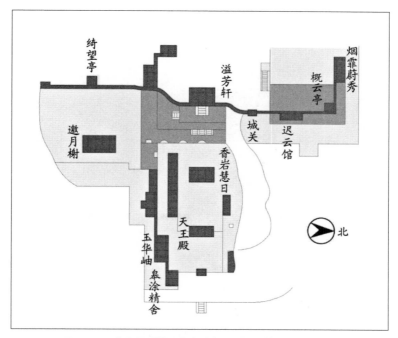

图 3.2.13　静宜园时期玉华寺地盘图（根据样式雷图改绘）

改建为以烟霏蔚秀殿为主的小院。该院主体建筑为三间南北向的"烟霏蔚秀"。殿东出一游廊，连接方亭"概云亭"。亭南接游廊，连烟霏蔚秀东二间[3]。

玉华寺北是芙蓉坪，这是一座山地小园林。芙蓉坪主体建筑在一小院中：院门朝南，进门迎面为主殿，南向二层，上下共六间，院墙外东边北山石上刻"芙蓉坪"三字。芙蓉坪西配殿东向二楹，院东南角有一间西向"寄幽心"殿。院东墙外有敞厅三楹，外檐向东挂乾隆御笔"静如太古"匾一面。

出烟霏蔚秀向北有一座小园林"重翠崦"，其建筑分布在两层平台上，西面上层平台有东向"重翠崦"殿三间，东面平台上有南向重翠崦北三间。两层平台南，有泉自石罅间进出，上有龙王庙一间。

"隔云钟"在重翠崦东南，为四方亭一间，北有观音殿，一间南向。

从香山寺西南出内垣门，沿山路上行，北山坡上有一圆亭，档案中称其为南山亭，内有坛城一座[1]，亭的始建年代不详，但坛城应为乾隆二十年（1755年）安放[2]。圆亭西北有殿座两处，别名"最

①内务府乾隆五十八年，《吗呢亭佛像供器清册》，第一历史档案馆。
②《内务府活计档》乾隆十九年四月《木作》，第一历史档案馆：四月初三日，内务府交坛城一座，于二十年十月十八日奉旨在香山看地方陈设。

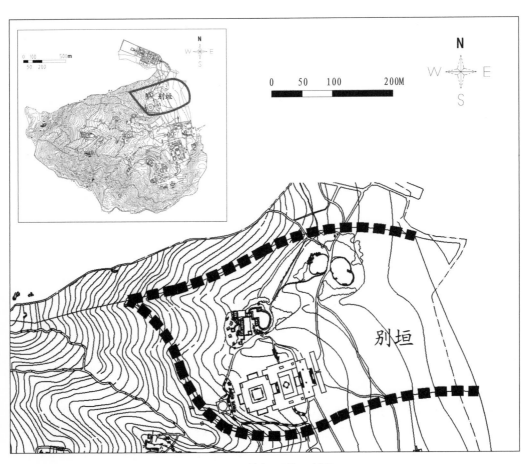

图 3.2.14　静宜园别垣区域图

高处"。

再西，可达丰豫门。沿丰豫门外的山道，可达八大处的香界寺、宝珠洞。

外垣占静宜园面积的一半左右，却建筑疏朗，功能集中于游览和远眺，最能反映山地园林的特色。

三、别垣区

静宜园别垣的建筑建设年代较晚，主要包括正凝堂和宗镜大昭之庙两组以及"饮鹿湖"和静宜园北宫门等（图3.2.14）。

（一）正凝堂

正凝堂建于乾隆三十四年（1769年）[1]，是一组山水结合的园中园建筑。园东北隅有一雕花砖门，入内则迎面一座面阔三间的北穿堂殿。殿南北有围廊，围绕着心形的水池。东有一方亭，名为"知鱼亭"，水池西面有一三间敞厅"见心斋"，斋北为二层"来芬阁"。来芬阁临水的最东间为两层，明间和西间仅有一层，自屋内楼梯而上，则来到高出水池一层的正凝堂院。

正凝堂五楹，北有敞厅一座，出敞厅

北跨院内有三楹二层的"畅风楼"。绕过畅风楼侧游廊来到正凝堂背后，顺山势有一片叠石，中有方亭一座。沿山路向南，正凝堂南侧有"就松舍"三间，向山石方向出后卷殿两间。就松舍前有曲尺游廊，一向南接正凝堂南三间，一向东连"养源书屋"。养源书屋二间，东出抱厦一间，其坐落在叠石上，顺山石而下则可至见心斋水池外廊南侧。从南面小门出园，可达宗镜大昭之庙。

（二）宗镜大昭之庙

宗镜大昭之庙（后简称昭庙）位于静宜园别垣缓坡地带，基地自东向西缓缓上升，高差为25米左右。在这段空间中由低向高依次排列着前导空间、白台、红台、万寿琉璃塔四个部分。

由静宜园正宫门向北至别垣，顺着山路经过一座架于水渠上的石拱桥，面前即为昭庙主体建筑所处的平台上。循中部台阶而上，入口处是一座三间的彩色琉璃牌楼伫立在平台上，东面题字为"法源演庆"，西面为"慧照腾辉"。

牌楼后为三层的白台，环绕东、北、南三侧。裙楼二层，顶层东面为三间的清

---

[1]《总管内务府现行则例·静宜园》，239页。

[2] 第一历史档案馆《乾隆五十七年宗镜大昭之庙修缮情形》有"井字平台四十六间，原做南北两面各两进，东西两面各一进，俱进深一丈，今改做前檐留廊深四尺，将后檐装修挪于前金添锭引板，前檐改做横楣加添抱框，后檐用旧道板石包砌宽二尺"。

[3] 内务府乾隆五十五年《宗镜大昭之庙井字碑亭什物清册》。

[4] 内务府嘉庆二十四年《宗镜大昭之庙红台下层群楼佛像供器清册》。

[5] 外围是15×15间，内围为11×11间。

净法智殿，向西挂清净法智殿匾一面，向东为众妙之门匾一面，皆乾隆皇帝御笔。白台内为乾隆御制"昭庙六韵"诗碑亭，围绕碑亭四周有裙房，南北各两排，东西各一排，间数为四十二间[②]。乾隆五十四年（1789年）整修之后，南北各减一排裙房，为三十二间[③]。

昭庙红台裙楼共四层，其中裙楼三层，呈"回"字形。根据内务府《陈设册》的记载[④]，红台裙楼每层一百四十四间，且对红台的现场发掘情况也证明了档案记载的真实性[⑤]。

红台四出轩部分各为三间大殿。东面为"大圆镜智"殿，西面为"妙观察智"殿，南面为"平等性智"殿，北面为"成所作智"殿。裙房四角顶层各有平台房三间。

在红台正中天井内是昭庙的正殿"都罡殿"，殿正方形，四面开门，各五楹。殿外檐向东挂乾隆御书"宗镜大昭之庙"匾一面[①]。

红台后山坡上建一座八角七层琉璃塔，该塔与承德须弥福寿之庙琉璃塔异曲同工，其副阶周匝的形象，似乎是南京大报恩延寿寺琉璃塔的缩小版。

四、墙外部分

静宜园正宫门前一里左右有两座城关，南城关额曰"松扉"，北城关额曰"萝幄"。由城关入，则是一条买卖街，因香山寺前也有买卖街一条，故称外买卖街。外买卖街除店铺外，街内还有花洞及花神、鲁班合祭庙等。街东西各建石坊，东面石坊额前后额分别为"芝廛"和"烟壑"，西面石坊前后额分别为"云衢"和"兰坂"。过石坊前有半月形月河从宫门前绕过，河上架石桥。

第三节 营造意象
——多景观复合的山地园

一、静宜园的山地景观

（一）园中园

园中园是清代皇家园林中最常见的一种规划手法："园中园在大型园林中被作为规划设计的基本构成单元，是保持相对独立性的同时，相互之间又存在有机联系的园林、建筑组群或小型景区。"[②]静宜园内有园中园建筑共13处（表3.3.1），根据这些园中园的造景形式，将其分为山地水景园和山景园两类。

---

①内务府嘉庆二十四年《宗镜大昭之庙都罡殿佛像供器陈设清册》。
②何捷：《清代御苑园中园设计分析》，天津大学硕士学位论文，1999年，1页。

表 3.3.1　静宜园园中园一览表

名称	所处垣区	造景年代	造景类型
璎珞岩	内垣	康熙十六年、乾隆十年	山地水景园
松坞云庄	内垣	乾隆十年	山地水景园
带水屏山	内垣	乾隆二十七年	山地水景园
欢喜园	内垣	乾隆十五年	山景园
雨香馆	内垣	乾隆十年	山景园
来青轩及海棠院	内垣	明代、康熙十六年、乾隆十年	山景园
芙蓉坪	外垣	乾隆十年	山景园
栖月崖	外垣	乾隆十年	山景园
重翠崦	外垣	乾隆十年	山景园
森玉笏（超然堂）	外垣	乾隆十年、乾隆二十七年	山景园
香雾窟（静室）	外垣	乾隆十四年	山景园
晞阳阿（朝阳洞）	外垣	明代、乾隆十年、乾隆二十七年	山景园
见心斋	别垣	乾隆三十二年	山地水景园
共计13处，其中内垣6处、外垣6处、别垣1处			

1. 山地水景园

虽然山景营造是静宜园造园意象的重点，但香山自古以泉水得名，南部的双井泉和北部碧云寺的卓锡泉是园内两大水源，因此一南一北两道水路串联了几座山地水景园。南部双井泉串联有松坞云庄、带水屏山、璎珞岩三处园林；北部卓锡泉入静宜园后主要供水于见心斋。静宜园内山涧溪流纵横，水量充裕，再加上地形复杂，高度多变，使得园内的水景呈现出瀑、溪、涧、泉、池等若干风格迥异的形态。静宜园的水景在造景时结合原有山泉，将泉水蓄于山麓池中，水体面积不大，既不影响下游用水，又能保留原始的山地风貌，如"璎珞岩"有泉侧出岩穴中，因之造飞瀑于山间。下面就选取松坞云庄和见心斋为例，分别叙述其造景意象。

1）松坞云庄

松坞云庄的水，来源于园林西侧的双井泉。《宛署杂记》记载这里相传为东晋葛洪炼丹的丹井所在地。传说中的金章宗"八大水院"中的潭水院即是松坞云庄最早的雏形。潭水院的选址有三个特点：第一，香山优厚的自然条件和较早的人文活动使其成为北京西郊著名的山地风景区；

第二，早期的潭水院是一座寺院附属园林，寺院应指北部的香山寺；第三，附近双井泉大量、持续的供水。

潭水院的历史面貌已难以考证，至乾隆八年（1743年）弘历初游香山时，这里最著名的建筑是"栖云楼"。当时的栖云楼是一座"巉岩架木居"的建筑。乾隆十一年静宜园成，栖云楼经过重建成为二十八景之一，也是乾隆皇帝最爱临幸的一处景点，共写诗作38首。他多次在御制诗中表达了这种感情："我爱栖云楼，频来有句留"[1]；"每岁来静宜，栖云必先至"[2]。栖云楼还是乾隆与过从甚密的三世章嘉国师谈禅之处。

乾隆时期的松坞云庄平面布局呈长方形，主要建筑除最南部的栖云楼外，都环绕着"一"形的"天池"。天池因仿姑苏十六景之"天池石壁"而得名。池中养鱼，乾隆经常在此饲鱼，在享受"潜跃悠然鱼数头"[3]"水阔文鳞出"[4]的乐趣同时，也能感受"鱼跃鸢飞"的浓浓生意。水池每边正中均有一座不同形式的建筑并用围廊相连，其与天池泊岸之间有宽4尺许的空间。而天池的长宽仅有6丈和3丈左右，形成被建筑所紧密围合的水院空间，这与北海镜清斋入口水池的效果极为类似（图3.3.1）。

因为邻近双井泉，松坞云庄成为香山

图 3.3.1　《静宜园二十八景》手卷中的松坞云庄（故宫博物院藏，北京香山公园管理处提供）

---

①《栖云楼听瀑布拟杜牧三韵体》，见《清高宗御制诗集》，初集卷三十，四库全书内联版。
②《栖云楼再题》，见《清高宗御制诗集》，五集卷九十七，四库全书内联版。
③《清高宗御制诗集》，初集卷三十，四库全书内联版。
④《饲鱼》，见《清高宗御制诗集》，初集卷三十二，四库全书内联版。

历史上最早形成的山地水景园。葛洪炼丹处虽是传说，但多少反映了魏晋时期山居的一些状况。早期的文化知识阶层寻找自然山水作为其隐逸、游玩、山居、宗教活动的场所，名山大川不再是只能仰视的超自然存在，可游、可居的山居型园林出现了。金章宗的潭水院、栖云楼和乾隆松坞云庄虽时代不同，但是它们有两个相同点。第一，它们都以邻近的香山寺为依托。香山寺浓厚的宗教气氛与优美的山林环境相结合，造就了附属园林古雅、清幽的环境特点。第二，双井泉的泉水是造景的核心。北京西山的地质构造组成主要为有利于存储地下水的奥陶纪石灰岩，因此这一带泉水众多，而双井泉是整个香山南部最重要

的泉源。"泉为山之灵"，泉使园林周围的小环境更加清幽、植被更加茂盛，泉水也给予园林设计更鲜活的内容，松坞云庄中的天池就是极好的证明。

2）正凝堂（见心斋）

碧云寺卓锡泉从南墙出寺，至静宜园北侧垣墙流向东南方，经饮鹿湖至正凝堂水池。正凝堂位于别垣东坡，地势西高东低。园外的东、南、北三面都有山涧环绕，园墙随山势和山涧的走向自然蜿蜒曲折，逶迤高下。园林的总体布局顺应地形，划分为东、西两部分。东半部以水面为中心，以游廊和建筑围合成的水院为主体。西半部地势较高，则以建筑结合自然和人工山石的庭院山景为主体。东西两部分反差强

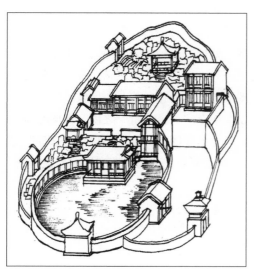

图 3.3.2　正凝堂

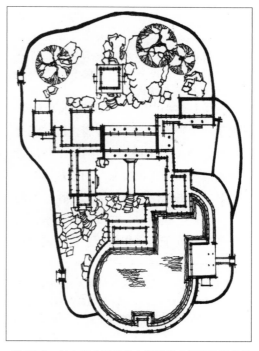

图 3.3.3　见心斋（正凝堂）平面图（据实地测绘数据绘制）

烈，一山一水，一静一动，一自然一人工，形成鲜明的对比式构图（图3.3.2、3.3.3）。在乾隆时期的园中园中可找到很多类似的例子，如清漪园的惠山园、西苑的画舫斋等。

见心斋组群院墙上有门三座，正门位于南面，从内垣区循山路首先可到达这里。进门迎面便是水院的围廊，西侧为大面积的人工叠石。沿山石登上上层院落，即主殿"正凝堂"。关于正凝堂的命名，乾隆帝在三种层次上进行了阐释。

其一是正凝堂命名直接来源于《易·鼎卦》中"象曰，木上有火，鼎，君子以正位凝命"之说。王弼注云："凝者，严整之貌也……凝命者，以成教命之严也。"乾隆帝在御制诗中也提到了这种说法：

堂额本因易象留，正凝之义细思求。命凝方协凶和吉，位正克谐刚与柔。可以离明夸照耀，更当巽入纳咨诹。大烹养圣惟君德，七字盘铭式武周。[1]

其二是将"正凝"二字联系到《中庸》，做出了"中则无不正，凝叶庸之理。无过与不及，不偏还不倚"[2]的阐释，并认为中庸才是"君子正位凝命"的本理所在。

其三是根据堂所处山水地形得到的含义，"正"代表山，"凝"代表水，而正凝堂恰好处于山水相依处，正可谓"后背山容正，前临水色凝"[3]：

"有水镜于前，其波亦澹沱。有山屏于后，其峰亦嵯峨。凝实水之德，正则山之果。因以为堂名，寓意无不可。近翻朱子书，解鼎义犹妥。直谓君临朝，端庄戒偏颇。韪哉当服膺，敢不书绅我。"[4]

正凝堂背后是以自然山地为基础，融合叠石假山、花木配置和园林建筑的庭院，此处有小门亦向南开。正凝堂南北建筑为就松舍和畅风楼，就松舍得名乾隆自述曰：

"近题岫云寺，倚松齐有山斋。每以就松为之句，盖因先有松而后成室，得藉其凌霄之势也。兹山舍即向以就松名者。"[5]

岫云寺即潭柘寺，乾隆帝谒西陵时多次前后驻跸静宜园和岫云寺，相似的地质气候条件使得静宜园和岫云寺内多见参天的油松，而乾隆帝在描写登临二层的畅风楼时，也提到过"风从松入"的感受。

正凝堂东北为来芬阁。"芬"字面意思是芬芳、芬香[6]，可以引申为盛德或美名，如扬芬千载、芬烈等。"来芬"在这里还有一个更直接的意义，那就是阁前水池内开满了荷花。荷花在周敦颐的《爱莲说》中有"香远益清"之说，在盛开荷花的水池前建阁，的确担当得起"来芬"之名。顺正凝堂东北的来芬阁楼内木梯而下，

---

①《题正凝堂》，见《清高宗御制诗集》，五集卷三十一，四库全书内联版。
②《正凝堂别有会而作》，见《清高宗御制诗集》，五集卷六十五，四库全书内联版。
③《正凝堂》，见《清高宗御制诗集》，四集卷六十，四库全书内联版。
④《题正凝堂》，见《清高宗御制诗集》，五集卷二十三，四库全书内联版。
⑤《就松舍口号》，见《清高宗御制诗集》，四集卷九十六，四库全书内联版。
⑥《说文》："芬，草初生其香分布也。"《广雅》："芬，芬香也。"

就是见心斋水院。这个巧思使得从两侧进入水院的山路在设计上没有重复感：北侧借助了来芬阁两侧的水平高度差，而南侧则为养源书屋前的叠石磴道。

正凝堂南侧叠石上有一座体量较小的建筑"养源书屋"。"养源"亦作"养原"是保养本源、涵养本性的意思。《荀子·君道》中云："故械数者，治之流也，非治之原也。君子者，治之原也。官人守数，君子养原，原清则流清，原浊则流浊。"① 这里的"养原"和"清流"是和君子之道相共的，但乾隆帝联系其构屋水院之上的形态（图3.3.4），释其名曰："书屋琳池上，因之号养源。"②停留在这背山面水的书屋中俯瞰清池，保养水源与涵养本性达到了和谐统一的境界，难怪乾隆发出了"片时心适静，或契养源乎"③

的感慨。

"见心斋"的命名得源于面临的水池，"山半拓池一亩宽，见心因以额斋端"④。《说文》曰"见，视也"，见心即有看到内心的意思，而这层含义是通过水池的象征显现的。在皇家园林命名中，水池往往和镜、鉴、照等词语相联系，其中"鉴"字的含义可以从镜子引申到"明察""鉴戒"等意，又因为脍炙人口的唐太宗"三鉴"典故而与帝王治国之道紧密联系。见心斋的水池与汉字"心"的形状类似，平静的水面暗合审视内心的含义，是清代皇家园林造景可题之一"内圣外王"的重要体现，特指古代修身为政的最高理想。《庄子·天下》记载"是故内圣外王之道，暗而不明，郁而不发，天下之人各为其所欲焉，以自为方"。

图3.3.4 从养源书屋看见心斋水院（2008年摄）

图3.3.5 从知鱼亭看养源书屋、见心斋和来芬阁（2008年摄）

---

①《荀子·君道》，四库全书内联版。
②《养源书屋》，见《清高宗御制诗集》，四集卷二十一，四库全书内联版。
③《养源书屋》，见《清高宗御制诗集》，四集卷二十九，四库全书内联版。
④《见心斋口号》，见《清高宗御制诗集》，四集卷二十九，四库全书内联版。

从见心斋顺游廊前进可到达对岸方形的知鱼亭，其名称来源自"庄子与惠子游于濠梁之上"的典故，而水池内也投放了大量的鲤鱼供人饲养。知鱼亭与对面的见心斋隔池相望，两者间距约为5.5丈，而南北向水池最宽处约8.5丈。这个距离能够使人在知鱼亭中很好地观察到对岸的养源书屋、见心斋和来芬阁，但又不至于产生疏离感（图3.3.5），这和松坞云庄天池与周边建筑之间压抑的尺度大不相同，带给人一种开朗且愉悦的心情。

正凝堂组群有两个特点。其一是精巧的水院和其后山石的巧妙结合。这一自然过渡使得正凝堂的山水格局在对比中取得了和谐。

其二是单体建筑命名虽来源于经典，但与园中景观极为贴切，前面提到的正凝堂、养源书屋、见心斋都是典型的例子。经典中的这些为政和修身之道通过点景题名物化为具体园林形态，成为造园中不可或缺的意匠。

2. 山景园

山景园是静宜园中最主要的园中园形式，共9座。除欢喜园、雨香馆、来青轩和海棠院3组外，都集中分布于静宜园外垣区。其中森玉笏、晞阳阿和香雾窟位于外垣最高处。它们都经历过多次改建，从中可以看到静宜园山地景观的不断变化。

1）山地自然型园林——森玉笏和晞阳阿

森玉笏为二十八景之一，突出的是山地中的岩石景观，最初构成森玉笏景观的只有一块天然的岩石以及岩石上的题刻。弘历在乾隆十一年《森玉笏》诗中写道：

"山势横峰、侧岭、牝谷、层岗、欹涧、曲径、不以巉削峻峭为奇，而遥睇诸岭，回合交互，若宫若霍，若炭若垣，若峤若岊，若厜㕒，若重甗，嵯峨钦崟，负异角立，积雪映之，山骨逼露，群玉峰当不是过也。

回冈纷合沓，峻岭郁嵯峨。俨若千夫立，森然万玉罗。色无需藻绘，坚不受砻磨。山伯朝天阙，圭璋列几多。"[1]

乾隆二十七年到二十八年，森玉笏石峰下新建了一组建筑。主体建筑为超然堂。苏东坡在胶西建有超然台，弘历遂取超然堂之名命名。此堂地处香山峰巅，地势高峻，登高四望，眼底风光千奇万状：

"为高因迥意超然，万状千奇绘眼前。普觉寺峰近标秀，昆明池水远澄鲜。寒林不碍张锦绣，山鸟犹听奏管弦。讵止可观有可乐，胶西将拟傲坡仙。"[2]

超然堂南紧连一座三楹旷览台殿，堂西有一座三间，北出抱厦一间的碧峰馆："馆倚玉笏森，碧峰插天表。其下屋三间，亩平朴而窈。"[1]乾隆三十三年，弘历又仿杭州小有天园内的亭子式样，在超然堂边修建了一座胜亭（图3.3.6）。

---

①《静宜园二十八景诗·森玉笏》，见《清高宗御制诗集》，初集卷三十，四库全书内联版。
②《超然堂》，见《清高宗御制诗集》，三集卷三十四，四库全书内联版。

晞阳阿为二十八景之一,名源于屈原《九歌·少司命》之诗句:"与女沐兮咸池,晞女发兮阳之阿。"晞阳阿在森玉笏西北山上,地处一座平坡,坡北临一座石壁,山下有石窟,深广盈丈,名朝阳洞。朝阳洞在静宜园未建时,为习佛者修行之所。乾隆九年将洞内修行妇人移至他处,并命名为二十八景之一。洞外向南石上刻"朝阳洞"三个红字,洞西侧山石上镌刻前述弘历《晞阳阿》诗:

"逾丽瞩楼而北,过小岭,有石矻立,虚其中为厂,可敷蒲团晏坐。望香岩,来青,缥缈云外。其南数十步复有巨石,卓立如伟丈夫,俗呼朝阳洞。《日下旧闻》不之载,盖无僧寮亭榭,为游人所忽耳。命扫石壁烟煤,芟除灌莽,取楚词为之名。

我初未来此,雾壑尔许深。扫石坐中唐,一畅平生心。仰接天花落,俯视飞鸟沉。自惟昔岂昔,乃知今匪今。"[②]

乾隆二十七年,晞阳阿与森玉笏一同进行了扩建:扩建后在朝阳洞上建三楹观音阁,坐北面南,悬黑漆红字乾隆御书"净界慈云"匾额;殿内龛上悬御笔"现清净身"匾额。阁西建一座延月亭,亭檐向东悬御书匾额。朝阳洞东建一座四楹"晞阳阿"殿,坐西面东,外檐向东悬乾隆御书粉油蓝字"晞阳阿"匾额。殿前有两座牌楼,东边这座匾额为"萝圃""秀岑",西边为"丹梯""翠幄"(图3.3.7)。

经过这两次建设,森玉笏和晞阳阿从最初的以纯自然景观主,逐步演变为以园林建筑为中心的山景园。

2)山地行宫型园林——香雾窟

香雾窟所处静宜园最高处,再往上就不再有人工景观了:"山之巅为静室,乾隆十四年建,御书殿外匾曰游目天表。内曰香雾窟井。"[①]香雾窟又名静室,虽然地势最高,却不妨碍其成为乾隆皇帝来静宜园游览次数和留诗最多的景点之一,以静室为名的就有53首。

图3.3.6 《静宜园全图》中的森玉笏(香山公园管理处提供)

图3.3.7 《静宜园全图》中的晞阳阿(香山公园管理处提供)

---

① 《碧峰馆》,见《清高宗御制诗集》,四卷九十六,四库全书内联版。
② 《静宜园二十八景诗·晞阳阿》,见《清高宗御制诗集》,初集卷三十,四库全书内联版。

香雾窟还和"西山晴雪"——燕京八景之一紧密相连。静室以北的山岩间有乾隆御笔西山晴雪碑一块。东面刻"西山晴雪"四个大字，背面刻乾隆《西山晴雪》诗一首[②]。西山晴雪作为燕京八景之一，最早出现于元代，明时改为西山霁雪。乾隆十六年弘历就燕京八景各作诗一首，并建碑于各景区内。碑东部坡下有东向五间的洁素履殿点景于山中。

乾隆十六年，张若澄所作《燕京八景之西山晴雪图》，香雾窟、西山晴雪碑和洁素履殿均绘于图中（图3.3.8）。从图中看香雾窟北路建筑还没有建成，其前面山道上还有城关一座，这应该就是二十八景诗中所说的"就回峰之侧为丽谯，睥睨如严关"的严关了。这座城关在张若澄后来所作《静宜园二十八景图卷》中就不存在了，相应地在香雾窟北路建起了一座新

的城关，即为嘉庆时的"镜烟楼"（图3.3.9）。

森玉笏等3处位于静宜园外垣最高处的园林，都经历了多次加建过程，由此可以看出静宜园的建设是逐步向更高的区域加强的。但香山最高处的香炉峰没有任何建筑，也未被划入静宜园的范围内。这种只开发了山谷，并未开发峰顶的手法，实际上是传统"山居"手法。

（二）点景建筑

点景建筑，一般指独立于园中园建筑存在的亭和榭等单体建筑，是供休息和眺望的节点。有学者将其归为园中园建筑内部园—亭模式的区域空间扩大[①]，对于静宜园，其点景建筑均散布在峰峦层叠的自然环境中，如何发掘山地的特殊空间成为其营建的重点。

图3.3.8 张若澄《燕京八景之西山晴雪》图（采自http://www.dpm.org.cn/shtml/117/@/7993.html，访问时间2009年8月9日）

图3.3.9 《静宜园全图》中的香雾窟（香山公园管理处提供）

---

①《香山寺》，见《大清一统志》，卷二，四库全书内联版。
②《西山晴雪》，见《清高宗御制诗集》，二集卷二十九，四库全书内联版。久曾胜迹纪春明，叠嶂嶙峋信莫京。刚喜应时沾快雪，便教佳景入新晴。寒村烟动依林袅，古寺钟清隔院鸣。新傍香山构精舍，好收积玉煮三清。

1. 山中

　　山巅是整个山脉的制高点，在园林中通常被辟为登高眺望之处。静宜园东南山巅有一座五间敞厅，在此远眺可见"群峰苍翠满目，阡陌村墟，极望无际。玉泉一山，蔚若点黛，都城烟树，隐隐可辨"。大有不必登泰山便可得杜甫《望岳》诗意之势，故命名为"青未了"。

　　有时点景建筑还能体现出一种如画的诗意。璎珞岩东南山腰有一座翠微亭。"翠微"指青翠掩映的山腰幽深处。《尔雅·释山》云："未及上，翠微。"郭璞注："近上旁陂。"郝懿行义疏："翠微者……盖未及山顶屏颜之间，葱郁菶菶，望之谺谺青翠，气如微也。"《静宜园二十八景》诗写道：

　　"宫门之南古木森列，山麓稍北为小亭。入夏千章绿阴，禽声上下。秋冬木叶尽脱，寒柯萧槭，天然倪迁小景。

　　须弥与一芥，大小岂争差。亭子不嫌窄，翠微良复赊。入诗惟罨画，沐雨欲蒸霞。莫美痴黄派，倪迁各擅家。"②

　　这里将翠微亭与周围山景所营造出的景观比作倪瓒的画。倪瓒是元代著名山水画家，他的山水画在构图上特点鲜明——近景往往是草亭一座，枯树几棵，在远景山峰的衬托下表达出强烈的个人情感（图 3.3.10）。倪瓒是乾隆皇帝极为欣赏的画家，乾隆皇帝曾经模仿明代仇英的

《倪瓒像》绘有一幅"弘历鉴古图"，不仅画中人物、动态、布局都模仿自该画，连弘历背后的屏风，都用了一幅倪瓒风格的山水（图 3.3.11）。而翠微亭只有一亭便成一景，配合亭旁古树和亭后高山，活脱脱地模仿了倪瓒画意，成为山林水涧中的点睛之笔（图 3.3.12）。

2. 道边

　　静宜园山道最著名者即洪光寺下"十八盘"③：

　　"香岩室前，累石为磴，凡九曲，历十八盘而上。彷佛李思训、王维画蜀山栈道，山势耸拔，取径以纡而得夷。非五回之岭，九折之坂，巘绝而不可上者比也。"

　　"筑山嗤篑力，结宇喜天成。踏磴看霞起，披林纳月行。惟因纡作直，却化险为平。九折何须比，因之见物情。"

　　从中宫去洪光寺，要走很长的山路，山间盘道上累石为磴，历九曲十八盘，山势耸峙，迂回曲折，沿山开凿成一条通道。两侧松柏夹道，山谷林树繁茂，浓荫蔽日。正如朱彝尊所说："香山十八盘，盘盘种松柏。"由于纡曲盘旋，使得坡度略显平缓，避免了陡直险峭，但仍可与李思训和王维所绘蜀山栈道相比。实际上这条磴盘道是太监郑同在成化年间修建洪光寺时所

---

①何捷：《清代御苑园中园设计分析》，天津大学硕士学位论文，1999 年，38 页。
②《翠微亭》，见《清高宗御制诗集》，初集卷三十，静宜园二十八景诗，四库全书内联版。
③《霞标磴》，见《清高宗御制诗集》，初集卷三十，静宜园二十八景诗，四库全书内联版。

图 3.3.10　倪瓒《容膝斋图》（台北故宫博物馆院藏，https://theme.npm.edu.tw/khan/Article.aspx?sNo=03009193　2019 年 1 月访问）

图 3.3.11　姚文瀚《弘历鉴古图》局部（故宫博物院藏）

图 3.3.12　张若澄《静宜园二十八景》局部翠微亭（故宫博物院藏，北京香山公园管理处提供）

建。正德年间陈沂即写到过它："九盘石磴上招提，路出苕峣见古题。极目烽烟双林迥，回头楼阁万峰低。鲜花开落青春暮，溪水从容白日西。竹树渐多尘渐远，幽并端自足山溪。"文征明在《香山历九折坂至洪光寺》诗中也写过："行从九折云中坂，来结三生物外缘。"康熙帝游香山时，也写过一首《洪光寺盘道》："白云飞夏日，斜径尽崎岖。仙阜崇高异，神州览眺殊。"

弘历在修建静宜园时，重新整修加固了盘道，并在盘道间建起一座三楹敞厅，御题五言律诗一首，因有诗句"踏磴看霞起"而名为"霞标磴"。

玉乳泉组群共有建筑三座，均沿香山寺北山道而建："行宫之西，循仄径而上，有泉从山腹中出，清泚可鉴。因其高下，凿三沼蓄之，盈科而进，各满其量，不溢不竭。"泉边面东建玉乳泉殿三楹，是乾隆皇帝用泉水烹茶品茗之地。弘历由此联想到西湖三潭印月的美景，而赞道："西湖不千里，当境即三潭。"[①]后来，他还将此景与"吴山千尺雪"及西湖龙井泉等江南名胜并论，足见其

———————————

① 《玉乳泉》，见《清高宗御制诗集》，初集卷三十，静宜园二十八景诗，四库全书内联版。

图 3.3.13 ［清］董邦达《静宜园二十八景图册·隔云钟》（北京保利 2016 春季拍卖会拍品，https://auction.artron.net/paimai-art5088155223/，2019年1月访问）

喜爱之情。他在诗中还写到了自己对"香山"这一名称由来的看法，即泉水甘香可口，因水香引申于山香。这种说法今天看来有些单凭个人喜好，缺乏依据，却可反映出乾隆帝对泉水的赞美。他甚至反刘禹锡的《陋室铭》写到"山不在高有泉灵"。

3. 扩展

隔云钟是二十八景的最后一景（图 3.3.13）。

园内外幢刹交望，铃铎梵呗之声相闻。近者卧佛、法海、弘教，远者华严、慈恩，觉生最远，钟最大，即永乐中铸华严经其上者，每静夜未阑，晓星欲上，云扁尚掩，霜籁先流，忽断忽续，如应如和，致足警听。不问高低寺，钟声处处同。耳根初静后，禅悦小参中。底厌筝琶响，应知水乳融。蒲牢寂亦得，大地是乘风。①

隔云钟只一空亭，却将园内外景色用抽象的声音要素联系起来，既渲染了西郊一带浓厚的宗教气氛，又运用了特殊的"借景"手法，使景物延伸到院外，可谓是一种妙思。

香山寺西南面的山坡上建六方亭唳霜皋，是一处以禽声鹤唳、暮鼓晨钟入景的景点。取《诗经》"鹤鸣于九皋，声闻于天"②之意。

"山中晨禽时鸟，随候哢声，与梵呗鱼鼓相应。饲海鹤一群，月夜澄霁，霜天晓晴，戛然送响，嘹亮云外。"③

隔云钟和唳霜皋两景都利用了声音传播的意境，将自身所表达的造景意象扩展到更大范围。

---

① 《静宜园二十八景诗·隔云钟》，见《清高宗御制诗集》，初集卷三十，四库全书内联版。
② 《诗·小雅·鹤鸣》，四库全书内联版。
③ 《静宜园二十八景诗·唳霜皋》，见《清高宗御制诗集》，初集卷三十，四库全书内联版。

（三）摩崖题刻

山体的裸露岩石不仅是山地园林重要的自然景观构成要素，那些利用山体进行开凿，形成的洞窟、造像和摩崖题刻是除园林建筑外另一类重要的人文景观。其中，摩崖题刻，即镌刻在山崖或山壁上的文字，因其与书法、文学相结合而成为一种中国独特的山地造景手段，甚至有学者将这种摩崖称为"文字景观"（Landscape of Words）①。

摩崖石刻这种利用山石作为文字载体的行为，在中国出现得很早，并且成为"金石学""石"研究的重要部分，碑刻、墓志铭、造像记和摩崖都是其研究的主要内容。摩崖题刻是直接书写在岩石上然后再雕凿上去的，最晚宋代已经出现用纸、刷等工具拓印摩崖石刻的行为。这些题刻将自然岩石肌理转化为用文字承载的媒介信息，是一种自然和人工的结合产物。

1. 静宜园内摩崖题刻分布

香山自辽金就是北京郊野著名的观景地，但乾隆之前是否有摩崖石刻的存在已经无法证明。现香山仍存清代摩崖43处，其中内垣区有20处，外垣区为23处（图3.3.13）。综合档案中的记载，静宜园内原有清代摩崖题刻共65处。在这些摩崖题刻中，御制诗数量最多，其他多为点景题刻和景点名称。

2. 文字景观

就像镌刻在石碑上的碑文一样，摩崖题刻既是文字性的又具有视觉艺术性。但是摩崖题刻区别于其他金石艺术的最大特点是，它是在自然山石表面雕凿而成的，需要与周围自然环境相呼应。所以，对摩崖题刻的解读要还原到其语境中即其所在空间中的位置中去。

静宜园山地的地貌特质，使得其游览过程也是登山的过程。多数摩崖题刻位于道边、崖上等外向型空间，位置十分显著。乾隆皇帝的游览行为，不仅是登山活动，还可以沿路阅读题刻，品评景点的名称，回味御制诗的内容。比如静宜园中题刻最集中的晞阳阿，进入朝阳洞景区，迎面就是一块巨大的石壁。石壁朝向南方，整个裸露在山体之外。石壁上镌刻了乾隆不同时期的诗作10首，时间从乾隆十一年到乾隆五十二年，跨度达到了40余年（图3.3.14）。

静宜园盛期这些摩崖题刻并不是环境中仅有的文字。它们和建筑内外的匾额、对联，室内陈设中的御制诗、字条共同构成了静宜园中的文字景观。如果说对摩崖题刻的欣赏是在室外这个大的空间中，那么进入建筑室内，品评文字的活动继续着。

静宜园中还有一些康熙题名的旧景，如来青轩中的"乾坤普照"匾额。历来崇敬自己祖父的乾隆皇帝还可以透过这些文

---

① 美国学者 Robert E. Harrist Jr. 在 2008 年出版了中国早期石刻研究的著作 *The Landscape of Words*。

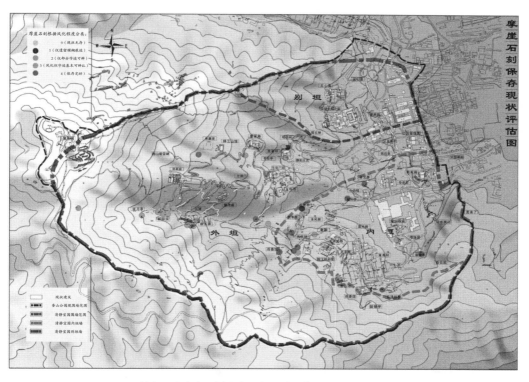

图 3.3.14　静宜园内摩崖石刻分布示意（采自《香山公园保护规划》图版）

（a）　　　　　　　　　　　　　　　　　　（b）

图 3.3.15　静宜园内的摩崖石刻

（a）朝阳洞山石上有 10 首乾隆御制诗（2010 年摄）
（b）最早一首御制诗和最晚一首相邻，时间跨度 41 年（2010 年摄）

字追忆圣祖。如其在乾隆八年作《来青轩恭瞻皇祖御笔普照乾坤四大字》诗。香山寺、听法松等古迹还可以唤起乾隆皇帝对历史和传说的思考。

这些遍布建筑物内外和山体的文字，聚集了庞大的信息，共同构成了静宜园内的文字景观。

（四）动物、植物

香山独特的山地小气候使静宜园成为特定的动、植物养殖基地。在静宜园外买卖街东侧旧有花洞公所一处。乾隆十一年春静宜园建成之后，此处成为园内花木的培育处。乾隆二十九年因园内"所修宫殿坚固如旧，所植花木畅茂异常"，特在花洞附近建立了鲁班、花神合祠三间，并由内务府大臣德保撰写碑文[1]。除了花洞这种植物养殖地，静宜园内还有培育特定物种的场所。

1. 鹿

二十八景中的"驯鹿坡"位于园最南部的山坡上（图 3.3.16），这里圈养了宁古塔将军进贡的驯鹿：

"东海有使鹿之部，产驯鹿。胜负戴，被鞍服箱，兼牛马之用。而性尤驯，扰用则呼之使前，用毕散走山泽，其地

图 3.3.16　［清］董邦达《静宜园二十八景图册·驯鹿坡》（沈阳故宫博物院提供）

习为固然，弗之异也。宁古塔将军以之入贡，中国服牛乘马，不假为用，因放诸长林丰草。俾适其性，其毋以不见用自感耶。"[2]

乾隆十七年二月甲寅，弘历谕旨："每年分围生鹿必获五六十双，交内务府送静宜园喂养。"[3]直到宣统年间，静宜园还见养鹿的记载。

静宜园内还散养了不少鹿。在内垣栖

---

①香山公园管理处：《香山石刻石雕》，新华出版社，2009年，59页。
②《静宜园二十八景诗·驯鹿坡》，见《清高宗御制诗集》初集卷三十，四库全书内联版。
③《高宗纯皇帝实录》，乾隆十七年二月下，第一历史档案馆内联版。

云楼东有上下鹿圈，别垣东部有双环湖，名为饮鹿池。

2. 鹤

鹤在中国传统观念中与长寿、宗教紧密联系，一直是深受人们喜爱的瑞鸟。香山自古就有鹤群出没，早在元代萨都剌《香山八景诗之护驾松》中就有"风撼碧涛寒落座，鹤翻清露冷沾衣"之句。乾隆时静宜园二十八景中的"唳霜皋"即因鹤得名。诗序中写道：

"山中晨禽时鸟，随候哕声，与梵呗鱼鼓相应。饲海鹤一群，月夜澄霁，霜天晓晴，戛然送响，嘹亮云外。"

可见唳霜皋附近有放养的鹤群。

3. 桂花

位于静宜园中部的玉华寺是一座始建于明代的古刹，寺旁有一座名为"桂花洞"的山洞："是处有山泉出洞，清冷芳润。帝京桂子入冬则收育于此，他处率不能活。"待园成，"京师喜桂者多就此养之，亦不禁也"[1]。爱花者只要付些银两，就可以将盆桂送入洞中御寒。京城里技艺高强的花师可以用火烘烤令各种花卉在冬天存活并提早开放，"然惟桂与莲，花师技难试"[2]。人力所不及的事情，却因独特的地貌而实现，因此被誉为"西山一奇"。

4. 金莲花

金莲花原产于五台山，康熙皇帝将它移植到避暑山庄并赐今名。乾隆则将其移植到静宜园内：

"是卉宜于山，故繁滋特茂焉。偶临山馆，恰值敷荣，取以命篇。林斋治圃种金莲，的的舒英映日鲜。拟合送归学士院，不然宜傍老僧禅。谁雕琥珀为跗萼，最厌胭脂斗丽妍。设使因风落天半，维摩室应绕床前。"[3]

如今这种花在北京地区只有海拔1500米以上的山区才能看到，可见乾隆年间香山的气候更具有高原山地的特征，也适合一些高海拔动植物的生存与生长。

二、静宜园的宗教景观

（一）汉式旧寺

乾隆皇帝营建静宜园后，香山寺被划在园墙内，与周边的洪光寺、来青轩等成为静宜园内垣的核心部分。静宜园外垣的玉华寺亦是明代古寺，针对园中古庙，乾隆皇帝的营建，主要是以前代建设肌理为主，主要运用了三种手法。

一是完全保留前代建筑。这以来青轩等香山寺北部寺庙群最为突出。明代建筑来青轩、海棠院和无量殿等都作为前代古

---

① 《静宜园二十八景诗·玉华岫》，见《清高宗御制诗集》，初集卷三十，四库全书内联版。
② 《玉华岫小憩杂咏》，见《清高宗御制诗集》，五集卷八十九，四库全书内联版。
③ 《金莲花》，见《清高宗御制诗集》，二集卷九，四库全书内联版。

迹完全保留下来。乾隆皇帝用"旷豁""幽佳""迥奇"分别概括出三者各自的特点①。

二是依据明代建筑重建或改建。香山永安寺"圆灵应现"大殿和"性因妙果"观音阁都是典型代表。永安寺大殿由于历经战火，木结构现已不存，比较难判断改建或重建的程度。依据现场出土的标有"香山三世佛殿"印记的琉璃脊（图 3.3.17、图 3.3.18），这些残片和与静宜园建设相差不久的北海永安寺大殿正脊、清漪园智慧海正脊比较类似，应该是乾隆时代华丽风格的体现。

三是完全重建。典型代表是慈感庵。慈感庵是一座规模较小的宗教建筑，明代即已有之。《日下旧闻》引《游业》记载，曰："出洪光寺东，数转为玉华寺。寺后有池，泉流涓涓不绝。山房跨涧十余楹，

称玉华别院。越涧折而西北，有小院名慈感庵。"《内务府奏销档》中记载了迁出其僧人的记载。旧址在建成的静宜园中已不可寻，应是用其地新建了烟霏蔚秀一组园林建筑。

经过改造的香山诸寺（图 3.3.19），保持了原有的格局和地形地貌，是静宜园"因旧行宫之基，不曾大事兴造"这一特点的最佳诠释。

二、藏式藏庙——宗镜大昭之庙

宗镜大昭之庙简称昭庙，位于香山静宜园"别垣"区最南部。此庙是为乾隆四十五年（1780 年）六世班禅额尔德尼进京恭祝乾隆皇帝七十大寿而建。它写仿

图 3.3.17　碧云寺展览中 1992 年挖掘出的香山寺大殿正脊残片（2008 年摄）

图 3.3.18　香山公园管理处料场中香山寺大殿正脊残片（2010 年摄）

①《海棠院》，见《清高宗御制诗集》，三集卷六十三。香山寺侧旧名胜，来青妙高及海棠。或以迥奇（妙高堂）或旷豁（来青轩），此则幽佳其趣长。

图 3.3.19 香山寺宗教建筑群（根据样式雷图改绘）

西藏拉萨大昭寺[①]，将乾隆时期出现的"平
顶碉房藏汉结合式"[②]建筑风格发展到极
致（图 3.3.20）。

[①]一种普遍的说法是昭庙仿照扎什伦布寺修建，笔者认为昭庙的原型建筑是拉萨大昭寺。首先，乾隆帝在四十五年昭庙开光时所作的《昭庙六韵》诗中解释了昭庙来历。诗中明确指出昭庙是仿"前藏"即拉萨及山南一带古老的寺庙而建，并非后藏。其次，陈庆英、王文静《北京香山昭庙乾隆御制诗碑记略》一文对于宗镜大昭之庙藏语匾文的研究，得出其藏语意为"仿照拉萨大昭寺所建的寺庙"，而大昭寺位于前藏的拉萨，建成年代为公元七世纪的吐蕃王朝时期，这和乾隆诗中所说的"卫地古式"相符合。后文中有对二庙的详细比较。

[②]笔者认为这类建筑包括清漪园须弥灵境，香山昭庙，承德普宁寺、安远庙、广安寺、普陀宗乘之庙、须弥福寿之庙。

图 3.3.20　清代《静宜园全图》中的昭庙（采自香山公园管理处编 《香山石刻石雕》）

1. 昭庙兴建原因

　　清朝西藏宗教首领进京朝见清帝，始于五世达赖[①]。128 年后的乾隆四十五年（1780 年），清王朝正处于鼎盛时期。当年正逢乾隆帝七十大寿，六世班禅[②]为祝寿赴承德和北京朝觐[③]。由于路途遥远，六世班禅是唯一会晤过乾隆皇帝的西藏活佛。承德的须弥福寿之庙和北京香山静宜园宗镜大昭之庙（以下简称昭庙），就是为了迎接班禅到来最直接的产物[④]。班禅在避暑山庄觐见乾隆后，先于皇帝离开承德入京[⑤]。而乾隆皇帝则从承德前往清东陵谒陵，于九月初十日驻跸南苑旧衙门行宫[⑥]。而乾隆四十五年《御制德寿寺诗》中提到继五世达赖后"百二十余年，班禅额尔德尼祝厘来观，又复于此谒见"。由此可知乾隆皇帝将与班禅在京会面的

[①]顺治元年（1644 年），清政府就以"敦请"的形式召五世达赖进京，但直到顺治九年（1652 年）清政府的统治较稳定时，五世达赖才进京朝见顺治皇帝。顺治九年十二月癸丑，五世达赖至，谒上于南苑。五世达赖在京住了两个月，顺治十年（1653 年）二月，离京返藏。顺治皇帝不仅派宗室大臣相送至内蒙古凉城，而且还赠予其金册、金印和封号。

[②]六世班禅额尔德尼·洛桑巴丹益西（1738—1780）于 1740 年被认定为五世班禅的转世灵童，1741 年 7 月 16 日（乾隆六年六月初四，藏历铁鸡年六月初四）在扎什伦布寺坐床，成为第六世班禅额尔德尼，1780 年 11 月 27 日（乾隆四十五年十一月初二）圆寂于北京黄寺，年仅 42 岁。

[③]中国第一历史档案馆编，索文清、郭美兰主编:《清宫珍藏例世班禅额尔德尼档案荟萃》，宗教文化出版社，2004 年。

[④]《昭庙六韵》:"既建须弥福寿之庙于热河，复建昭庙于香山之静宜园，以班禅远来祝厘之诚可嘉，且以示我中华之兴黄教也。"

[⑤]中国第一历史档案馆藏，《内务府奏案·乾隆四十五年八月十七日·内务府奏傚六世班禅在京前往香山等处拜佛日程清单》:九月初二日（班禅）驻北京黄寺，初四、五、六日前往香山等处拜佛事。

[⑥]《乾隆朝实录》乾隆四十五年九月:乙酉……是日、驻跸旧衙门行宫。

第一站选在了南苑。随后一天乾隆皇帝驻跸南苑新衙门行宫，接着便启程前往清西陵。九月十九日，乾隆皇帝回到京城驻跸香山静宜园，当天班禅前来主持昭庙的开光典礼①，这也是他们在北京的第二次见面。

由于路途遥远，六世班禅是唯一会晤过乾隆皇帝的西藏活佛。为了他的到来，乾隆皇帝进行了缜密的部署和大量耗资颇巨的营建活动。除在承德为班禅修建了行宫须弥福寿寺之外，北京的皇家寺院和庙宇为班禅的到来进行了大量的修缮和营建活动。

其中，昭庙是京城唯一为了班禅到来而新建的庙宇。"香山一带，地方辽阔"②，别垣内除乾隆三十四年（1769年）新建的正凝堂一组园中园建筑外，就没有其他组群了。昭庙基址所在一带，原本是放养鹿群的"鹿苑"，自昭庙向北百米即有水泊名为"饮鹿湖"。在这个位置添建昭庙，既不影响内垣、外垣的园林气氛，又可以使静宜园主园区形成南有宝谛、宝相和梵香诸寺，北有碧云和昭庙的两翼拱卫之势。

乾隆四十五年九月十九日皇帝"自谒陵回跸至香山，落成，班禅适居，兴庆赞"③。这是他们继之前的"热河廷宴"后的第三次见面，也是在北京的第二次见面。乾隆皇帝仿效顺治皇帝在南苑猎场"不期然"会面五世达赖的做法，在昭庙的佛堂与六世班禅相见。

2. 昭庙的写仿对象

乾隆皇帝在营建藏式寺庙时，往往都以藏、蒙建筑作为新建筑的原型（表3.3.2）。这些原型建筑都在千里之外的蒙藏腹地，那么清政府是如何掌握它们的相关信息的呢？

与乾隆皇帝关系密切的三世章嘉呼图克图为藏庙在内地的兴建提供了大量帮助。章嘉国师曾经在雍正和乾隆时期两次入藏，几乎拜访过所有西藏著名宫殿寺院④。乾隆帝利用三世章嘉深厚的宗教造诣在宫苑中建造藏传佛教建筑。在章嘉国师指导下修建和修缮的藏传佛教建筑，北京有雍和宫，北海大佛楼，香山宝谛寺、故宫雨花阁和西黄寺；承德有普乐寺和普陀宗乘之庙等⑤。现在还没有找到确切的证据证明章嘉国师参与了昭庙的设计，但

①《昭庙六韵》：自谒陵回跸至香山，落成，班禅适居，兴庆赞。
②第一历史档案馆藏，清宫《内务府奏销档》，乾隆四十二年四月初六福康安奏折。
③[清]爱新觉罗·弘历：《昭庙六韵》。
④他参观过的寺庙有布达拉宫、哲蚌寺、甘丹寺、色拉寺、大昭寺、桑耶寺、昌珠寺、扎什伦布寺、小昭寺等。参见土观·洛桑却吉尼玛著，陈庆英、马连龙译：《章嘉国师若必多吉传》，中国藏学出版社，2007年，69~80页，173~193页。
⑤根据《章嘉国师若必多吉传》《乾隆皇帝与章嘉国师》两书中的叙述推断而来。
⑥根据《章嘉国师若必多吉传》记载，章嘉国师第一次朝拜大昭寺是在雍正十三年（1735年），他朝拜了释迦牟尼等身像等大昭寺楼阁上下的供像，并进行了一系列的法式活动。章嘉国师第二次进藏是在乾隆二十二年（1757年）末，他一到拉萨，首先来到大昭寺的大回廊殿，并向释迦牟尼像献供。

表 3.3.2　乾隆时期主要藏式建筑和写仿原型①

建筑名称	建成年代	兴建地点	写仿对象	兴建背景
须弥灵境	乾隆二十三年	北京清漪园	桑耶寺	为母祝寿、园林点景
承德普宁寺	乾隆二十四年	承德	桑耶寺	平定准噶尔叛乱后，为厄鲁特蒙古"肖西域三摩耶"而建造
安远庙	乾隆二十九年	承德	伊犁固尔扎庙	为迁居热河的蒙古族达什达瓦部举行宗教活动
普陀宗乘之庙	乾隆三十六年	承德	布达拉宫	乾隆六十大寿、皇太后八十大寿
须弥福寿之庙	乾隆四十四年	承德	扎什伦布寺	六世班禅来朝
宗镜大昭之庙	乾隆四十五年	北京香山静宜园	拉萨山南旧有寺庙	六世班禅来朝

是章嘉国师对于昭庙的原型建筑"大昭寺"非常了解，并曾两度朝拜⑥。且其与六世班禅关系密切，这样一座为六世班禅来京修建的寺庙，不可能在设计时没有征求章嘉国师的意见。

乾隆十三年乾隆帝指派两位大臣、一个画工、一个测工赴藏把西藏地区一些庙宇摹绘下来；乾隆十七年（1752 年）对桑耶寺乌策殿进行测绘，为其后汉藏混合式样的新风格创作做好了先期准备②。清政府是否对大昭寺进行过测绘，还不得而知。但是通过对于昭庙遗址勘察和历史档案研究，发现它与大昭寺在整体规模（图 3.3.21）、布局、单体建筑及细部处理方面有很多相同点（表 3.3.3）。这些为清政府对大昭寺进行过测绘的设想提供了可能性。

3. 昭庙设计、施工过程

昭庙作为一种琢磨探索了几十年的新风格建筑，哪些部门和个人参与了昭庙的设计和施工？它在营建过程中有哪些可以参考的前例呢？结合对历史档案和遗址现场的调研，得到了一些初步答案。

据第一历史档案馆馆存《乾隆五十七年宗镜大昭之庙修缮情形》记载，昭庙工程"四十二年兴工，四十四年完竣"。这里所指的完竣，大约是指主体建筑的完成，其后还有大量的内部装修和陈设工程在继续。跟据档案记载，昭庙工程大致可以分为如下几个阶段：

乾隆四十二年（1777 年）为方案设计、施工人员和物资准备阶段；

乾隆四十三年（1778 年）至四十四年（1779 年）为主体建筑施工阶段；

---

①这里的"藏式"指运用碉楼平顶建筑形式的藏式建筑。
②引自周维权《承德的普宁寺与北京颐和园的须弥灵境》一文说法。周维权：《园林·风景·建筑》，百花文艺出版社，2005 年。

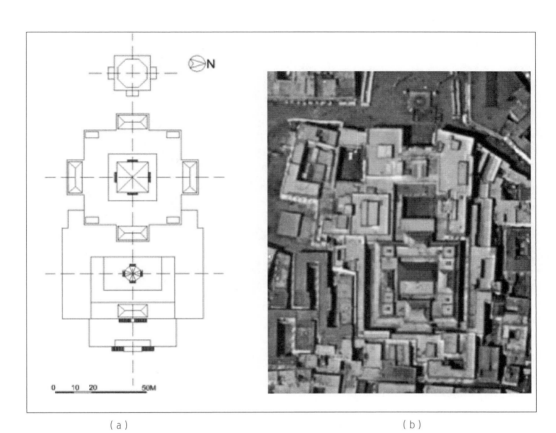

（a）　　　　　　　　　　　　　　　　　　　　　　　　（b）

图 3.3.21　昭庙与大昭寺同比例对比图

（a）昭庙屋顶平面复原　　（b）大昭寺屋顶平面（采自 Google Earth，2009 年）

表 3.3.3　昭庙对大昭寺具体写仿内容

内容	昭庙	大昭寺
体量	白台井字楼 红台裙楼 红台四出轩镀金铜顶 清净法智殿 红台四角平台房 白台平台 都罡殿 柱网一丈（约 3.2 米）	千佛廊院 觉康主殿 觉康主殿四座鎏金宝顶 释迦牟尼佛堂 觉康主殿四角平台房 千佛廊天井平台 觉康主殿中心天井和屋顶 柱网 3.2~3.9 米不等
色彩	白台（外墙白色） 红台（外墙红色） 鱼鳞瓦镀金铜顶	大昭寺入口及生活区（外墙白色） 大昭寺佛堂区（外墙红色） 鎏金宝顶
装饰	盲窗 摩羯鱼、宝珠翼角 铜伞 琉璃狮子（见图 3.3.22）	盲窗 摩羯鱼、宝珠翼角 法幢 琉璃镇兽

图 3.3.22　昭庙出土琉璃残件（熊炜提供）

乾隆四十五年（1780 年）至四十七年（1782 年）为细部装修、工程收尾阶段。

乾隆四十二年，在皇帝的授意下，"昭庙工程处"成立，该处由监督仲山承办。工程处中进行具体方案设计的是哪个机构呢？2004 年清代样式雷建筑图档展对这个问题进行了回答：

国家建筑工程凡工价银超过五十两、料价银超过二百两，均要呈报工部奏请皇帝钦派承修大臣组建工程处，作为特派管理机构，负责工程的规划设计和施工……工程处又叫钦工处，专设办公机构称为档房，在京城的叫做在京档房，在建筑工地的则称为工次档房。档房下设样式房和算房。

依据这种阐述，仲山即钦派承修大臣，《内务府奏销档》中还记载了果郡王永瑺也曾"派往昭庙工程"，他们都是昭庙工程的管理者。昭庙工程处下设"工程档房"，"样式房"即是隶属于"工程档房"，直接进行建筑方案设计的部门。昭庙修建时期，样式房最著名的 "样式雷"家族中第三代雷声澄正任职"样式房掌案"[1]。

样式房在昭庙设计过程中，进行了具体的方案设计，他们将设计出的方案利用图样和烫样的形式，由内务府呈献给最终决定人——乾隆皇帝，如：

"十八日和（珅）、刘（浩）奉旨，大昭红台内院内添重檐都罡殿一座，内供旃檀佛。随烫样得都罡殿样一座，并画得旃檀佛实样一张，裙楼内供无量寿佛实样一张，呈览。奉旨都罡殿照样准做，旃檀佛照样准做……钦此。"[2]

---

[1]雷声澄，字藻亭，第二代"样式雷"雷金玉五子。生于雍正七年（1729 年）七月三十日丑时，卒于乾隆五十七年（1792 年）八月二十一日午时，享年 64 岁。
[2]引自《内务府活计档·乾隆四十二年·七月行文》，第一历史档案馆。

类似的记载在档案中比比皆是，乾隆皇帝直接决定了昭庙最终营建成果。建成后昭庙的占地面积约为 9 100 平方米，建筑面积 15 万平方米，内部陈设一万七千七百一十二件[①]。

昭庙也运用了鎏金铜瓦屋顶，7 个坡屋顶中，有 6 座用了金瓦顶，鎏金共用金叶一万六千一百两六钱九分二厘[②]。

昭庙在形式上是十分规整的坛城式空间，在细节处理上竭尽华丽之能事，其形式有着十分明显的政治、宗教目的。随着乾隆皇帝在昭庙与六世班禅的会面以及昭庙的开光仪式，这种目的更加表现得淋漓尽致。

4. 昭庙的结构技术不足

昭庙建筑所采用的"平顶碉房汉藏结合式"是乾隆时期发展的新风格。昭庙有着完善的设计、施工、监管流程，更将此风格推向极致。但是，这类建筑经几十年的积累发展，外观语汇所表达的政治取向、空间图式所反映的宗教情感，远成功于其在结构方面的尝试。昭庙竣工后仅仅九年就需进行大修[③]：

> "乾隆五十四年四月十六日，福长安奏：宗镜大昭之庙平台头停渗漏，承重楞木间枋糟朽，金简等奉旨前往，逐一履勘。大白台内井字平台一座，头停渗漏，实因台面雨水下浸兼之周围墙高，不能透风，经潮湿致将锡背、铺板、承重楞木俱多霉烂糟朽；大白台上五方佛殿一座，大红台上佛殿四座，前檐各有青白石四级，踏跺一座，半在平台上安设，因其承重跨空，以致台级压沉，微有裂缝，雨水渐浸是以渗漏，拟改做法节次。"

平屋顶排水和屋面承重、台体砖石结构和木结构的连接处理是这次损坏的主要症结所在：西藏气候干燥、少雨，可以大量运用平顶。木材埋入墙内无须做防腐处理。其木梁柱多用密肋排架形式，对于屋顶的支撑性好。"平顶碉房"运用在北京地区，结构方面的问题就凸显出来。但这毕竟是将西部高原和东部平原不同建筑体系进行融合的一次大胆尝试，为处理大体量山地建筑提供了一种新手法。

---

①数据根据遗址勘察及《内务府奏销档·乾隆四十七年十二月份》得到。
②《内务府奏销档》乾隆四十四年十一月初九日，第一历史档案馆。
③《乾隆五十七年宗镜大昭之庙修缮情形》，第一历史档案馆。

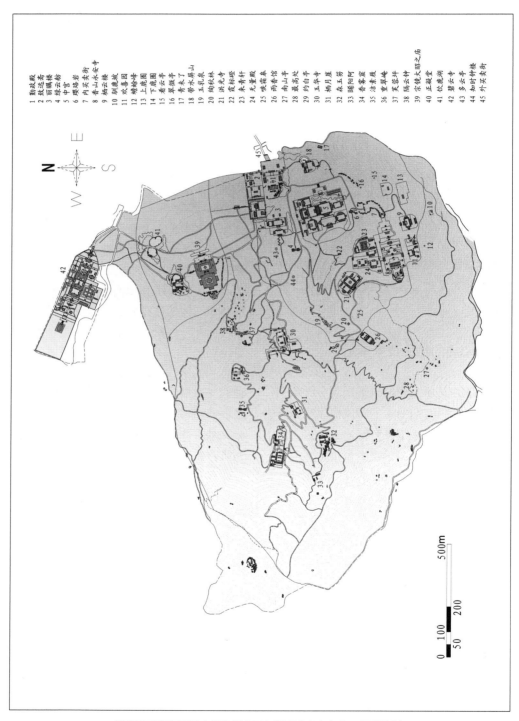

1 勤政殿
2 致远斋
3 丽瞩楼
4 绿云舫
5 中宫
6 璎珞岩
7 内垣夹墙
8 香山永安寺
9 栖云楼
10 驯鹿坡
11 炊春园
12 嫿旷峰
13 上庭园
14 看云亭
15 下庭园
16 翠微亭
17 青未了
18 带水屏山
19 玉乳泉
20 昀秋林
21 洪光寺
22 霞标蹬
23 朱香轩
24 无量殿
25 晰病集
26 雨香馆
27 南山寺
28 晨夕岚
29 约白亭
30 玉华岫
31 栖月崖
32 森玉笏
33 晞阳阿
34 香雾窟
35 洁素履
36 重翠崦
37 芙蓉坪
38 隔云钟
39 宗镜大昭之庙
40 正凝堂
41 饮虎湖
42 碧云寺
43 多云亭
44 知时神楼
45 外垣夹墙

静宜园平面复原图（乾隆四十五年到嘉庆十六年），杨菁绘制

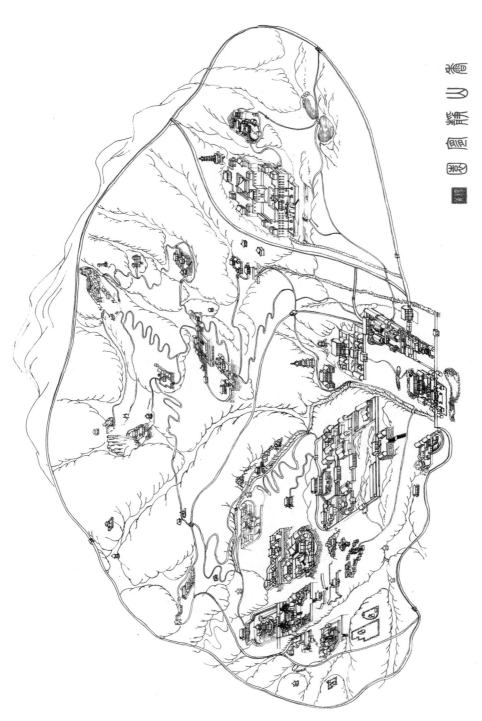

香山静宜园复原鸟瞰图（乾隆四十五年到嘉庆十六年），杨菁绘制

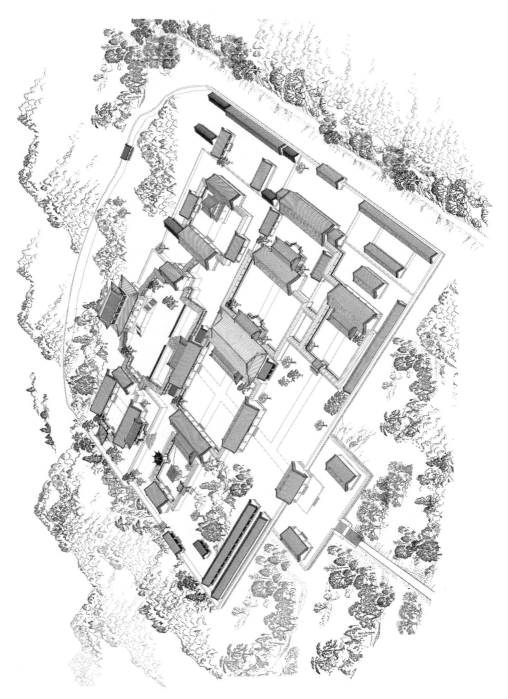

静宜园中宫鸟瞰，孙亚玮绘制

乾隆皇帝西山晴雪碑拓片(采自《北京图书馆藏中国历代石刻拓本汇编》)

第四章

玉泉山静明园

若夫天产瑰奇，地标灵迥。融则川流，峙惟山静。抚风壤之清淳，对玉泉之幽靓。信芳甸之名区，而神皋之胜境也。尔其洞壑垂义，岩阿丛复。源出高冈，溜生寒麓。瑶窦溅珠，琼沙喷玉。控以翔螭，引之鸣瀑。初喷薄以飘丝，旋潆洄而曳縠。既瀺灂于涧溪，遂渺于陵陆。侔色则素缟无痕，俪质则纤尘不属。挹味则如醴如膏，揣声则为琴为筑。于是长输远逝，澶漫演迤。曲之为沼，渟之为池。拭一泓之明镜，泻千顷之琉璃。排玲珑之雁齿，跨蜿蜒之虹蜺。拓澄湖而西汇，环仙籞而东驰。当其春日载阳，惠风潜扇。草绿初芽，柳黄欲线。卷百尺之湘漪，拖十重之楚练。荫远树之芊绵，泛落英之葱蒨。及夫长嬴届节，新涨平堤。林霏夕敛，岚彩晨飞。抽碧筩以徐引，缀丹的以纷披。展含风之翠葆，搴里露之红衣。若乃炎歊既回，鲜飙疏豁。泠泠桂间，袅袅苹末。见凫鹥之沉浮，望烟云之出没。掬皓魄于晴澜，散清晖于深樾。至于凄辰中律，水树萧骚。木叶尽脱，微霜始飘。耿冰雪以流映，拥贞蒉而后凋。揽六宇之旷邈，寄余怀于沉寥。是其为状也，何时不妍，何妍不极。境近心远，目营神逸。有林垌之美，而无待于攀跻。有亭榭之安，而无劳于雕饰。岂所语于入华林者拟濠濮之游，涉太液者象蓬瀛之域也耶。

——爱新觉罗·玄烨《玉泉赋》[1]

第一节　历史沿革

一、玉泉山早期历史

与香山早期历史集中于寺庙建设不同，玉泉山早期历史主要围绕都城水利建设。在金中都和元大都两个时期都有重要的建设，为之后成为北京西郊重要的供水源头和风景名胜区奠定了基础。至明代，延续金元的建设成果，玉泉山成为西郊重要的游览地，玉泉尤为声名赫赫，甚至影响了拙政园等江南名园的设计。

（一）金中都时期

在玉泉山早期的历史中，金章宗亦是不可回避的重要人物。据史书记载："宛平倚，本晋幽都县，辽开泰元提更今名。有玉泉山行宫[2]。"这里没有明确提出是哪位皇帝在什么时间建立的玉泉山行宫，但是后世一些地方史志提到了传说中的金章宗行宫芙蓉殿：

玉泉山在府西北三十里，顶有金行宫芙蓉殿故址，相传章宗尝避暑于此[3]；
山旧有芙蓉殿，金章宗行宫也[4]；
玉泉山有芙蓉殿基存[5]；

---

①《圣祖仁皇帝御制文集》，卷三十，四库全书内联版。
②《地理志上·中都路》，见《金史》志五。
③《明一统志》，卷一，四库全书内联版。
④刘侗、于奕正：《帝京景物略》，北京，北京古籍出版社，1983年，296页。
⑤孙承泽：《天府广记》，北京，北京古籍出版社，1982年，554页。

山麓旧传有金章宗芙蓉殿，址无考，惟华严、吕公诸洞尚存[1]。

芙蓉殿行宫的说法未见正史记载，但《金史》上有章宗多次游幸玉泉山的记载（见表4.1.1）。

金章宗时期还有一项重要的建设，即对北京水系的梳理和整治。由于之前开凿金口河引来的水并未取得预期效果，在金泰和五年（1205年）前后为了重开漕运，就利用瓮山泊开渠引水，转向东南，直接与高梁河上源相接，这就是今天的长河。另外，大约在同时期，又开新渠，即日后见于记载的"高梁西河"，将瓮山泊和高梁河上游的水，经一小段护城河，引入旧闸河，从而使北来的粮船可以从通州入闸河，直抵中都城下。但后来因水源不足，运河很快荒废了。而昆明湖的前身瓮山泊的开发利用正是在开凿运河以利漕运的大

背景下完成的（图4.1.1）。

在这个大背景下，玉泉山成为高梁河乃至整个北京城的供水源头。之后历朝对其的风景建设，几乎都与北京城市水利工程紧密相连。

（二）元大都时期

从金中都到元大都新城址的转变，实际上就是从莲花池水系到高梁河水系的转移。这两者距离虽近，各自的水系也很细小，关系却至关重要。元建大都，粮饷全仰仗江南。因此在元初于北京兴建了一系列水利水运工程，这其中以通惠河的开浚对后世影响最大。疏浚之后，漕船可直达大都城内积水潭。通惠河的成功原因之一便是积极开辟新水源，引导了温榆河上游白浮诸泉水汇于瓮山泊之后再流入大都，

表4.1.1　金章宗游幸玉泉山统计

朝年	事件	出处
金章宗明昌元年（1190年）	八月壬辰，幸玉泉山，即日还宫	《金史》本纪第九章宗纪一
金章宗明昌四年（1193年）	三月甲申，幸香山永安寺及玉泉山	《金史》本纪第十章宗纪二
金章宗明昌六年（1195年）	三月丙子，幸玉泉山	《金史》本纪第十章宗纪二
金章宗承安元年（1196年）	八月癸丑，幸玉泉山	《金史》本纪第十章宗纪二
金章宗泰和元年（1201年）	五月壬戌，幸玉泉山	《金史》本纪第十一章宗纪三
金章宗泰和三年（1203年）	三月甲午，如玉泉山	《金史》本纪第十一章宗纪三

---

[1]蒋一葵：《长安客话》，北京古籍出版社，1982年，55页。

以济下游漕运①。

瓮山泊在元代因其风光秀美而被与杭州西湖相媲，又被称为西湖。当时为了增加通惠河水量，曾将西湖西北几十里范围之内的白浮等泉水引导入湖中，因此在西湖东岸为了拦截泉水而兴筑了湖堤，称为西堤。另外，由于新水源的补充，西湖水面进一步扩大，它也在元代成为著名风景区。

早在元大都兴建之前，元世祖忽必烈中统三年（1262年），元代水利专家郭守敬向忽必烈面陈水利六事，其中一项就是开发玉泉水以济漕运。不久，在其主持下将玉泉水经高梁河北支入坝河，作为运道②。为了保护玉泉山的生态环境和自然景观，至元十五年（1278年）元世祖忽必烈下旨禁玉泉山樵采渔弋③。元世祖至元二十九年（1292年）修金水河，次年二月完工。源出玉泉山，流和义门南入城④。自此元代玉泉水专供皇城使用，而大都其他用水则由白浮泉导入翁山泊后，再通过长河进入都城（图4.1.2）。

玉泉山风景名胜在元世祖时期就已存：

"昭化寺，元世祖建也。志存焉，今不可复迹其址。"⑤

元文宗图帖睦尔至顺三年（1332年），大承天护圣寺落成，寺址毗邻玉泉山⑥。这座寺庙在明代更名为功德寺，

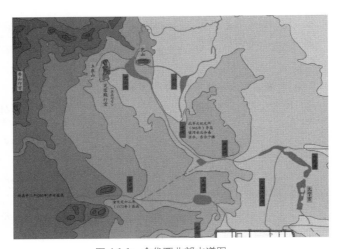

图 4.1.1　金代西北郊水道图

①蔡蕃：《北京古运河与城市供水研究》，北京出版社，1987年。
②《北京历史纪年》编写组：《北京历史纪年》，北京出版社，1984年。
③《世祖纪七》，见《元史》，本纪第十。
④同②。
⑤刘侗、于奕正：《帝京景物略》，北京古籍出版社，1983年，296~297页。
⑥同②。

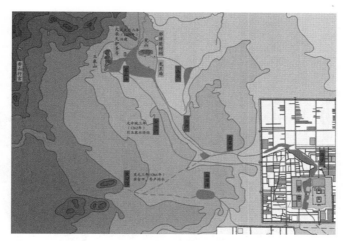

图 4.1.2　元代西北郊水道图

是研究玉泉山和东面瓮山泊关系的重要环节。元末明初朝鲜人编写的《朴通事》记述了当时寺的景象①。

（三）明代玉泉山——唤起水乡的回忆

如本书第一章所讨论的，明代知识阶层对西山的游览侧重于以寺庙为载体的访古探幽，更多地反映了北京作为一座北方历史名城的古老和博大。那么山形秀美、泉水丰沛、石洞幽奇、毗邻西湖的玉泉山，则更能引发客居北方的南方士人对家乡的

回忆（图 4.1.3）。

明末游览文学中主要记述的玉泉山泉水有两处。一处名为玉泉："山以泉名。泉出石罅间，潴而为池，广三丈许，名玉泉池。池内如明珠万斛，拥起不绝，知为源也。水色清而碧，细石流沙，绿藻翠荇，一一可辨。池东跨小石桥，水经桥下东流入西湖，为京师八景之一，曰'玉泉垂虹'②。"玉泉旁有玉泉亭，为明宣德年间（1426—1435 年）建。关于玉泉的具体位置，《大明一统志》认为在山的东北部③，这和乾隆时泉位于主峰南部的玉泉截然不同。《大明一统志》也记载

①西湖是从玉泉里流下来，深浅长短不可量。湖心中，有圣旨里盖来的两座琉璃阁，远望高接青霄，近看时远侵碧汉。四面盖的如铺翠，白日黑夜瑞云生，果是奇哉……北岸上有一座大寺，内外大小佛殿、影堂、串廊、两壁钟楼、金堂、禅堂、斋堂、碑殿……阁前水面上，自在快活的对对儿鸳鸯，湖心中浮上浮下的是双双儿鸭子，河边儿窥鱼的是无数目的水老鸦，撒网垂钓的是大小渔艇，弄水穿波的是觅死的鱼虾，无边无涯的是浮萍蒲棒，喷鼻眼花的是红白荷花。官里上龙舡，官人们也上几只舡，做个筵席，动细乐大乐，沿河快活。到寺里烧香随喜之后，却到湖心桥上玉石龙床上，坐的歇一会儿。又上琉璃阁，远望满眼景致，真个是画也画不成，描也描不出。休夸天上瑶池，只此人间兜率。《朴通事》http://baike.baidu.com/view/1047406. html，访问时间 2010 年 1 月 3 日。
②蒋一葵：《长安客话》，北京古籍出版社，1982 年，48 页。
③李贤等：《大明一统志》，卷一。

图 4.1.3　明代玉泉山图（采自《三才图会·地理六卷》）

了宣德年间在玉泉上建有玉泉亭，供皇帝临幸使用[1]。

另一处泉水涌出后汇聚成湖，名为裂帛湖，位置在玉泉山主峰东南靠近西湖一带，因为"泉进湖底，伏如练帛，裂而珠之"[2]，故名为裂帛湖。裂帛湖离西湖较近，在一些古籍中将西湖称为裂帛湖[3]。这也许是因为玉泉山和西湖之间是大片沼泽湿地，雨季湖水泛滥，两湖就连成一片的缘故。在裂帛湖的东侧有亭名为"望湖亭"，此亭始建年代较早，明永乐年间的翰林学士杨荣就以其为名作诗云：

路傍孤亭颜望湖，湖光非仿临安图。众山崒律立槛外，苍苍极浦横菨蒲。玉泉神灢涌不息，环亭飞瀑流明珠。大石磷磷小齿齿，下马洗耳尘无污。山高水流望无际，此亭凭眺如乘桴。划然徒倚发长啸，

---

①李贤等：《大明一统志》，卷一。

②刘侗、于奕正：《帝京景物略》，北京古籍出版社，1983 年，296 页。

③蒋一葵：《长安客话》，北京古籍出版社，1982 年，48 页。

④刘侗、于奕正：《帝京景物略》，北京古籍出版社，1983 年，296 页。

图 4.1.4 ［明］郭谌《西山漫兴图卷》（局部）所描绘的玉泉山和吕公洞（采自《北京画册》1959 年，原图藏于故宫博物院）

水融山结钟皇都。[④]

这里望湖的湖指的应该是东面的西湖，因为玉泉湖和裂帛湖都不过几丈宽而已。嘉靖皇帝曾经游览过望湖亭，但到了《帝京景物略》成书时，此亭倾圮以久。

从望湖亭沿山间小路向南，可以到达华严寺。华严寺敕建于明英宗正统年间（1436—1449 年），寺分为上华严寺和下华严寺，分别建于山之南坡[①]。嘉靖二十九年（1550 年）华严寺被瓦剌军焚毁[②]。万历时只余"古台基三，即辽金元主游幸之地，故名上下华严。登玉泉之巅，望华严在烟云缥缈中，神秀犹然，山为增胜"[③]。这一带还有两座石洞，一座是华严洞；另一座在华严寺殿后，明时为七真洞或者翠华洞。七真洞内除了耶律楚材题壁诗外，嘉靖年间的相国夏言也依律附《鹧鸪天》一首。

明代玉泉山上还有一处天然岩洞吕公岩，《大明一统志》记载："在玉泉山半，岩广仅丈许，其深倍之，相传吕仙往来处。"亦有达官显贵在附近修建别墅："不肖宿武生张应申别业，在山嘴吕公洞[④]。"明代书画家郭谌于嘉靖四年（1525 年）绘有《西山漫兴园》长卷，表现了出西直门至西山一段，清明踏青郊游的场景，图中绘出了玉泉山秀丽的山体和丰沛的泉水，题诗则为《吕公洞》五言诗（图 4.1.4），可见其在西郊游览中的重要地位。

①《寺观·华严寺》，见《畿辅通志》，卷五十一。
②《玉泉山》，见《大清一统志》，卷三。
③蒋一葵：《长安客话》，北京古籍出版社，1982 年，48 页。
④故宫博物院藏《徐显卿宦迹图》。

二、静明园的建立

（一）康熙时代的静明园

1. 兴建背景

清入主中原之初，对北京离宫别苑的建设，集中在三海和南苑一带，并未向北京西郊发展。康熙皇帝执政中后期，在北京西郊建设了几座行宫园林，拉开了后世"三山五园"大规模建设的序幕。康熙十九年（1680 年），玉泉山建立行宫，名为澄心园：

"原设无品级总领一员，副总领二员，园隶十名，园户二十三名，花儿匠九名，瓦匠四名，木匠三名，搭彩匠一名。康熙三十年闰七月奏准添设副总领一员，笔贴式一员。"①

康熙三十一年（1692 年）玉泉山澄心园正式改名为静明园②。康熙四十二年（1703 年）避暑山庄在热河兴建。这是清王朝在北京北部以离宫园林为载体，构筑的另一处政治中心。至此，清代"柔远能迩"的政治方针基本定型，康熙帝在《御制普仁寺碑文》中写道：

"朕思治天下之道……柔远能迩，自古难之。我朝祖功宗德，远服要荒；深仁厚泽，沦及骨髓。蒙古部落，三皇不治，五帝不服，今已中外无别矣。"③

"中外无别"的局面一方面表明康熙中后期帝国北部初步安定形势，为日后北京西北更大规模的造园行为奠定了基础；另一方面也通过热河—北京西郊的行宫体系，清帝经常性的狩猎、巡察活动，表明当时对西北的统治是国家政治生活的重点，这种政治布局直到道光时期才彻底改变④。

2. 御稻和赐饮

被称为"科学皇帝"的康熙帝还将南巡途中所见南方稻种技术应用于玉泉山周围稻田：

"朕又曾见舟中满载猪毛鸡毛，问其故，曰：福建稻田以山泉灌之，泉水寒凉，用此则禾苗茂盛，亦得早熟。朕记此言，将玉泉山泉水所灌稻田亦照此法，果早熟丰收。"⑤

此后，玉泉山一带所产稻米被称为"京西稻"，清时专供皇家食用。康熙时的文学家查慎行曾作《玉田观早稻》一诗：

"灌园余润及平畴，千亩从无旱潦忧。总秸已供三壤赋，陂池新奉上林游。神□报祟秋长早，勾盾征租岁倍收。别与

---

① [清]内务府编，[清]郭良翰编，[明]袁应兆撰：《总管内务府会计司南苑颐和园静明园静宜园现行则例三种、皇明谥纪汇编、祀事孔明》，海南出版社，2000 年，224 页。

②《圣祖仁皇帝圣训》，卷二十一，康熙三十二年癸酉六月庚子，四库全书内联版。"三十一年二月奉旨玉泉山澄心园著改名静明园钦此"。

③《圣祖仁皇帝御制文集》卷

④ 道光时期，清统治最大的威胁来自海外和南方的起义，西北部边境尤其是和蒙古各部的关系相对平稳。

⑤ 同②

豳风编月令，筑场时节火西流。（官田早米例于七月初十前贡新）"①

玉泉山的水还是赐予大臣的恩赏，如康熙时候的重臣李光地就曾经因患病被赐玉泉山水：

"又蒙皇上特谕中官，每日给臣玉泉山水，传示之下益深悚栗。前岁臣患疮疡，赐之海水以涤烦痾。今者偶病中虚，又赐甘泉以润湫底。"②

3. 水利工程

康熙皇帝还对以玉泉山为中心的西北郊水利进行了疏导，其中康熙二十九年（1690 年）五月丙寅谕旨道：

"上谕内务府，玉泉山河水所关甚巨，西山一带碧云、香山、卧佛寺等山之水俱归此河。从前此河由青龙桥北汇入清河后，因欲引此水入京城，将高处挑浚，河之两旁复加谨防固以分水势。今值淫雨之际，水势漫溢堤岸，冲决数处。尔等速将闸板启放，使河水畅流。一面令工部将冲决之处速行堵筑。"③

4. 静明园早期山水和建筑

康熙初年，玉泉山还有一些残留的古迹，文人查慎行曾作《吕公洞轮庵禅师兰若》诗一首：

"只道山穷水亦穷，忽攀石磴与云

通。芙蓉殿底三重阁，杨柳桥南一面风，老去文人多入道。从来绝境必凌空，知君欲傲长江薄，佛号曾呼禁苑中。（绝顶有飞阁不可上，即金章宗芙蓉殿故址）"

诗中提到山顶有飞阁，为金章宗芙蓉殿旧址。综合明清典籍，此处应为华严寺遗址。

静明园在康熙朝时，山水关系相对来说比较简单，这可以从康熙二十三年（1684 年）左右绘制的《京杭道里图》中反映出来④（图 4.1.4）。图中以瀑布指代玉泉垂虹这一景观，泉水在山东部和南部汇聚，向东流入西湖。值得注意的是瓮山附近还绘出了功德寺，此时寺院临湖而建，与明万历《入跸图》中描绘的景象一致。

康熙年间，内阁大学士张玉书所写《赐游畅春园、玉泉山记》记录了众大臣游览玉泉山的情况：

"（四月初六日）上随谕诸臣：玉泉山尔日景物正佳，初六日早再来同游。初六日癸酉，早，上御玉泉山静明园。诸臣俱集，从园西门入。园在山麓，环山为界。林木蓊郁，结构精雅，池台亭馆，初无人工雕饰，而因高就下，曲折奇胜，入者几不能辨东西径路。攀阶而上，历山腰诸洞，直至山顶，眺望西山诸胜。上传谕诸臣俱乘船回……"⑤

从文中可知，康熙朝静明园主要开发了山麓地带，对于山地的经营，仍然是以

---

①《敬业堂诗集》，卷十七，四库全书内联版。
②《赐玉泉山水恭谢札子》，见《榕村集》，卷三十，四库全书内联版。
③《康熙实录》，二十九年五月，第一历史档案馆内联版。
④关于《京杭道里图》年代的判断可参考张龙：《颐和园样式雷图档综合研究》，天津大学博士学位论文，2009 年，33 页。
⑤ [清] 吴振棫：《养吉斋丛录》，北京古籍出版社，1983 年，195~196 页。

图 4.1.5　《京杭道里图》（局部）西湖、玉泉山部分（采自《中华古地图珍品选集》，原图藏于浙江省博物馆》）

自然风貌为主。这时静明园的建筑集中于玉泉湖、裂帛湖一带。清音斋、涵云城关等建筑康熙时即已有之，乾隆时园内还留有康熙御笔的"涵云""清音斋"等匾额。

静明园在畅春园建成前，是康熙皇帝最常临幸的北京西北郊园林。康熙曾作诗数首[①]，表达对玉泉山静明园风景名胜以及秀丽景色的欣赏。

康熙二十九年（1690 年）前后，畅春园建成。从此康熙临幸静明园次数减少，三十三年（1694 年）之后就再没有游览静明园的记录了。

除了作为临幸之所为皇帝提供优美的景色，静明园还有其他的政治、军事用途。玉泉山由于其独特的地理位置，兼靠近北京城，历来作为重要的京畿宿卫之地。康熙和雍正在静明园多次检阅过八旗士兵[②]。

"上大阅于玉泉山，因以示来朝之青海札西巴图尔等。是日于玉泉山西南旷处列八旗红衣大炮等火器，及马步鸟枪军士。其护军骁骑按旗分为三队，且设两翼后殿而阵焉。上躬擐甲胄偏，阅毕登玉泉山之

①《圣祖仁皇帝御制文集》，卷三十四、三十七、四十五，四库全书内联版。

《清明登玉泉山》：寒食登高芳草青，泉声映柳出春亭。心中怀得天然处，坐对沙鸥乐野汀。

《玉泉山晚景用唐太宗秋日韵》：晴霞收远岫，宿鸟赴离林。石激泉鸣玉，波回月涌金。薰炉笼竹翠，行漏出松阴。坐爱秋光好，翛然静此心。

《初夏玉泉山二首》：（其一）别馆依丹麓，疏帘映碧莎。泉声当槛出，花气入垣多。路转溪桥接，舟沿石窦过。薰风能阜物，藻景已清和。（其二）山翠引鸣镳，湖光漾画桡。野云低隔寺，沙柳暗藏桥。百啭黄鹂近，双飞白鹭遥。今年农事早，时雨足新苗。

《静明园喜雨》：西山初夏玉泉清，暮雨随风满凤城。四野皆沾比屋庆，八荒尽望乐丰盈。

②《清史稿》本纪：康熙三十一年九月壬申，上大阅于玉泉山……三十二年十月壬辰，上大阅于玉泉山……三十六年十二月，上大阅玉泉山。雍正六年十二月世宗宪皇帝大阅于玉泉山。

③《圣祖仁皇帝亲征平定朔漠方略》，卷四十七，康熙三十六年十二月庚午，四库全书内联版。

南冈……"③

这种阅兵活动直到雍正时还在进行①。雍正帝也曾多次游幸静明园并留诗二首②。

（二）乾嘉时期静宜园主要建设

乾隆年间，对玉泉山有三次比较集中的扩建：初为乾隆四年（1739年）至乾隆五年（1740年），这次建设除对旧有寺院和康熙时的静明园进行改扩建外，还对南宫门区域进行了集中建设；另一次扩建配合了清漪园的兴建，主要建设时期集中在从乾隆十六年（1751年）题名静明园十六景，到乾隆二十四年（1759年）玉峰塔落成这8年中；第三个阶段是乾隆三十四年（1769年）始对玉泉山北峰进

行的集中建设。这三次建设中，其主要标志性工程有：

乾隆四年（1739年），对康熙时静明园建筑进行修理并重新题写匾额③；乾隆五年（1740年），修建静明园廓然大公④；乾隆十六年（1751年），重修玉泉山龙王庙⑤；乾隆十七年（1752年），围绕天下第一泉、镜影湖周围建筑的建设⑥；乾隆十八年（1753年），全面开始静明园十六景建设⑦；乾隆二十一年（1756年），东岳庙落成⑧；乾隆二十二年（1757年），涵漪斋落成⑨；乾隆二十四年（1759年），香岩寺及玉峰塔落成⑩；乾隆二十五年（1760年），高水湖开挖完毕⑪；乾隆二十六年（1761年），静明园扩建工程完工⑫；乾隆三十四年（1769年），新建崇霭轩、含经堂、书画舫⑬；乾隆三十六

①《大清一统志》，卷一，《静明园》有"圣祖、世宗尝阅武于此"的记载。

②《世宗宪皇帝御制文集》，卷二十一，四库全书内联版。

《咏玉泉山竹》：御园修竹传名久，嫩筱抽梢早出墙。雨涤微尘新泛翠，风穿密叶澹闻香。低侵幽涧波添绿，静幕虚牕影送凉。更美坚贞能耐雪，长竿节节挺琳琅。

《初夏至玉泉山》：绿野熏风至，夜来春已过。扑衣飘落絮，贴水出新荷。浪暖鱼吹沫，泥香燕作窠。临泉聊命酒，披拂爱烟萝。

③《内务府奏销档》乾隆四年》，第一历史档案馆。

④《内务府奏销档》乾隆六年六月份，第一历史档案馆。

⑤《内务府活计档》乾隆十六年七月《九江吴》，七月，玉泉新建龙王庙一座，第一历史档案馆。

⑥《内务府活计档》乾隆十七年四月《木作》《内务府活计档》乾隆十七年五月《苏州》，《内务府活计档》乾隆十七年九月《如意馆》《内务府活计档》乾隆十七年十月《木作》《内务府活计档》乾隆十七年十月《裱作》《内务府活计档》乾隆十七年十月《木作》《内务府活计档》乾隆十七年十月《木作》《内务府活计档》乾隆十七年十一月》木作》，第一历史档案馆。

⑦静明园十六景为廓然大公、芙蓉晴照、玉泉趵突、竹垆山房、圣因综绘、绣壁诗态、溪田课耕、清凉禅窟、采香云径、峡雪琴音、玉峰塔影、风篁清听、镜影涵虚、裂帛湖光、云外钟声、翠云嘉荫。

⑧《玉泉山东岳庙碑文》，见《清高宗御制文集》，初集卷十九，四库全书内联版。

⑨《内务府活计档。乾隆二十二年四月皮》裁作》，第一历史档案馆。

⑩登玉泉山定光塔二十韵》，见《清高宗御制诗集》，二集卷八十八，四库全书内联版。

⑪《内务府奏销档》乾隆二十六年十二月份，第一历史档案馆。

⑫《内务府奏销档》乾隆二十六年三月至四月份，第一历史档案馆。

⑬《内务府活计档》乾隆三十四年三月《如意馆》，第一历史档案馆。

年（1771 年），北峰新建妙高寺[1]；嘉庆十七年（1812 年）左右，改建涵漪斋[2]。

第二节　营建概览

一、玉泉湖、裂帛湖及南峰南坡组群

（一）玉泉湖建筑群（图 4.2.1）

静明园的南门为五楹正宫门，上悬"静明园"匾额。前面方形广场东、西、南三面各有一座牌楼，门前东西各有一座三间的朝房，左右各有一罩门。进入南宫门后北为七楹正殿，挂"廓然大公"匾额，殿东西配殿各五间。后殿五间，北门向玉泉湖悬"涵万象"匾，与廓然大公殿用围廊连接。廓然大公是静明园十六景之一，乾隆帝自述其为"听政之所，虚明洞彻，境与心会，取程子语颜之"[3]。这里是静明园的宫廷区，建筑严格对称，与南面的宫门区、北面的乐景阁在一条中轴线上。

据嘉庆二十年（1815 年）《静明园廓然大公陈设册》记载："廓然大公面南设紫檀栏杆木地平…上设紫檀边座五屏照壁一座……紫檀宝座一张[4]。"由于该组群位置较南，乾隆帝无论从陆路还是水路游览静明园来这里都不方便，乾隆从不进南宫门，也几乎不在这里理政。

涵万象西侧为红泉馆，是一扇面形建筑。再西为仙人台，其正对一座山石小桥，桥两岸为两组人工叠石隔溪而峙。道光年间，红泉馆用来存放其他建筑内残旧破坏的陈设。

廓然大公北面紧邻玉泉湖，该湖接近方形，东西宽约一百五十米，南北长约二百米[5]。湖中按一池三山的形式布列三岛，中间大岛上建有三面围合的廊院，与廓然大公组群在同一中轴线上。正楼面南，上下共十间，外檐额名为"乐景阁"，楼下明间罩上挂"芙蓉晴照"匾对三件。"芙蓉晴照"亦列十六景，是望玉泉山主峰的佳处[6]。西面岛上建一五楹虚受堂，按嘉庆年间《内务府陈设清册》和乾隆时期绘画所示，该建筑为面南而设，堂北为六角形漱烟亭。东面岛上有漪锦亭（图 4.2.2）。

玉泉湖迤东为东宫门，两侧南北朝房各三间，前为牌楼一座。

---

①《新秋玉泉山》，见《清高宗御制诗集》，三集卷九十九，四库全书内联版。

②《嘉庆实录》十七年七月，第一历史档案馆内联版。

③《题静明园十六景·廓然大公》，见《清高宗御制诗集》，二集卷四十二，四库全书内联版。

④中国第一历史档案馆，香港凤凰卫视有限公司：《清代皇家陈设密档·静明园卷（1）》，文物出版社，2016年，305 页。

⑤周维权：《玉泉山静明园》，见《园林、风景、建筑》，百花出版社，2006 年。

⑥《题静明园十六景·芙蓉晴照》，见《清高宗御制诗集》，二集卷四十二，四库全书内联版。如青莲华，其巅相传为金章宗芙蓉殿遗址，名适暗合，非相袭也。

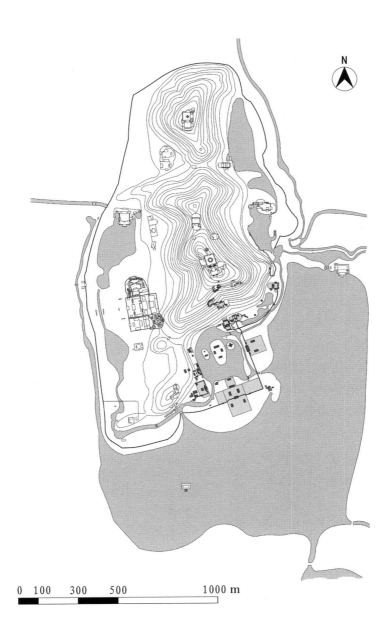

N

0 100 300 500 1000 m

图 4.2.1 玉泉湖、裂帛湖及南峰南坡组群位置示意图

图 4.2.2　张若澄《燕京八景·西山晴雪》所绘玉泉湖局部（采自 http://www.dpm.org.cn/shtml/117/@/7993.html，访问时间 2009 年 8 月 9 日）

玉泉湖东部湖内筑一土堤，北部用一曲桥连接对岸，过桥为一园中园"翠云嘉荫"。"翠云嘉荫"为十六景之一，也是华滋馆门额。《古诗十九首》中有"庭中有奇树，绿叶发华滋"之句，以"华滋"形容枝叶繁茂。华滋馆五楹，后抱厦三间，为皇帝行宫，建筑木构件全部用楠木制成，俗称楠木殿，乾隆常来此处传膳理事。华滋馆后是五间的翠云堂，"园内此堂古，庭阴双桧苍"[1]，这里有两棵相传种于金代的古桧[2]。华滋馆院落东为甄心斋，建筑五楹，南面三间抱厦。建筑后有竹林一片，可谓"诡峰幻窕竹玲珑……山斋信美愧卑宫"[3]，深得乾隆的喜爱。甄心斋向东用曲廊与湛华室连接，湛华室的开间和进深都很小，仅"布席容十笏"，但它门前有一条源于东北裂帛湖的小溪流经，坐在湛华室内观潺潺流水如"石镼梳碧藻，檐影翻清涟"，能够感觉到"座临镜中天"[4]的美好意境。殿后院正北有方亭一座，东为三楹园门。再东有方亭临湖而设。

过仙人台石桥，玉泉湖西岸从北到南依次分布着玉泉趵突、竹炉山房、圣因综绘等组群。玉泉趵突位列十六景：

"亦为燕山八景之一，旧称玉泉垂虹。第垂虹以拟瀑泉则可，若玉泉则从山根仰出，喷薄如珠，实与趵突之义允合……并御制天下第一泉记……泉上碑二，左刊天下第一泉五字，右刊御制玉泉山天下第一泉记，臣汪由敦敬书。石台上复立碣二，左刊玉泉趵突四字，右勒上谕一通。御题

①《翠云堂对雨》，见《清高宗御制诗集》，二集卷七十九，四库全书内联版。
②《题静明园十六景·翠云嘉荫》，见《清高宗御制诗集》，二集卷四十六，四库全书内联版。双桧郁然并峙，相传为金源时植。元吴师道玉泉诗有云：长松古桧见未有。殆即是耶！因树为屋，故以嘉荫为名。
③《甄心斋》，见《清高宗御制诗集》，二集卷六十三，四库全书内联版。
④《湛华室》，见《清高宗御制诗集》，二集卷五十九，四库全书内联版。

龙王庙额曰永泽皇畿。

乾隆十六年闰五月二十九日奉上谕：京师玉泉，灵源浚发，为德水之枢纽。畿甸众流环汇，皆从此潆注。朕历品名泉，实为天下第一。其泽流洞广，惠济者博而远矣。泉上有龙神祠，已命所司鸠工崇饰，宜列之祀典。其品式一视黑龙潭，该部具仪以闻。"①

据《大清会典》记载，乾隆九年（1744年）封玉泉山龙神为惠济慈佑龙神，庙建于静明园内，"正殿三间东向，覆以绿琉璃。门槛丹腹，栋梁金碧，殿阶上下左右御书碑各二，殿前燎炉一"。每年清帝均会"遣官祭黑龙潭昭灵沛泽龙王之神、玉泉山惠济慈佑龙王之神"②两次。龙王庙初建为一殿一卷歇山屋顶，平面近似方形。嘉庆年间《陈设清册》记载殿内供龙王一尊……手持青玉圭……龛上挂御笔"灵源昭应"黑漆金字匾一面。庙南为三间"慈航普渡"佛殿，供接引佛一尊，神台两边供迦叶阿难二尊，殿内挂"智方便"匾一面。

龙王庙之南，循石径而入，为竹炉山房，"南巡过惠山听松庵，爱其高雅，辄于第一泉仿置之，二泉固当兄事"是乾隆皇帝自述的构景原因，室内靠南墙设楠木高香几一件，上设竹炉一件，右边设茶具一份，清帝驾临玉泉山就在这里用天下第一泉的水煮茶饮用。顺爬山游廊向南，即为开锦斋。出开锦斋西南北有三间游廊，尽头为翠太和，建筑形式、尺寸与竹炉山房相同。开锦斋殿后有二山洞并置，北名观音洞，南为地藏洞，观音洞内凿有石雕

菩萨像一尊，洞顶有御书"观自在菩萨"及"念彼观音力能救世间苦"，北壁刻有御书心经一篇，皆为乾隆十八年所刻。

观音洞西面山坡上建凌虚游亭一座，再西为康熙年间修建的赏遇楼，乾隆称其为"千年书楼"，楼上下六间，嘉庆年间楼上悬御笔"俯临万象"匾一面。观音洞之南为建在叠石假山上的三间真武庙"辰居资佑"，左右配殿均三楹，殿前有旗杆两根。殿后为吕祖洞，额曰"鸾鹤悠然"，洞内供吕祖一尊，左右童子两个，南边石台设瓷仙鹤一件。真武庙南为双关帝庙，南殿额为"文经武纬"，内供牌位两座，上刻忠义神武灵佑仁勇关圣大帝。殿内御笔匾三面，分别为"赫若""大丈夫""忠义"，旁供铁偃月刀一口（图4.2.3）。

玉泉湖西岸最南一组建筑名为"圣因综绘"，是仿杭州西湖圣因寺行宫而建的，为一组内向的园中园建筑，地形和建筑形态最为复杂。乾隆在《题静明园十六景·圣因综绘》中叙述了"荟萃西湖行宫八景于山之坤隅，恍揽两高而面南屏，坐天然图画间也"的造景意象。圣因综绘是这组建筑中体量最大者，上下共十间，面南而建。西面是上下六间的层明宇，两楼的二层用游廊连通。层明宇又西为一座重檐四角亭。圣因综绘楼南面有一方形厅堂，名为"写流轩"，轩内风窗上挂乾隆御笔"丹梯碧涧"匾，轩南临一方塘，上架多曲木桥。圣因综绘、层明宇、写流轩和方塘北、东、南

---

① [清] 于敏中：《国朝宫苑》，见《日下旧闻考》，卷八十五，北京古籍出版社。
②《清高宗实录》，第一历史档案馆内联版。

图 4.2.3　张若澄《燕京八景·西山晴雪》所绘玉泉湖西岸局部（采自 http://www.dpm.org.cn/shtml/117/@/7993.html，访问时间 2009 年 8 月 9 日）

三面被围廊环绕，廊东部形态最为复杂，北部和南部二层高的廊子往东转折而下，交汇于坐东朝西的三间敞轩"锦胰廊"处。圣因综绘西跨院一组建筑，后殿五间名为福地幽居。再西有楼名"清襟"，楼后接二层敞廊。"圣因综绘"楼后山坡上假山林立，中有六角形冠峰亭。与整个组群隔河相对的是土地庙一座。

（二）裂帛湖建筑群

裂帛湖在玉泉湖东北，位列静明园十六景，面积不大却久负盛名。裂帛湖光，乾隆帝作诗赞曰："湖名传日下，此日偶重题。谷影风前裂，机声烟外低。睒喁乐鲦鲤，翔翥集凫鹭。讵止歌清浊，还因会筦倪。"该塔在明万历年间的《入跸图》中即已绘出，坐落在方形水池中，池与山之间还修有一座单檐四面亭，其位置对应了清代的"裂帛亭"。

清代裂帛湖西建一六角重檐龙王亭，神台上设五供一件，湖内有八角形镇海石塔一座，该塔为经幢式塔，塔身沉没在湖水中，仅露出刹顶宝珠部分。明代万历年间的《入跸图》中即已绘出，坐落在方形水池中，池与山之间还修有一座单檐四面亭，其位置对应了清代的"裂帛亭"。亭北石壁上刻有裂帛湖三字及四首乾隆御制裂帛湖诗。

裂帛湖北岸紧邻小东门的一组建筑正殿命名为含晖堂，五间东向，内设戏台。临湖有一三楹书斋名为"清音"，它建于康熙年间，匾额为康熙皇帝御笔。乾隆十年，乾隆皇帝作《初夏玉泉山清音斋小憩》

诗一首，并题于沈源所绘《中吕清和》画轴上（图）。《玉泉山杂咏十六首·清音斋》云："数竿竹是湘灵瑟，一派泉真流水琴。净洗闹尘澄耳观，不知何处觅清音。"乾隆游览静明园都从玉河码头下船，从小东门进园，临近门口的含晖堂和清音斋担负着不同的功能：含晖堂"堂门东临玉河，驻舟必至此，为视政之所"[1]；清音斋是小憩、进膳之所，乾隆帝在这里休息后换肩舆上山。

（三）南峰南坡建筑群

南峰是玉泉山最高峰，最高处海拔高152.4米，净高约90米[2]。其南坡由低到高分布着碧云深处、香云法雨、云外钟声、玉峰塔影四组建筑。

碧云深处在翠云嘉荫以北，该组群包括碧云深处、心远阁、倒座书屋、清眺亭、霞绮和静室等建筑以及罗汉洞和水月洞两座山洞，心远阁是玉泉最古阁，乾隆帝经常登阁远眺西山及周围的稻田。

由水月洞循山路北而转东即是香云法雨，香云法雨佛殿内供三宝佛，东西侧各有配殿一座，东配殿名为寄畅轩，乾隆有寄畅轩诗曰："华严洞边方丈居，下临千仞一㧾虚。洞叶绿锁不遮目，岩菺芳重如袭裾。"殿后为华严洞，"洞口岩壁间刻有高宗御制诗，洞内壁间雕镂小佛不可

胜数，或立或坐或趺或卧，云纹缭绕其状，万千中有石龛供石观音一龛，之楣柱间镌御制诗联等"[3]。（图4.2.4）

沿山路向西即为云外钟声，该处得名于唐人张继《枫桥夜泊》"姑苏城外寒山寺，夜半钟声到客船"之句[4]。云外钟声为明代上华严寺旧址，正殿下有资生洞，后循山路向东有伏魔洞。云外钟声东跨院前为妙香室，后为空翠岩（图4.2.5）。

图4.2.4　华严洞壁雕佛像细部（笔者收藏历史照片）

---

①《题含晖堂》，见《清高宗御制诗集》，三集卷八十二，四库全书内联版。
②根据北京市测绘局玉泉山测绘图标注。
③吴质生：《玉泉山名胜录》，兴斌书局，1931年。
④乾隆在《题静明园十六景·云外钟声》诗引中有"园西望西山梵刹，钟声远近相应，寒山夜半殆不足云"之说。

图 4.2.5 张若澄《燕京八景·西山晴雪》所绘南峰局部（采自 http://www.dpm.org.cn/shtml/117/@/7993.html，访问时间 2009 年 8 月 9 日）

二、玉泉山两翼组群（图 4.2.6）

（一）南山建筑组群

玉泉山南山在整个园林的西南隅，其海拔高约 80.4 米，高出周围平原约 20 米[①]，是一片平缓的坡地。南山上主要有绣壁诗态和华藏海寺两组建筑。

出圣因综绘组群，沿玉泉山南部河道向西，河道与南山之间有一组建筑。其中宫门三间，通过曲廊与一座重檐八角亭相连。穿过宫门后沿爬山廊而上，可达三间的栖霞室。沿游廊向西是漱琼斋。穿过漱琼斋循山路往北到达绣壁诗态。

绣壁诗态位于南山中部，因此处石崖巉峭壁立，故取杜甫"绝壁过云开锦绣，疏松夹水奏笙簧"之句命名。绣壁诗态殿三间，北抱厦一间，殿前有亭式房一座，西跨院内有云鹤岑和汉回等建筑。

在绣壁诗态东北山坡上有小型佛教寺庙华藏海禅院，寺院得名于《华严经》中的《华藏世界品》，它描述了毗卢遮那佛居住的华藏庄严世界海和海上的须弥山。正殿内石神台上供铜胎菩萨三尊，殿后有一八方形汉白玉石塔。石塔全身遍布雕刻，内容暗合华藏世界海和须弥山的景象，尤其是须弥座束腰八个面上雕刻的《八相成道图》工艺十分精美。

溪田课耕为十六景之一。园内自垂虹桥（图 4.2.7）以西，濒河皆水田，乾隆帝造溪田课耕一景就是为了问农、观稼。溪田课耕为四合院式建筑，正殿名为课耕

---

①根据北京市测绘局玉泉山测绘图标注。

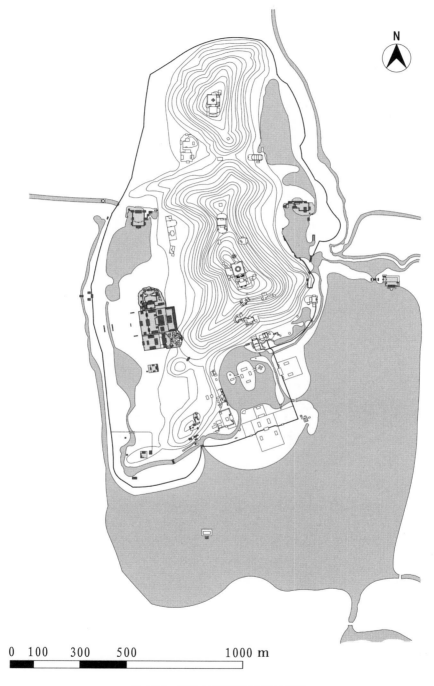

0 100 300 500 1000 m

图 4.2.6 玉泉山两翼组群位置示意图

引泉闻溪町不畦
水车鸣略具江南
意每观春月耕亩
生祥祝福农亩岁
乾隆晴四海吾方
寸怒栽壑岁情

溪田课耕

图 4.2.7　[清]方琮《静明园十六景图屏·溪田课耕》（沈阳故宫博物院提供）

轩，三间向南，院西有瓶式门，东额为"延新爽"，西额为"日夕佳"。院东是四方形远风亭，院西河岸边为迸珠泉，泉畔有一座船形水榭名为真珠船，乾隆在《乘舟至水榭其名曰真珠船因而有咏》中写道：

"迸珠泉畔真珠船，乘舟至此小留连。舟固为行船为止，孰名孰实孰因缘。

古德曾闻倾栲栳，船以载之盛未了。青山碧水自古今，较量是非宁见道。"

从远风亭沿山路向北为水月庵。水月庵佛殿三间面西，南北各有配殿三间。由水月庵向东北有一城关，"城关建自康熙二十年，圣祖御题额曰函云"[1]。城台西面额为"函云"，东为"澄照"。从"函

---

① [清] 于敏中：《国朝宫苑》，见《日下旧闻考》，卷八十五，北京古籍出版社，1981年。

云"向东，万寿山山体被城关门洞完美地"框景"（图4.2.8）。

（二）西翼建筑组群

玉泉山西麓坐落着静明园内规模最大的一组建筑群：最南为佛教寺庙圣缘寺、中为道观东岳庙、北为禅宗园林清凉禅窟。

《日下旧闻考》中记载："圣缘寺正宇为能仁殿，后为慈云殿，左为清贮斋，右为阆风斋。"民国20年（1931年），吴质生著《玉泉山名胜录》中详细记载这里的遗存情况：

"圣缘寺亦西向，其内昔有天王殿、能仁殿以及鹫岭飞云、慈云殿等，皆久倾

圮，惟遗寺后之七级琉璃塔矗立于山坡湖石间，铁鼎兀立于庭而已，其内临幸坐落杆宇有清贮斋、阆风斋等亦均久圮，惟遗败堵峙立于夕阳风雨之间。"

圣缘寺是一组中轴对称的建筑，其山门是一座三开间建筑，身后为天王殿三间、能仁殿五间，殿前有东西配殿各五间；七开间慈云殿，殿左为三开间阆风斋，殿右三间清贮斋后接游廊，尽端为四方亭一座。慈云殿后抱厦面对一座小山丘，其上叠石磴道直通山巅的多宝琉璃塔。

东岳庙又称天齐庙，俗称西大庙，建于乾隆二十三年。乾隆有《仁育宫颂言叠旧作岱庙诗韵（有序）》记述了建庙命名的原由：

"玉泉山西择爽垲地建东岳天齐庙，而名之曰仁育宫。天齐之称见于史记，东岳岱宗则虞帝之所柴望也。今祠宇遍天下，明灵扬诩，理大物博，岂非以仁育万汇，不崇朝而雨天下？语曰：泰山不让土壤，固无往而弗格也。既为碑记以落庙成，兹经过展礼，辄依旧作岱庙韵以成颂言。

出震尊为五岳宗，配黎布濩岂拘封？一拳即是扶桑石，五鬣宁殊汉代松？瑞气氤氲笼玉殿，苍灵肃穆仰金容。云行雨施崇朝遍，常愿休徵佑九农。

巡狩宁当岁屡行？崇祠择近致斋精。天门东望一诚格，阳德中齐万物亨。秩长群神孰可匹？功先六子独称兄。锡禧虽每叨鸿贶，惟励钦承凛旦明。"①

仁育宫门外建三面牌楼，首层门名为瞻乔，第一进园内南北有钟楼、鼓楼两座。二层门名曰岳宗门；仁育宫内奉"东岳天齐大生仁圣帝像"，御题额为"苍灵

图4.2.8 从函云城关看万寿山

①《仁育宫颂言叠旧作岱庙诗韵（有序）》，见《清高宗御制诗集》，二集卷七十六，四库全书内联版。

赐禧"。南北有碑二,左上刻《御制东岳庙碑文》,右上刻《御制仁育宫颂》。其左右各有三楹顺山殿,左名"佑宸",右名"翊元";仁育宫南北配殿南为昭圣殿,北为孚仁殿,正殿后为砖石结构的无梁殿"玉宸宝殿",内供"昊天至尊玉皇大天尊玄穹高上帝像"。又后为泰钧楼,楼下供东岳娘娘像,楼上供五帝,南北转角楼为景灵殿和卫真殿。

清凉禅窟是一组小型宗教园林,"清凉世界"是对远离人间"火宅"的佛家清净之地的代称,文殊菩萨的道场五台山便被称为"清凉山"。乾隆将清凉禅窟比喻为文殊菩萨显世的金刚窟及东晋时在庐山结社的白莲社①。

清凉禅窟正门为南墙正中的垂花门,入门后东西各有围廊将南部分成三个院落,中院正北是清凉禅窟殿,南向五楹,西进间面南供观音大士木雕像,仿制杭州天竺寺佛像制成②。后抱厦三间,面北挂"嘉荫堂"匾一面。乾隆诗云:"古柏千霄上,团团嘉荫连。阴森低石径,朗亮噪风蝉③。"可见这里浓荫蔽日,环境十分幽静。西跨院内有值房两座,八角亭一座,亭下叠石林立,院北有山洞。东跨院内有"挹清芬"三间,耳房两间用游廊与中院相连。清凉禅窟殿后有曲尺形爬山游廊,连接东北的霞起楼和西北的犁云亭。这两座建筑中用云步山石连接,中有仙人桥一座。桥北建有仙人台和圆亭。组群的北墙紧临山脚,呈荷叶边形。

涵漪斋位于玉泉山最西边,与玉泉山别处水源来自泉水涌出不同,它的水来源于园外的引水石渠和东山的泉水。乾隆二十二年(1757年)为了有效利用西山泉水,修建了两道引水石槽,将香山和卧佛寺的泉水引到静明园西墙内,并在此修建了涵漪湖和涵漪斋建筑群。其建筑格局南临涵漪湖,北面有一条水沟。三间宫门建在涵漪湖北岸,门前是御船码头。进宫门便是前院,园中是九间涵漪斋。东西配殿各三间,西边为叠落游廊,南低北高,北端连接三间高台楼飞淙阁。北边游廊正中是三间穿堂,可到达后院。后院正中为七楹练影堂,堂东西建顺山房各三楹。顺南游廊东行,可到达院东的五楹挂瀑檐。从香山引来的泉水,进入西园墙后,在飞淙阁前如瀑布一般跌落下来,又沿园墙北流,绕过重檐四方亭东折,在东山坡下汇入水池,再从石峡泄入涵漪湖中,湖中北部有一座歇山敞厅含峭居,敞厅西南在水中架设的游廊通向岸边的方亭,亭西即为挂瀑檐。

(三)东翼镜影湖建筑组群

镜影湖周围分布着镜影涵虚和风篁

---

①《题静明园十六景·清凉禅窟》,见《清高宗御制诗集》,二集卷四十六,四库全书内联版。佛火香龛,俨然台怀净域,更不问是文殊非文殊。名山结初地,葱苯四邻通。爱此清凉窟,常饶松竹风。花如悟非色,鸟解说真空。比似白莲社,迥与笑彼翁。
②《清高宗御制诗集》,三集卷二十八,《清凉禅窟》中有"室中奉观音大士肖天竺像为之"的注释。
③《嘉荫堂即景八韵》,见《清高宗御制诗集》,三集卷六,四库全书内联版。

清听两组建筑。镜影涵虚在镜影湖西北岸，南有殿名松饰岩，内贴"静者机"和"内朗室"匾两面。松饰岩再北为镜影涵虚石洞，洞内挂"弄珠室"石匾一面。

风篁清听是玉泉山内规模最大的一组水景园中园建筑。出镜影涵虚四方亭向北，在河岸和土坡之间有一敞厅"漱远绿"。穿过敞厅，一座建筑矗立在一层高的石台上，建筑正殿三间朝东名为"飞云峤"，向西出抱厦一间。经飞云峤过一段曲尺游廊到达撷翠楼二层。撷翠楼三间二层，西面紧邻同是三间二层但进深较窄的近青阁，阁西便是五间二层的主楼风篁清听。风篁清听楼和西面的如如室、南面的刱得斋、东南的绕屋双清和宫门之间，用曲尺游廊连接，形成一处较大的院落。院外东南角有叠石假山和四方的重檐得佳亭一座，再南是东西向临湖的三间敞厅延绿厅。

镜影湖南沿山根处有观音阁名为"坚固林"，北为三楹敞厅写琴廊，一段游廊连接了写琴廊和分鉴曲。分鉴曲是由两个六方亭，中连游廊组成。分鉴曲是山东麓湖水分为高下两股流水的地方，乾隆自述：

"玉泉山左亦有泉，却与玉泉各分泻。其泉大小亦不一，汇为平湖东注也。东注出墙会玉河，墙内本自分高下。高者三闸以出之，分灌高田颇弗寡。下者别就五闸出，灌低未可搏跃假。分鉴之曲所以名，渠宁饮漱资吟把。迩来漏卮多就低，高者虑无涓滴洒。长此安穷将害农，是宜设计更张者。治河闻疏不闻雍，斯有事雍风牛马。雍漏原因疏其流，一带高田利耕野。"[1]

他解释道："分鉴曲之水由迤北三孔闸东泻者为高水，资以灌溉高田。由迤南五孔闸东泻者为低水，流入玉河归昆明湖只可灌低田。"

小东门外御路上有石牌楼两座，东楼额题"湖山罨画""云霞舒卷"；西楼额题"烟柳春佳""兰堵苹香"，皆为乾隆御笔。透过两座牌楼明间东望，佛香阁恰好被框入其中。两牌楼之间有石桥一座。牌楼东南建界湖楼一座，台明前出码头，楼上下十楹，西有配殿一座。如今界湖楼、石桥已不存，仅余两座牌楼（图 4.2.9）。

三、"玉峰塔影"建成与高水湖开挖（图 4.2.10）

静明园十六景中的"玉峰塔影"虽然在乾隆十八年（1753 年）就已经规划，但是玉峰塔直到六年后才建成。同年在南宫门外又开挖了南湖——高水湖，并在湖中置影湖楼一座。

南峰最高处为香严寺，即十六景中的玉峰塔影。该组群中路是三间的玉峰塔影殿，殿后为玉泉山定光塔，该塔为楼阁式，八面七层（图 4.2.11）。

乾隆十八年御制玉峰塔影诗云：

"浮图九层，仿金山妙高峰为之，高踞重峦，影入虚牖。窣堵最高处，岌岌霄汉间。天风摩鹳鹤，浩劫镇瀛寰。结揽八窗达，登临一晌间。俯凭云海幻，竭尔忆金山。"

塔在六年之后的乾隆二十四年（1759

---

① 《分鉴曲题句》，见《清高宗御制诗集》，五集卷十三，四库全书内联版。

（a）

（b）
图 4.2.9　界湖楼牌楼
（a）笔者收藏历史照片　（b）牌楼现状（2007 年摄）

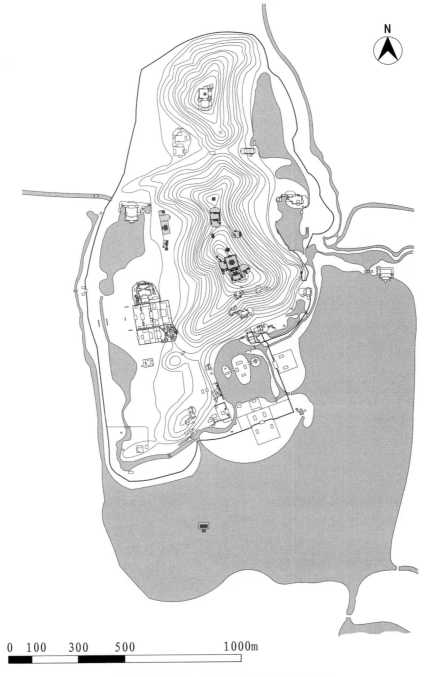

0 100   300   500   1000m

图 4.2.10 玉泉山南峰及高水湖组群位置示意图

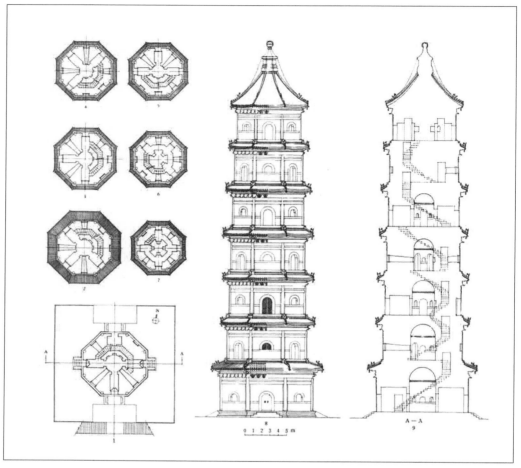

图 4.2.11 玉泉山玉峰塔平面、立面、剖面（采自《中国古代建筑技术史》）

年）年才落成，乾隆皇帝当年初次登塔。塔各层均供有佛像：一层"初地珠标"供财宝天王四尊，二层"二力胜果"供金刚三尊，三层"三摩慈荫"供绿衣救度佛母三尊，四层"四智无遮"，五层"五蕴皆空"供三宝佛三尊，六层"六度圆成"供三世佛三尊，顶层"七宝庄严"供无量寿佛四尊[1]。

香岩寺东跨院有丛云室及鹤安斋。西跨院南为擳云楼、中为普门现、后有殿名妙高台。玉峰塔北侧有一重檐十字亭。

出香岩寺沿山路向北，过三间敞厅翠匦亭，可达峡雪琴音。峡雪琴音位于玉泉山南峰与招鹤亭所在山尖形成的山凹处，乾隆十八年命名静明园十六景，峡雪琴音位列第十[2]。

---

[1]摘自嘉庆二十四年内务府，《静明园丛云室陈设册》，第一历史档案馆。
[2]《题静明园十六景·峡雪琴音》，《清高宗御制诗集》，二集卷四十二，四库全书内联版。

"第一凉"位于静明园东部山坡上，由于坡度较大，只在两个平台和西北角有三组建筑，分别是第一凉主殿丛云室、方胜形凉亭一座、角亭一座。第一凉别称"云椅子圈"。

采香云径为静明园十六景之一，位于清凉禅窟东北方，玉峰塔影西北方山腰，沿山坡蹬道盘行可登山顶。院西随山势建有一道宇墙，宇墙外四方亭周围垒砌起一道虎皮石泊岸。主殿为静益书屋，南北向五间出抱厦，此外还有采香云径、积书岩、静怡书屋等建筑。

静明园南面为高水湖，该湖开凿于乾隆二十四年，于第二年三月竣工[①]。乾隆帝自述开湖原因为"迩年开水田渐多，或虞水不足，故于玉泉山静明园外接拓一湖，俾蓄水上游，以资灌注"。南面湖中有影湖楼："湖之中筑楼五楹，惟舟可通。适因落成，名之曰影湖而击以诗[②]。"影湖楼四面环水，天光、云缕、山容、波态、塔影、钟声、鹤唳、蝉吟、树色、荷香构成了它独特的景色。而每当水城关放水时，放舟激流而下也是十分惬意的，顷刻间便可以到达湖心楼，在此可以欣赏"玉峰塔影近穹外，万寿山光远镜中。秋色梧桐还未老，大田禾黍可希丰"[③]的美好景象。

四、北峰建筑群（图 4.2.12）

静明园的北峰是最迟开发的区域。乾隆三十二年（1767 年）始宝珠湖的开挖，乾隆三十四（1765 年）年北峰西翼崇霭轩的建立是北峰开发的序曲。在乾隆三十六年（1771 年）左右，以妙高寺为中心的北峰建筑群完成。

玉泉山南峰和北峰构成了马鞍形的山体。在乾隆三十六年之前，乾隆皇帝没有来过北峰，他自述："玉泉本双峰，南北对筝峙。南则向恒登，登北今岁始[④]。"对北峰的建设源于对缅战役的胜利，因此在北峰顶仿照缅式塔形象修建了金刚宝座塔和妙高寺。配合对北峰的开发，妙高寺周围的摩崖石刻群、石衢亭、崇霭轩等建筑组群环绕北峰相继建成。为了纪念对缅甸战役的胜利，在北峰峰顶修建了妙高寺及一座缅式金刚宝座塔佛塔妙高塔。"妙高峰"的佛教本意是须弥山，"在藏传佛教建筑中广泛存在着'须弥山'意象，'都纲法式'庙宇及藏式佛塔、金刚宝座塔等均是非常直接的形式语言，其以'曼荼罗'为原型的境界"[⑤]。

妙高寺前建一汉白玉牌楼，额题为"灵鹫支峰"。正殿"江天如是"内供三

[①] 乾隆二十六年十二月十八日，内务府大臣英廉奏折"……静明园宫门外开挖南湖工程用银十五万九千余两，已于上年三月内完竣……"。
[②]《影湖楼》，见《清高宗御制诗集》，二集卷八十八，四库全书内联版。
[③]《湖心楼》，见《清高宗御制诗集》，三集卷六，四库全书内联版。
[④]《肩舆登玉泉北峰》，见《清高宗御制诗集》，三集卷九十九，四库全书内联版。
[⑤] 赵晓峰，《禅佛文化对清代皇家园林的影响——兼论中国古典园林艺术精神及审美观念的演进》，天津大学博士学位论文，2002 年。

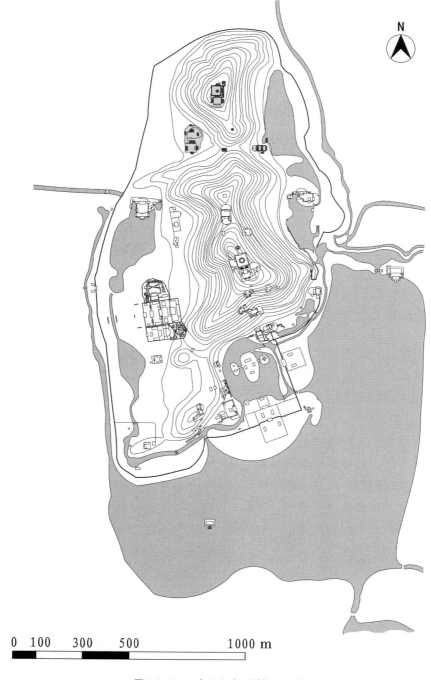

图 4.2.12　玉泉山北峰组群位置示意图

世佛一尊。殿后为妙高塔，它的底部是一座四方形台式金刚宝座，在台座的四面各建有一座悬山卷棚顶的券门。台座上四周设有护栏，中间八角形塔基上矗立着覆钵型的主塔，四角上各立有圆形亭阁式小塔，塔刹细高呈锥形，所以俗称锥子塔（图4.2.13）。宝塔周围是方形围廊，东为远清斋，北是该妙斋，东北为四方形扶云亭。

北峰上除了妙高寺，还有楞伽洞、小飞来等佛教山洞和石窟。楞伽洞在妙高寺东部山腰间，洞口东向洞外峭壁上镂刻八部恶神十余尊。乾隆三十六年御制《楞伽

图 4.2.13　妙高塔（笔者收藏历史照片）

洞》诗云：

"楞伽本是竺国山，何代不翼飞来止。依然诸佛坐峰颠，世间刻镂那办此。玲珑北洞窅以深，调御演经付大慧。达摩云此可印心，那跋陀罗所译是。又如灵鹫识梵僧，是一非二非此彼。时方法雨需滂沱，四山犹自大云起。帝释恭敬天龙喜，下视稻田足新水，利物诚无过斯矣。"

壁间有摩崖"小飞来"三字，这处是仿杭州灵隐寺畔飞来峰密教石刻而成：

"灵鹫本自天竺来，碧眼胡僧识非诳。诸峰罗坐海会佛，一一皆具好与相。玉泉北峰兹初登，亦见薄伽跏趺状。或是飞来分小支，得未曾有喜无量。慧云法雨既磅礴，忍草禅枝相背向。绿塍千顷胜西湖，此是人天真供养。何小何大何同殊，而我繁言益无当。"①

进入洞内壁上仅是石刻佛像，洞一直通向妙高寺西侧，出西面有坐佛三尊，坐佛之间有四位侍者，额为"南无极乐世界安养道场"，不远有石雕五子戏弥勒（图4.2.14）。

由含经堂循山路向西北，半山腰有一方亭石衕亭。这里是乾隆皇帝登北峰休息的地方。"石衕"的名字是由于这里"怪石矗森森，碌硌复玲珑。天然为排衕，小坐万笏丛"②乾隆认为这天然的山石胜过南宋杭州人工而成的排衕石，他写道：

"却笑宋家苑（南宋宫苑，跨凤凰山麓。其地有御教场遗址，双石列峙，旧称为排

①《小飞来》，见《清高宗御制诗集》，三集卷九十八，四库全书内联版。
②《石衕亭》，见《清高宗御制诗集》，三集卷九十八，四库全书内联版。
③《石衕亭》，见《清高宗御制诗集》，三集卷八十三，四库全书内联版。

图 4.2.14　小飞来（笔者收藏历史照片）

第三节　静明园的经营意象

一、山水相依的静明园

（一）水系

1. 从玉泉垂虹到玉泉趵突

位于主峰西南角的玉泉是静明园内最主要泉源。玉泉的水质非常清澈，乾隆曾下令内务府制银斗，较量天下名泉名水，发现玉泉水最轻，且质甘气美：

"水之德在养人，其味贵甘，其质贵轻。然三者正相资，质轻者味必甘，饮之而蠲疴益寿。故辨水者，恒于其质之轻重，分泉之高下焉。尝制银斗较之，京师玉泉之水，斗重一两。塞上伊逊之水，亦斗重一两。济南珍珠泉，斗重一两二厘。扬子金山泉，斗重一两三厘，则较玉泉重二厘或三厘矣。至惠山、虎跑，则各重玉泉四厘。平山重六厘，清凉山、白沙、虎邱及西山之碧云寺，各重玉泉一分。是皆巡跸所至，命内侍精量而得者。"[②]

高质量的玉泉水定为清宫专用，除饮用和酿酒外，祭奠等仪式中也需用玉泉水。北京城门中的西直门，也因为玉泉山来的水车从此入城，而有"水门"的别称。

衙。石见《西湖志》)，移置赀人工。"[③]

顺山道一直向西，山脚下有一组建筑，正殿崇霭轩完成于乾隆三十四年，组群得名于晋陆云"玄晖峻朗，翠云崇霭"之句[①]。南面有一坐东向西的三楹含醇室，西出抱厦一间。与含醇室相对有平台敞厅一座，南北墙贴线法大画两张。崇霭轩后院有河流过，正殿为三楹咏素堂，得名于《论语·八佾》中"绘事后素"之句，北抱厦内有神台，向殿后佛洞供法器、佛像若干。

---

①陆云，字士龙，乾隆在三十五年《题崇霭轩》中写道：作者何人称得宜，云间士龙曾手抗。
②《御制玉泉山天下第一泉记》，见《清高宗御制文集》，初集卷五，四库全书内联版。

由于玉泉水与皇家生活的密切关系，乾隆亲题"天下第一泉"于泉畔龙王庙下（图4.3.1），并将此处命名为"燕京八景"中的"玉泉趵突"所在地。但根据元、明典籍描写推测，"玉泉垂虹"处在山东北部，疑为今天宝珠、涌玉二泉所在地。

乾隆皇帝在皇子时就写过《燕京八景》诗，其中《玉泉垂虹》诗是这么写的：

"涌湍千丈落垂虹，风卷银涛一望中。声震林梢趋众壑。光浮练影挂长空。跳波激石珠丸碎，溅沫飞花玉屑红。自此恩波流处处，公田时雨泽应同。"①

诗中大力渲染了泉水喷涌而出如千丈垂虹的气势，但似乎所用词句都是描写瀑布、飞泉的惯用语句，并未见到玉泉的任何特点。在写《玉泉垂虹》诗之前，弘历曾经写过一首名为《游玉泉山见秋成志喜》的诗，诗中描写其乘坐画舫游览湖光山色，见到郊野农家一片丰收繁忙的景象，也未见其游览玉泉山具体景点。在乾隆十六年（1751年），弘历钦定燕京八景名称和地点，改玉泉垂虹为玉泉趵突。诗序中他写道：

"西山泉皆泆流，至玉泉山势中豁。泉喷跃而出，雪涌涛翻，济南趵突不是过也。向之题八景者，目以垂虹失其实矣，爰正其名，且表曰"天下第一泉"而为之记。"②

乾隆十多年后修正了玉泉垂虹的名字，他认为"垂虹"是从上向下如瀑布般的水流，而玉泉水是由地下涌出，当与济南趵突泉形态类似，因此更名为"玉泉趵

突"。玉泉山神龙祠位于玉泉之上，建成于乾隆十六年，与黑龙潭神龙祠、清漪园南湖岛神龙祠先后成为清代西郊三大祈雨神龙祠。而泉水上建龙王庙是清代皇家园林内一种很普遍的做法，比如香山双井泉、重翠崦泉，碧云寺卓锡泉等都在泉上建庙祭祀龙神。

2. 裂帛湖光

静明园中第二大水源是主峰东部的

图 4.3.1　乾隆御书"天下第一泉"（采自《北平旅行指南》）

---

①《燕京八景之玉泉垂虹》，见《御製乐善堂全集定本》，卷二十四，四库全书内联版。
②《燕山八景诗叠旧作韵之玉泉趵突》，见《清高宗御制诗集》，二集卷二十九，四库全书内联版。

裂帛泉。裂帛泉因其泉水进出声音好似织锦撕裂而得名，在明代是玉泉山主要泉源之一，典籍中普遍描写其泉水东汇形成西湖。甚至将其与西湖当成一处。明代《宛署杂记》称其有"泉逆湖底，状如裂帛，涣然合于湖"；朱彝尊在《日下旧闻》中转《潇碧堂集》称"（华严）寺北石壁泉出，其下作裂帛声，故名裂帛湖"。两种说法都强调了裂帛湖泉水喷涌而出、水量丰沛的壮观景象。乾隆时将其命名为静明园十六景之裂帛湖光：

"山东麓为裂帛湖，昔人谓泉从石根出溢为渠者是也。由昆明湖放舟以达园中，傍岸置纤局，桑畴映带，有中吴风景。"[①]

乾隆时裂帛湖面积不过几丈见方，是静明园诸湖中最小者（图4.3.2）。这也反映了历史上玉泉山—西湖一带水系的变化。由于清漪园和昆明湖工程，与明代两山之间的湿地景观相比，两园水系之间的界限越发清晰。

3. 其他泉源

玉泉山西南为进珠泉，东部有试墨泉，东北为宝珠、涌玉二泉。这三泉名称乾隆朝以前未见，而明代典籍中曾经出现过的龙泉等名则不见了[②]。

4. 连珠形水系

总体来说，静明园山水设置是一种水绕山的形式，即山体在中，水体绕山而成。这种处理手法在清代皇家园林中十分常见，比如西苑内的万岁山、清漪园的万寿山，但是它们的水体面积远大于山体。静明园的山体则远超过水体面积（不包括高水湖和养水湖），但仍然形成了水环山的景象。

玉泉山环山水系由五座湖泊及连接水道组成，由西向东逆时针分别是涵漪湖、玉泉湖、裂帛湖、镜影湖和宝珠湖，南宫门外又有高水湖和养水湖（图4.3.3）。

玉泉湖位于廊然大公以北，是园内南山景区的中心。湖面近似方形，东西宽约150米，南北长约200米，湖中三岛的排

图4.3.2 裂帛湖光（笔者收藏历史照片）

---

① 《题静明园十六景·裂帛湖光》，见《清高宗御制诗集》，二集卷四十二，四库全书内联版。
② 《长安客话》：山有玉龙洞，洞出泉；昔人甃石为暗渠，引水伏流，约五里许入西湖，名曰龙泉。

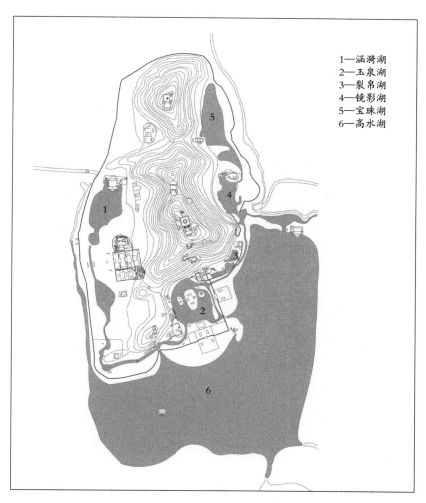

1—涵漪湖
2—玉泉湖
3—裂帛湖
4—镜影湖
5—宝珠湖
6—高水湖

图4.3.3　玉泉山内的连珠形水系

布则沿袭皇家园林"一池三山"的传统格局，中央的大岛上有"芙蓉晴照"一景（图4.3.4）。

　　裂帛湖即"裂帛湖光"所在。这是玉泉山环山五湖中面积最小的一座。湖面狭长曲折，北岸临水的"清音斋"以风动竹篁、泉涌如漱的声音入景，是别具一格的

幽邃小园林。清音斋之北为"含晖堂"，与南北厢房组成院落，紧接于小东门（图4.3.5）。

　　镜影湖是东山景区的重点，湖的西岸一带即"镜影涵虚"。"泉至前除，汇为平池，澄泓见底，荇藻罗罗，轻鲦如空中行，泆流沸出，若大珠小珠错落盘中[1]。"

────────────────

①《题静明园十六景·镜影涵虚》，见《清高宗御制诗集》，二集卷四十二，四库全书内联版。

图 4.3.4　玉泉湖及芙蓉晴照遗址（采自普意雅著，陈红彦编《民国旧影：皇城景致之风景名胜》）

图 4.3.5　［清］方琮《静明园十六景图屏·裂帛湖光》局部（沈阳故宫博物院提供）

湖面呈狭长形，南北长 220 米、东西最宽处 90 米。沿湖建筑环列构成一座水景园，以"风篁清听"为轴心而展开，或倚山，或临水，或跨涧，沿着湖岸的坡地高低错落构成一组主次分明、空间既围合又通透的幽致的园林建筑群（图 4.3.6）。

镜影湖之北为宝珠湖，为乾隆二十三年（1758 年）开挖而成，湖面略小于前者，有泉眼"宝珠泉"。在湖的西岸沿山坡建置"含经堂"共两进院落，前面是临水的船厅"书画舫"和游船码头。游人至此舍舟登岸，循山道可达山顶。

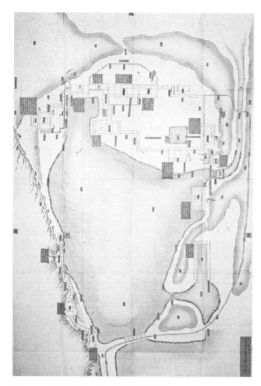

图 4.3.6 静明园内风篁清听图样（原图藏于国家图书馆）

西山景区的涵漪湖面积略小于玉泉湖，北岸临水建"涵漪斋"，斋前设游船码头。

（二）山形

周维权先生评价静明园是"具体而微的名山风景区"[1]，并认为玉泉山"自元明以来即以自然景观的优美著称，历代又都有寺院的建置而略具名山的雏形。乾隆经营静明园即就玉泉山的这一传统特色而大加发挥……建置寺观十一所，佛塔四座，占园内建筑群组总数的三分之一；还开辟了大量的石穴、洞景……结合其他的风景点和精心规划的登山步道，整个玉泉山即呈现出其完整的区域格局，成为名山风景区的具体而微的缩影了"[2]。

1. 宗教建筑

静明园内宗教建筑众多，道教建筑和

图 4.3.7 东岳庙玉辰宝殿（笔者收藏历史照片）

图 4.3.8 左上角为真武庙正殿辰居资佑和配殿文经武纬，右下角为玉泉龙王庙（采自 China 1890-1938 From The Warlords To World War）

---

①周维权：《玉泉山静明园》，见《园林风景建筑》，百花文艺出版社，2006 年，304 页。
②周维权：《玉泉山静明园》，见《园林风景建筑》，百花文艺出版社，2006 年，305 页。

佛教建筑基本平分秋色（表 4.3.1）。佛教建筑中最突出的就是四座形象各异的宝塔及其寺院。道教建筑中规模最大的是玉泉山西麓的东岳庙组群（图 4.3.7），除此之外的道教建筑规模均较小，如玉泉龙王庙、真武庙等（图 4.3.8）。

2. 自然洞窟和摩崖石刻

静明园一带特殊的地理构造使这里不仅泉水丰沛，山体还自然形成众多岩洞。这些洞窟被开发得很早，至静明园时期都被用作宗教石窟（表 4.3.2）。

表 4.3.1　静明园宗教建筑

名称	宗教	位置	建设年代	备注
云外钟声	佛教	玉泉山南峰山半	乾隆十六年	原华严寺
香云法雨	佛教	同上	乾隆十六年	原华严寺
玉泉龙王庙	道教	玉泉湖西岸	乾隆十六年	
慈航普度	佛教	同上	乾隆十六年	
真武庙	道教	同上	乾隆十六年	
关帝庙	道教	同上	乾隆十六年	在真武庙两侧殿各奉关帝，又称双关帝庙
土地庙	道教	南门西侧	乾隆十六年	
裂帛湖龙王亭	道教	裂帛湖	乾隆十六年	
坚固林	佛教	镜影湖南	乾隆十六年	
华藏海	佛教	玉泉山西南峰	乾隆二十年	
三圣祠	道教	园西南角	乾隆十六年	
香岩寺	佛教	玉泉山南峰峰顶	乾隆二十二年	
水月庵	佛教	玉泉山西麓	乾隆十六年	
东岳庙	道教	同上	乾隆二十一年	
圣缘寺	佛教	同上	乾隆二十一年	
清凉禅窟	佛教	同上	乾隆二十一年	
妙高寺	佛教	玉泉山北峰顶	乾隆三十六年	
妙喜寺	佛教	玉泉山西墙外	乾隆二十四年	
总计：18 处，其中佛教寺院 11 处，道教建筑 7 处				

表 4.3.2　静明园宗教洞窟

名称	宗教	位置	备注
吕祖洞	道教	玉泉湖西岸	内供吕祖
华严洞	佛教	南峰南坡	位于香云法雨殿后
观音洞	佛教	玉泉湖西岸	开锦斋后
罗汉洞	佛教	南峰南坡	
水月洞	佛教	南峰南坡	内供观音
资生洞	佛教	南峰南坡	位于云外钟声殿下
伏魔洞	道教	南峰南坡	内供关帝
地藏洞	佛教	玉泉湖西岸	又名光明藏，位于开锦斋后
楞伽洞	佛教	北峰	洞外亦有摩崖造像
总计：9 处，其中南峰南坡 5 处，玉泉湖西岸 3 处，北峰 1 处			

　　静明园南峰南坡有五处石洞，其一华严洞位于香云法雨殿后（图 4.3.9）。洞深约三丈，宽二丈，高丈余，正中有精美的汉白玉石佛龛，龛柱刻有乾隆御书楹联："会蔚适于幽处合，含砑每与望中深。"石洞四壁及洞顶，均就山石雕刻佛像，体量大约在一尺上下，或趺或卧，各不相同，共有上千尊佛像，所以又称为千佛洞（图 4.3.10）。

　　云外钟声殿下有石洞名为资生洞，洞内塑送子观音一尊（图 4.3.11）。顺云外钟声殿东行即伏魔洞，内供关帝。伏魔洞的东下坡有水月洞，洞外有乾隆题额"得大自在"，内额为"水月洞"三字，再东下行为罗汉洞。

　　除了南峰南坡的五处石洞，玉泉湖西岸竹炉山房附近也有三处。开锦斋后有二石洞，北为观音洞，深宽均为两丈，洞壁雕有一尊精美的观音像（图 4.3.12）。洞中有石穴，深杳无底，穴中存有积水，使人不能深入石穴探测究竟。弘历来察也无计可施，写下一首《玉泉山题观音洞》："象胁林园偏大千，偶然趺坐在山颠。壶中弱水三千尺，若个能撑无底船？[1]"观音洞南为地藏洞，洞口题名为"光明藏"。再往南折西有吕祖洞，中供吕祖像。东壁间嵌有石板两方，分别镌刻着弘历的两首诗。

　　不得不提的是，玉泉山内还有一处北京最大规模的摩崖宗教造像群——楞伽洞。楞伽洞贯穿北峰的妙高寺东西，洞内有各式佛教密宗造像。洞东岩壁上雕刻有

①《玉泉山题观音洞》，见《清高宗御制诗集》，初集卷三十，四库全书内联版。

图 4.3.9　华严洞外观（采自《旧都文物略》）　　　图 4.3.10　华严洞内景（日本东洋文化研究所网上资源）

图 4.3.11　资生洞内景（日本东洋文化研究所网上资源）　　　图 4.3.12　观音洞内景（http://www.bjmem.com. cn/literatureView?id=14327468）

八部恶神十余尊以及御笔"小飞来"三字及御制诗；出洞西口为"南无极乐世界安养道场"，石壁上凿刻石佛3尊、侍者4位。稍东又有巨石上刻童子戏弥勒，再西石壁上有佛坐像30余尊，仿效自盘山千像寺。该石雕群总共有佛像及人物上百尊，环拱于妙高寺东西。

玉泉山露天摩崖题刻约为56处，内容多为乾隆御制诗，时间跨度为乾隆十五年到乾隆五十年。

3. 山道

玉泉山的山道也是构成山景的重要组成部分（图4.3.13）。这些山道中，一些建筑组群和点景建筑成为山路系统中的关键节点。比如采香云径，该组群的命名就和山道设置有关：

"由禅窟右转，东北行，磴道盘纡，山苗洞叶，香非馥缘径。

松径招提出，兰衢宛转通。植援防鹿逸，学圃望鱼丰。是药文殊采，非云八伯丛。欲因知野趣，匪事慕莼菘。"[1]

山道的形式也和地形紧密相关，比如北峰南坡的山道曲折蜿蜒，这是由北峰石崖林立的地形所决定的。而南峰山道呈"之"字形循序上升，串联起华严寺、华严洞等主要景点。

二、静明园与西郊园林的视线关系

（一）看与被看

玉泉山的体量和山形与江南一带山丘有类似之处，它拥有三座不同高度的山丘。玉峰塔所在的是最高峰，但也不过90米左右，其他二峰上均有佛寺、佛塔。加上其地处平原之间，更加凸显优美的山体，成为周围园林借景、对景的焦点。

这种借景、对景关系无论是在西面的静宜园，还是在东面的清漪园、圆明园都十分突出。"三山"是道光年间对香山静宜园、玉泉山静明园和万寿山清漪园的统称[2]。三山的高度自西向东是依次降低的，玉泉山是香山和万寿山之间大面积平原地区中唯一的山丘，自然成为两园视线的焦点。

静宜园作为整个西郊乃至北京城的底景，是俯瞰西郊平原的好处所。从静宜园东望的一个关键景观就是玉泉山。玉泉山本已是西郊平原上的高地，但从香山俯视，"玉泉一山，蔚若点黛"[3]（图4.3.14），乾隆多次提到登上香山后对玉泉山的感受，如：

---

①《题静明园十六景之采香云径》，见《清高宗御制诗集》，二集卷四十六，四库全书内联版。
②道光时期的朱批档案中已经将三园统称三山。
③《静宜园二十八景诗之青未了》，见《清高宗御制诗集》，初集卷三十，四库全书内联版。

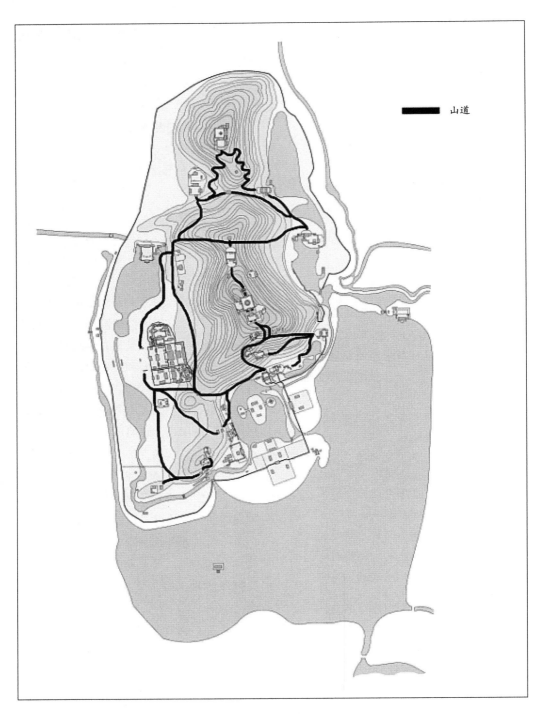

山道

图 4.3.13　静明园主要山道示意图

图 4.3.14　20 世纪 80 年代从香山鸟瞰玉泉山（采自《颐和园文物保护规划》图版）

图 4.3.15　从栖月崖鸟瞰玉泉山（2010 年摄）

"我初游玉泉，云巘固巳陡。今自香山看，如垒嵬培塿。乃悟境无穷，学问戒株守。万殊理则然，扩充吾何有。"①

而香山一些景点如青未了、栖月崖均是鸟瞰玉泉山的好去处（图 4.3.15）。

清漪园和玉泉山的借景、对景关系则更加显著（图 4.3.16）。可以说玉泉山是清漪园西部主要的景观，园内许多景点的营造都围绕其展开。比如万寿山西部的湖山真意敞厅，建筑运用框景的手法将玉泉山整个优美的山体纳入其中，是万寿山上观玉泉的最佳处（图 4.3.17）。再如长廊西部的鱼藻轩，突出水面的建筑与玉泉山保持了良好的视线关系，在此观景能将湖

①《望玉泉山》，见《清高宗御制诗集》，初集卷四十一，四库全书内联版。

图 4.3.16　玉泉山与颐和园的视线关系分析（采自《颐和园文物保护规划》图版）
1.自东堤玉澜堂前看西堤全景　2.自观景弧线上看西山美景（下、右）　3.自 C 点夕佳楼看西山晚景（右下）
4.自 E 点嘉荫轩沿后溪河看玉峰塔（上）　5.自 D 湖山真意西望玉泉山（右）
颐和园以西景观控制范围强度分析图

图 4.3.17　从湖山真意看玉泉山（2007 年摄）

图 4.3.18　从鱼藻轩看玉泉山（作者收藏旧照）

光塔影一起收入眼中（图 4.3.18）。

　　虽然不及静宜园和清漪园与玉泉山关系紧密，但圆明园中与西部山峰的视线关系也是相当丰富的。乾隆曾经这样描写

玉泉山：

　　"何须大小论山姿，佳处幽偏各擅奇。岩馆揭来寻逸句，风清月白晓秋时。芸阁开窗小憩闲，恰从云里看香山。御园

①《自香山回圆明园便道玉泉山小憩》，见《清高宗御制诗集》，初集卷三十三，四库全书内联版。

回望拈吟处，又在白云缥缈间。"①

不仅玉泉山，西山诸峰与圆明园形成了相当有层次的远近关系，比如万寿山和玉泉山与"两峰插云"，层叠的西山诸峰与"西峰秀色"等等。

玉泉山不仅可作为"被看"的焦点，它也能够成为"看"的载体。其中东望昆明湖是静明园营造的重要意象之一，比如山巅上的"峡雪琴音"中的鼋画窗和俯青室，二者均朝东开窗，可以俯瞰清漪园。而玉泉山西望，则有屏风般的香山和大片农田：

"纵目香山似画图，昨朝眺此画不殊。可知美起乎望彼，大都慢生于故吾。濯濯翠岩悟开士，方方绿麦欣农夫。云径延绿采香去，定须逢着伫乔徒。"①

玉泉山无论是从"被看"的角度还是从"看"的角度，都是西郊园林借景、对景关系的中心。除了自身地理条件外，静明园内四座宝塔起到了关键的作用，宝塔作为园林中重要的点景建筑，起到了竖向构图的作用，丰富了玉泉山的天地轮廓线。

与清代其他皇家园林相比，静明园内塔的密度最大（表4.3.3），更加突出体现了其点景性质。

从表4.3.3中可见，清漪园、静明园两座不担负居住功能的园林中塔的数量较之其他园林更多，这也体现了这些主要功能不同的皇家园林在设计上的侧重点。从整个西郊范围内看，玉泉山塔，尤其是南北二峰上两座规模较大的塔，其风景塔的意象超过了直接的宗教含义，成为西郊园林视线焦点。

（二）峡雪琴音

1. 乾隆时期的峡雪琴音

峡雪琴音是静明园十六景之一（图4.3.19），其最初的规划始于乾隆十八年。到乾隆二十一年，该建筑组群才初步建成，

表 4.3.3　几座清代主要皇家园林内塔数量对比

园林名称	园林面积（km²）	塔的数量
圆明园	3.5	1
避暑山庄	5.6	1
西苑	1.7	1
静宜园	1.6	1
静寄山庄	1.7	0
清漪园	2.9	5
静明园	1	4

①《清高宗御制诗集》三集卷十三《纵目》，四库全书内联版。

图 4.3.19 [清]方琮《静明园十六景图屏·峡雪琴音》局部（沈阳故宫博物院提供）

表 4.3.4　静明园峡雪琴音建筑布局

建筑名称	建筑开间	建筑朝向	屋顶形式	匾额
峡雪琴音	5 间	南北		丽瞩轩
后罩殿	3 间	南北		
俯青室	3 间	东西		俯青室
看戏房	5 间	东西		
卷画窗	5 间	东西		卷画窗
清吟	2 间	东西	平台	清吟
平台房	5 间	东西	平台	
招鹤亭			重檐四方亭	
翠匜亭	3 间		歇山	

正殿被命名为丽瞩轩。乾隆二十六年，乾隆题组群东部俯青室匾（表 4.3.4）。

峡雪琴音前后两进，前殿是五间的丽瞩轩，后殿是三间的后罩殿。组群东西向的房间较多，因为这组建筑所在最适于眺望，因此许多房间都向东、西开窗，包括三间的俯青室、五间的卷画窗、二间的清吟、五间的平台房等。峡雪琴音内还有小型戏台一座，位于五间转角的看戏房内（图 4.3.20）。

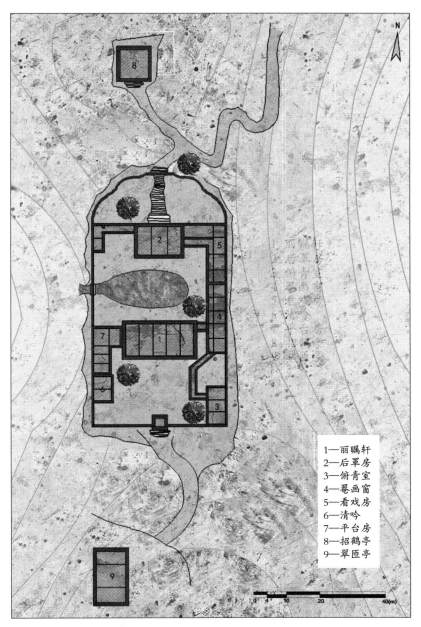

1—丽瞩轩
2—后罩房
3—俯青室
4—罨画窗
5—看戏房
6—清吟
7—平台房
8—招鹤亭
9—翠匝亭

图 4.3.20　乾隆时期峡雪琴音平面示意图（杨菁、魏欣华绘）

2. 组群设计意象

1）节点

峡雪琴音所在的山坳是连接玉泉山前山、后山及山左、山右交通的最重要节点。乾隆在御制诗中称：

"虚窗面面听松涛，峰顶开轩据最高。碧涧深潭常在望，春风秋月总宜遭。每因物表延遥寄，似与天游得静陶。一岁不过三两至，攀跻率虑众人劳。"

诗中称峡雪琴音是登山途中休息之所，的确其位置位于整个静明园中部，又是山脊上唯一的非宗教建筑。香岩寺是玉泉山最高处建筑组群，由山南坡及南湖区建筑引出的山路均交汇于此。出玉泉山主峰上的香岩寺组群最北的方亭，有一条延山脊方向的路，向北可以到达山东坡的"第一凉"和路西的"翠匝亭"，最后到达峡雪琴音院落南门。出峡雪琴音北面的穿堂殿，延山脊的道路可达招鹤亭。招鹤亭和峡雪琴音之间两条山路呈十字交叉，一条往北到招鹤亭而止；另一条东西向的登山步道，是连接玉泉山西部和东部的主要路线。这条步道两边起始点是玉泉山东西最大规模的两组水景园中园。东面为风篁清听，西面为涵漪斋。西坡山势较东坡稍缓，因此步道较长，山脚下有一组建筑"采香云径"。玉泉山中部所有景点均是由这条横贯山东西的道路连接，峡雪琴音则是道路上的关键节点。

2）转换点

除了是整个玉泉山山道系统的重要节点外，峡雪琴音还是玉泉山南北两峰的景观转换点。玉泉山的南峰与北峰有着极为鲜明的景观差异。南峰和南坡建筑均为汉地风格，带有清秀的江南水乡风貌：

"七层穹塔自攀跻，登罢聊来小憩兮。此亦玉峰最高处，堵波相较又为低。

法轮回望白云中，一听风铃万虑空。过雨山枫迷径绿，入秋岩卉耐时红。

秋晓登临似去年，清河遥见石槽连。驾言巡狩仍由此，已觉先期兴勃然。

云穹四面纵观宜，绣壤回青宝露滋。半岁一来片刻去，高轩笑我是何为。"[1]

北峰则围绕缅式的妙高塔展开，再北的金山及红山口一带上分布着西大昭、西小昭、北大昭、东大昭、东小昭等藏式庙宇，山脚下则是香山健锐营的镶黄旗、正白旗、正蓝旗等兵营及藏式碉楼。非汉地建筑元素使得北峰及周边笼罩在强烈的异域宗教色彩中。

3）眺望点

罨画窗和俯青室均朝东开窗，可以俯瞰昆明湖。罨画窗之名源自避暑山庄，取湖山罨画之意：

"避暑山庄北峰下有书斋名霞标，其旁为罨画窗，此室即仿彼命名[2]。"

"避暑山庄霞标书室窗名之曰罨画，自此凡遇胜处辄以名之[3]。"

"肩舆取暇陟云衢，憩众因之摘句吾。那识此窗名罨画，分明眼底看西湖[4]。"

---

① 《丽瞩轩小憩》，见《清高宗御制诗集》，二集卷八十八，四库全书内联版。

② 《罨画窗》，见《清高宗御制诗集》，三集卷五十八，四库全书内联版。

③ 《罨画窗》，见《清高宗御制诗集》，三集卷六十七，四库全书内联版。

④ 《罨画窗》，见《清高宗御制诗集》，三集卷十二，四库全书内联版。

俯青室也是观看四面湖山景色的好去处：

"丽瞩轩旁十笏室，山巅讶似嵌岩围。俯青名实今来副，濯雨峰姿翠霭飞。"[1]

峡雪琴音不仅是眺望点，由于其所处位置对玉泉山的山体进行了补完，因此也成为静明园一处显著的风景。

3. 光绪年间的峡雪琴音

静明园 1860 年遭劫之后，基本建筑还未受到破坏。据同治三年（1864 年）内务府《静明园堪用陈设清册》和《静明园不堪用陈设清册》记载，此时峡雪琴音、俯青室、看戏房、罨画窗、清吟、招鹤亭等建筑仍存，且内有大量陈设。

但是峡雪琴音所处位置平日山风较大，加上残留建筑未得维护，在同治十一年（1872 年）的《三园现存坍塌殿宇空闲房间清册》中已未见峡雪琴音相关建筑的记载。其后光绪六年（1880 年）的《静明园现存残旧破坏不齐陈设什物印册》记载，峡雪琴音的建筑匾额都存放在清音斋。可见此时建筑已经基本不存。

光绪年间对峡雪琴音进行了重建，并设计了多版方案[2]（图 4.3.21）。与乾隆时期的建筑相比，光绪方案保留了峡雪琴音组群外部形态，但内部建筑布局变化较大。乾隆时期的布局更加灵活，内部空间也较丰富，布置了戏台、仙楼等。但光绪方案加强了组群东部的连续性，强化了向东观景的意象。从现存历史照片看（图4.3.22），西侧房屋甚至未被重修，这也充分体现了重建后的峡雪琴音和颐和园的紧密关系——西部建筑体量缩小，保持东部开窗和体量的连续性。峡雪琴音和招鹤亭建成后，1900 年曾被意大利军队占领，随后招鹤亭被山风吹垮。中华人民共和国成立后，峡雪琴音再次重建。

总之，峡雪琴音建筑群对于静明园的整体规划和形象都有着举足轻重的作用：首先，它是静明园山道的交汇点；其次，它是南北峰不同景观之间的过渡。峡雪琴音在设计中还有一个突出的特点，就是东部俯青室、罨画窗与清漪园（颐和园）的对景关系。从峡雪琴音可以俯瞰东部的昆明湖，而从清漪园看玉泉山，由于有了峡雪琴音，静明园山体更加完整、优美。峡雪琴音也是充分体现静明园建筑"看与被看"特点的一组建筑。

三、 静明园四塔

乾隆二十四年静明园定光塔，也称玉峰塔正式建成。七层定光塔高耸入云的形象，彻底改变了原先静明园以水景为中心，内向型的园林结构。乾隆三十五年北峰的

---

①《俯青室》，见《清高宗御制诗集》，三集卷十二，四库全书内联版。
②详见杨菁，王其亨：《解读光绪重修静明园工程：基于样式雷图档和历史照片的研究》，载《中国园林》，2012 年 11 月，117~120 页。

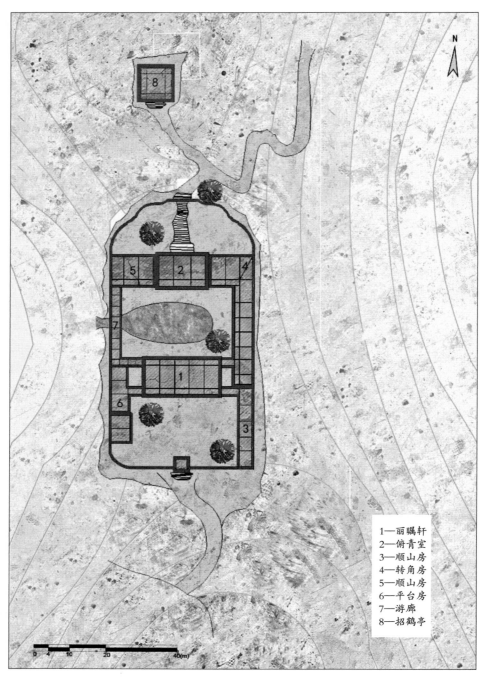

图 4.3.21 光绪时期峡雪琴音重建方案平面示意图（杨菁、魏欣华绘）

1—丽瞩轩
2—俯青室
3—顺山房
4—转角房
5—顺山房
6—平台房
7—游廊
8—招鹤亭

图 4.3.22　20 世纪 30 年代的峡雪琴音（笔者收藏历史照片）

妙高塔完成，玉泉山更呈现出双峰对峙的景象，二塔并立的形象。加上山右的圣缘寺多宝琉璃塔、南坡的华藏海塔，玉泉山"塔山"的形象十分突出，成为西北郊的景观标志之一（图 4.3.23、图 4.3.24）。

（一）香岩寺定光塔

1. 建塔风波

乾隆十八年（1753 年），清高宗弘历作《御制题静明园十六景诗》，其中第十一景为"玉峰塔影"。相应御制诗是这么描写的："浮图九层，仿金山妙高峰为之。

高踞重峦，影入虚牖①。"可见乾隆皇帝在兴建定光塔之初，是计划建一座九层高塔的。早在乾隆十五年（1750 年），东部清漪园大报恩延寿寺工程即已开工。乾隆十六年（1751 年）《御制万寿山诗》有"命之曰大报恩延寿寺，殿宇千楹，浮图九级"之句。可见大报恩延寿寺的建塔计划也是九层，且早于定光塔开始进行。与玉峰塔同年，北海大西天琉璃塔也在年末时开始建设②。因此乾隆十八年前后，北京皇家园林中有三座大型佛塔同时兴建。这三座塔如果都按照预定计划完成，那么将会是十分壮丽的景观，尤其是万寿山和玉泉山上两座 9 层高塔，一旦完成，北京西北郊会出现类似于杭州西湖"两峰插云"的景观。

①《题静明园十六景之玉峰塔影》，见《清高宗御制诗集》，二集卷四十二，四库全书内联版。
②见《内务府奏销档》，乾隆十八年十月至十二月份，十月十八日奏请银两事，第一历史档案馆。

图 4.3.23　玉泉山四塔位置（图底来源：笔者收藏旧明信片）

令乾隆皇帝始料未及的变故发生了：乾隆二十三年（1758 年），大报恩延寿寺塔和大西天琉璃塔工程同时出现严重事故，两塔已建部分均不得不停工拆毁。根据《内务府奏销档》记载，大报恩延寿寺塔拆毁了已建的八层，第九层还未来得及修建。大西天琉璃塔建至第四层即被火烧毁，仅存塔台一座，同时受到波及的还有附近殿宇、楼座十七座，总共一百二十一间，及碑亭二座。

如此沉重的打击不仅造成了财政上的损失[①]，也严重影响到乾隆皇帝对北京西北郊建设的宏观规划。因这两起工程事故，他作《志过》诗一首，反思自己大兴土木的行为：

"延寿仿六和，将成自颓堕。梵寺肖报恩（大西天明时所有梵刹也，其北欲效江宁为报恩塔），复不戒于火。初意缘祝厘，佛力资善果。虽弗事徭役（本朝凡百工役皆发帑，和雇从不加派闾阎），究属勤工作。慈寿天地同，宁藉象教移。此非九切亏，天意明示我。无逸否转泰，自满福召祸。惟是面禄延，遗迹春明颇。聊将剔灰烬，率与除□堁，苟完仍旧观，地因邻驮娑。罢塔永弗为，遂非益增过。志兹能改心，讵云君子可。"[②]

---

①据《内务府奏销档》，乾隆二十三年八月至十月份记载：万寿山工程损失折银五万七千六百二十一两；大西天工程损失折银更达到约三十七万两之巨，第一历史档案馆。
②《志过》，见《清高宗御制诗集》，二集卷七十七，四库全书内联版。

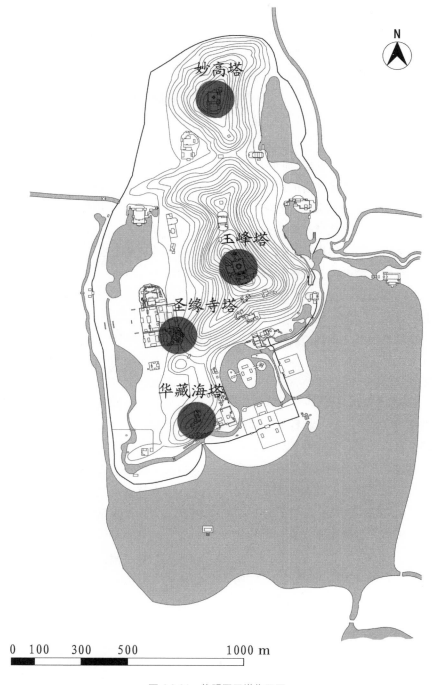

妙高塔

玉峰塔

圣缘寺塔

华藏海塔

0 100 300 500 1000 m

图 4.3.24 静明园四塔位置图

诗中提到延寿塔系仿杭州六和塔，即将建成时出现倾覆而被迫拆除。大西天塔是肖南京报恩寺塔，但却失火烧毁。诗中还特地提到《春明梦余录》，说该书中曾提到北京西北不宜建塔。

乾隆二十四年（1759年），三塔仅存的静明园定光塔建成，但是该塔并未像乾隆御制诗中描写的塔身九层，而是七层。他在塔建成后作诗阐述定光塔的原型是浙江镇江金山江天寺的慈寿塔[①]。乾隆自己没有提到这次改动，但从延寿塔建至八层而出现倾覆来看，玉峰塔设计上的这次变动，应该是吸取了清漪园工程的教训而改九为七的。一年以后，清漪园大报恩延寿寺塔基上竖立起了高阁一座，两座九层高塔擎天对峙的景象终未出现。

2. 双塔对峙

"西湖十景"中有一景名"两峰插云"，即天目山东走，其余脉的一支，遇西湖而分弛南北形成西湖风景名胜区的南山、北山。古时南高峰与北高峰均在山巅建佛塔，遥相对峙。康熙帝改"两峰插云"为"双峰插云"，建碑亭于洪春桥畔（图4.3.25）。

乾隆九年（1744年），圆明园内建"两峰插云"于福海北岸（图4.3.26），并未

见任何资料明指这两峰确切名称，但考虑到圆明园所处的位置，应为西山群峰中的两座无疑。试想如果玉峰塔和延寿塔顺利建成，那么这两座山峰和宝塔将成为西北郊夺目的地标，而圆明园中"两峰插云"的意象将会十分明显。可惜这一构思未能实现，玉峰塔造成独塔高矗的景观天际线。

乾隆三十四年（1769年）清军入缅，其后针对玉泉山北高峰的建设全面展开。乾隆三十六年（1771年）在北峰兴建妙高寺，寺正中有一缅式金刚宝座塔——妙高塔，乾隆皇帝也于同年初登北峰。他在御制诗中写道："玉泉山固起双峰，一南一北对雄峙。今朝霁雨翻银江，两点金焦未殊此[②]。"诗中把玉泉山南北二峰比作金山和焦山。镇江金山和焦山均在扬子江中，两山相距15里（7.5千米），与北固山一起被称为"京口三山"（图4.3.27）。金山上有大量的宗教建筑，因此有"寺包山"之称。

而后的御制诗中，又道："南北两峰各峙塔，缀景本肖明圣湖。圣湖北存南早圮，有成象者坏冉无[③]。"明圣湖即杭州西湖，"北存南早圮"所指的二塔，应是南北高峰上原有的古塔，董邦达绘有《双峰插云》轴一幅，上二塔一存一废。诗中应是将玉泉山二峰、二塔和昆明湖组合在一起，仿效杭州西湖及南北高峰二塔的意象。

[①] 详见《登玉泉山定光塔二十韵》，见《清高宗御制诗集》，二集卷八十八，诗中有"仿自金山寺（是塔肖金山寺塔为之）"之句。

[②]《妙高寺》，见《清高宗御制诗集》，三集卷九十八，四库全书内联版。

[③]《眺穹塔未登》，见《清高宗御制诗》，四集卷二十七，四库全书内联版。

图 4.3.25　杭州西湖康熙"双峰插云"御制碑（2007年摄）

图 4.3.26　［清］余省《无射戒寒》局部，图中建筑为圆明园两峰插云（采自《故宫藏画图录》十三册）

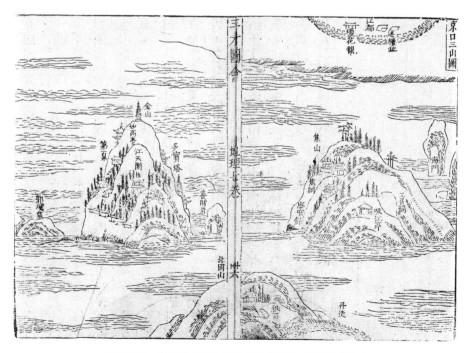

图 4.3.27　京口三山图（采自《三才图会·地理七卷》）

3. 效仿金山

乾隆对妙高塔建塔有这样一段论述："塔建峰巅，仿金山妙高峰之制，因以名之[①]。"他将南、北双峰对峙比喻成镇江的金山、焦山。在清代皇家园林的设计中，"数典金山"是一种典型的设计手法：南峰上的玉峰塔影、妙高室、避暑山庄小金山、妙高堂，盘山金山寺，北海琼华岛北麓楼台等都以镇江金山为原型。

玉泉山与金山在很多方面都有效仿关系：第一，玉泉山定光塔写仿自金山慈寿塔；第二，定光塔后妙高台的命名是取自金山妙高台；第三，北峰核心寺院名为妙高寺；第四，妙高寺正殿名为"江天如是"，这明显是对康熙南巡时赐名金山寺

"江天一览"的呼应；第五，金山脚下有中冷泉，曾经被陆羽《水品》誉为"东南第一水"，而玉泉则被乾隆命名为"天下第一泉"；第六，妙高寺下有楞伽洞，金山妙高台有楞伽室。

玉峰塔的营建过程经历了初时更改层数的风波，最终一座七层高塔矗立峰巅，成为远近园林视线的焦点（图4.3.28）。

（二）华藏海塔

1. 浮雕之塔

华藏海塔是一座全部用汉白玉制成的八角七层密檐塔，高约12米[②]。塔原

图4.3.28　民国时期的玉峰塔航拍（笔者收藏历史照片）

①《诿妙斋戏题》，见《清高宗御制诗集》，余集卷二，四库全书内联版。
②所有塔的数据均根据历史照片推断。

耸立在华藏海寺中，寺院在 1860 年后逐渐倾圮，仅 1873 年左右一张老照片上还可窥得原貌（图 4.3.29）。华藏海塔最大的特色就是塔身遍布精美浮雕。

塔座为八角形须弥座，直径约 2.5 米。须弥座的土衬上雕刻有大海的图案，海中有龙、海狮、海马等海兽出没。下枋图案为缠枝西番莲，间有飞翔的凤凰。其上为覆莲状的巴达马。下枭也雕有西番莲，中有狮子戏耍其间。束腰部分雕有释迦牟尼《八相成道图》，从正南开始，并顺时针绕塔一周，按顺序分别为"白象入梦""太子降生""四门出游""逾城出走""修法成道""初次宣法""战胜魔王""涅槃示寂"。束腰每个角上都雕有一尊力士像。上枭是西番莲中有凤凰，上枋为狮子

和西番莲。整个须弥座遍布浮雕，连方涩条都雕刻上了植物纹样。

塔台上置有三层仰莲，莲瓣上均有雕刻，第二层莲瓣最为饱满，每瓣上有一个力士像，瓣瓣不同。莲台上是七层宝塔，第一层高约 1.5 米，直径大约 2 米。塔身八面，每面均雕有一尊神像。正南面雕有释迦牟尼菩萨装太子像，正西是文殊菩萨像，正东为普贤菩萨像，正北则是观世音菩萨像，其他四面是四位护法金刚像。一层塔身檐下部分没有雕刻成仿木建筑檐下的形式，而是八幅祥云图案，云中有飞天游弋其间（图 4.3.30）。

一层塔身以上是七层密檐式塔檐，塔檐均按照仿琉璃瓦屋面形式雕成。前五层檐之间的塔身上每面都有一尊趺坐在圆光

图 4.3.29　华藏海寺和华藏海塔旧影（采自《中国之旅·俄国科学贸易考察团影集，1874—1875 年》）

图 4.3.30　华藏海塔细节（采自汉茨·冯·佩特哈墨尔 *Pekin*）

和祥云间的佛像，共40尊。第七层塔身八面为祥云图案。整个塔收于覆钵型的喇嘛塔式塔刹。

可以说，除了塔刹、塔檐和塔身上的仿木梁柱这少许几种构件上没有浮雕装饰外，其他的部分都密密麻麻地凿有各式浮雕，华藏海塔是名副其实的浮雕之塔，是乾隆时代石雕装饰的代表作之一。

2. 世界模型

这座全身布满雕刻的塔，还有其宗教上的象征意义。华藏海塔和禅院的名称出自佛教《华严经》中的《华藏世界品》。经文中借普贤菩萨之口，描述了大日如来佛居住的华藏庄严世界海和海上须弥山的构成。

经上说此世界是由层层风轮在虚空中支持一个"普光摩尼香水海"，海中有一朵大莲花，华藏世界海就安住在此大莲花之中。华藏世界海周围有"金刚轮山"围绕。山内所有大地皆金刚所成，中有无

数的"香水海"与"香水河"。在这些数量众多的"香水海"中，有很多"世界种"安住其中，每一世界种之中，有无数"世界"安住其上。

总之，华严经中描述了一个极为庞大、复杂的世界构成模型，整个世界被看成大日如来佛的显现，由此而衍生出"十方诸佛"的思想，成为一种重要的佛教世界观。宗教建筑中对这种思想也作出了相应的反映，最形象、最直接表现这种世界观的莫过于花塔（图4.3.31、图4.3.32）。

花塔塔身部分完全抛弃了仿木建筑结构，在呈笋形的表面布满层层叠叠的微缩建筑、佛像、神兽等等，这种建筑多见于辽、金时代以北京为中心的地区。辽、金是华严宗较为兴盛的时期，花塔的大量出现或与华严世界的观念相关，它们用一种立体的视觉语言表达宗教义理。

华藏海塔按照形式分类为密檐式塔，但其塔身的雕塑符合华藏海世界的构成观：塔基土衬上的海纹和海兽图案代表了"香水海"，而莲座上所托起的塔身，以

图 4.3.31　北京金代镇岗塔塔身局部（2006年摄）

图 4.3.32　甘肃敦煌成城湾花塔塔身局部（2013年摄）

图 4.3.33　南京栖霞寺塔（2018 年摄）

图 4.3.34　玉泉山华藏海塔（笔者收藏历史照片）

及上面的诸多佛像则象征了莲花上的各种世界。可以说虽然形式不同，但是华藏海塔用自己的建筑、装饰语言表达了对宗教世界观的理解。

3. 写仿栖霞

　　华藏海塔和早期的花塔都表达了华严世界的观念，但从塔的形式来讲，则有更直接的写仿原型——南京栖霞寺舍利塔

（图 4.3.33、图 4.3.34）。德国学者柏世曼[1]和日本学者伊东忠太[2]均对比过它们，伊东忠太认为二者构想非常相似，华藏海塔恐怕是模仿栖霞寺塔而建。柏世曼则将其划分为密檐塔[3]中的小型石塔，此类塔除二者外还有杭州西泠印社内的华严塔。

　　乾隆皇帝虽然没有在御制诗中写明华藏海塔与栖霞寺塔的关系，但在塔西南方的山脚，有一组建筑，正殿名为栖霞室（图 4.3.35）。乾隆在多首御制诗中明确

① Ernst Boerschmann : *Pagoden in China* : *Wiesbaden Harrassowiz Verlag*，2016，248-271.

②伊东忠太原著，中国建筑工业出版社改编，刘云俊、张晔，译：《中国古建筑装饰（上）》，中国建筑工业出版社，2006 年，272 页。

③柏世曼将此类塔定名为"Tienningpagoden"，以北京辽代天宁寺塔命名。

道出了写仿关系，如乾隆三十三年的《栖霞室口号》①：倚岩幽室俯溪光，启迪诗情迥异常。恰似摄山春暮月，静含太古坐书堂（栖霞行宫内有太古堂）。诗中的摄山即栖霞山，位于南京城东北22公里（22千米），南朝时建有栖霞精舍，因名栖霞山，乾隆时在栖霞山建有栖霞行宫（图4.3.36）。

（三）圣缘寺多宝塔

1.三座多宝琉璃塔

圣缘寺位于静明园西部，北邻东岳庙。寺庙序列最后是一座建于山坡上的琉璃塔，全名为圣缘寺多宝琉璃塔。在乾隆皇帝兴建的西郊诸园中共有三座形式类似的多宝琉璃塔：清漪园花承阁多宝琉璃塔、静明园圣缘寺多宝琉璃塔、长春园法慧寺多宝琉璃塔（图4.3.37）。

在北京颐和园的后山东部，有一座兴建于乾隆十九年（1754年）或更早的建筑组群——花承阁，阁南为塔院，内有"多宝塔"一座，塔前为二柱牌楼门，再北为御制《多宝塔颂》石碑。该塔是一座阁楼式与密檐式相结合的塔，塔身呈不等边的八角形，上下共分七级，通高16米。整个塔身都是用黄绿青蓝紫五色琉璃砖镶嵌而成的，坐落在一层汉白玉须弥座上。

静明园的多宝塔和清漪园的形式相同，只是圣缘寺多宝琉璃塔上镶嵌的佛像多一些：圣缘寺各层佛像数为一层（9+5）×8，二层（7+4）×7，三层（5+3）×6，小佛像共680个，大佛像12个；花承阁各层佛像数为一层（9+5）×7，二层（7+3）×6，三层（5+2）×5，小佛像共556个，大佛像12个。

长春园多宝塔形式和它们区别较大，第一层为四方形，二层为八方式，顶层为类似天坛祈年殿的圆形三重檐顶。

图 4.3.35　静明园内的栖霞室组群（方琮《静明园十六景图屏》，沈阳故宫博物院提供）

图 4.3.36　乾隆栖霞行宫遗址（2018年摄）

---

① 《栖霞室口号》，御制诗三集卷七十二（御制诗三集总目九），戊子。

（a） （b） （c）

图 4.3.37 北京西郊三座多宝琉璃塔（采自《颐和园保护规划》图版）
（a）清漪园花承阁多宝琉璃塔 （b）静明园圣缘寺多宝琉璃塔 （c）长春园法慧寺多宝琉璃塔

2. 多宝塔形式源流

多宝塔名称由来于佛经《妙法莲华经·见宝塔品》，其中记载多宝佛为过去世东方宝净世界的教主，他曾发誓愿入灭后以全身的舍利置于宝塔之中，若后世有佛再说《法华经》，则其塔涌现于前，以作证明。后释迦牟尼说《法华经》时，忽然从地下涌出安置多宝佛全身舍利的宝塔，升于空中。《法华经》记载宝塔品："尔时多宝佛，于宝塔中分半座与释迦牟尼佛。"《见宝塔品》中释迦、多宝"二佛并坐"的形象在北魏中期的众多石窟和独立的佛像中被大量地表现：仅就云冈石窟就雕刻了近 400 处（图 4.3.38），其中最著名的是第六窟中心塔柱下层北面"二佛并坐"像龛，昙曜五窟石壁上更是刻有二百多座此类雕像；同时期的敦煌、炳灵寺等处也可见到同题材的雕像。二佛并坐在北魏石窟中被塑造得格外突出，一方面是因为佛教在北魏发展期大力推崇《法华经》，另一方面，也表现了北魏封建政治处于特殊形势下对艺术表现的要求：冯太后与魏孝文帝"二圣共治"，这类造像也体现了"政教合一"的强烈政治色彩。

我国有多宝塔、七宝塔之名，始于唐代。唐长安城有千福寺，寺中有多宝塔。现今虽然佛寺与塔都不存在了，但有千福寺多宝塔之碑文流传下来，亦可见当年寺塔之大概。此多宝塔碑为著名书法大师颜真卿亲笔书写，当年千福寺乃皇帝敕建，其碑文今见于西安碑林。著名的正定广慧寺花塔原名亦是"广慧寺多宝塔"（图4.3.39），其中在其主塔第三层供有两尊唐代开元年间的佛像，根据自明清以来，佛寺的佛殿里，常供奉精品小塔，都名曰多宝塔。多宝塔、七宝塔之名，在我国建塔历史上一直不曾间断。多宝塔、七宝塔虽有其名，可是它的体制、式样都从未固定；也就是说何为多宝塔，何为七宝塔，没有固定式样，没有固定塔形。有许多寺院，塔林中之大师灵骨塔，也叫多宝塔；还有些佛寺在个别的塔上，也标出多宝塔、七宝塔的字样，塔形甚是混乱。如普陀山多宝塔为宝箧印塔的形式；安徽潜山多宝塔，下层为窣堵波式，上层为二层楼阁式。可以说，我国佛教中虽然常用七宝塔与多宝塔的名称，但对建造这类塔的要求始终不严格。

多宝塔于9世纪由空海、最澄两位僧人传到日本，并得到发展。它的原型是金刚界曼荼罗上绘制的窣堵波，敦煌壁画中也有这种形式的塔。塔内的塔心柱不到底，一层为完整的空间，不放舍利，安放大日如来等密教佛像。多宝塔在日本数量众多，形式统一：塔的第二层塔身部位，突出一个圆肚肩部，象征"窣堵波"；大凡多宝塔，一般都建造两层，如根来寺大塔、石山寺塔等等（图4.3.40、图4.3.41）。

3. 多宝塔营造意象

玉泉山的多宝塔形式属于楼阁式与密檐式相结合，梁思成先生在《图像中国建筑史》中将它划分于楼阁式塔中的南式做法，并认为其源流于南京报恩寺等南方楼阁式塔。

而多宝塔上中下三层则按佛教说法分别代表无色界、色界、欲界三界。塔身上无数的小佛也像乾隆皇帝在《御制多宝

图4.3.38　云冈石窟第39窟中心塔上的二佛并坐雕像（2004年摄）　　图4.3.39　正定广惠寺花塔（2008年摄）

图 4.3.40　日本多宝塔意象图示（采自《日本建筑史图集》）

图 4.3.41　日本京都附近的多宝塔（2006 年摄）

塔颂》中所说"有说法华者，宝塔皆涌出，分身无量佛，如恒河沙数"。比喻多宝佛无数的分身。塔身七重檐，且每层颜色不一，从下到上分别为金黄色、绿色、紫色、青色、蓝色、青色、金黄色。这种形式和佛经中"七宝"的称谓暗合：七宝塔以金、银、琉璃、砗磲、玛瑙、珍珠、玫瑰七宝合成。

除了大型的山体、水体、宫殿寺庙建筑群等直接体现着皇家的显赫权力外，园林中的许多小型建筑以及园林小品等装饰性很强的景观，也都塑造得富丽堂皇，类似运用七彩琉璃砖的多宝塔，就为皇家建筑所专用。

乾隆三十九年（1774 年）造故宫梵华楼掐丝珐琅佛塔 6 座，乾隆四十七年（1782 年）造故宫宝相楼掐丝珐琅佛塔 6 座，每座高达 2.3 米，底宽 0.94 米，为清代掐丝珐琅史的最高峰。其中一座形式和长春园琉璃塔完全一致。同样，在承德外八庙等皇家宗教建筑中也供有形式类似的珐琅塔。这些楼阁式的珐琅塔也多为三层，与园林中的多宝塔形式相同。可见多宝塔形式的演变也说明了艺术走向工艺化、烦琐化的趋势，代表了乾隆时期繁丽、奢华的艺术品位。

4. 玉泉山西麓宗教建筑群

圣缘寺位于玉泉山西麓南半部的开阔地段，在这里建置了静明园内最大的一组建筑群，从北往南依次为小型禅宗园林—清凉禅窟、道观—东岳庙、佛寺—圣缘寺。《日下旧闻考》中记载：

"圣缘寺正宇为能仁殿，后为慈云殿，左为清贮斋，右为阆风斋……仁育宫前迤西度桥，为园之西宫门。门外左右朝房，中为石桥，桥西即达香山之跸路也。"

从园林造景艺术的角度来讲，体量较庞大的宗教建筑处于玉泉山视野较开阔、地形平坦的西麓，既不会影响玉泉山优美的山形，又能形成玉泉山以西平原上的视觉焦点。尤其是玉宸宝殿和多宝塔两座琉璃建筑色彩艳丽，不但南北呼应，还与西山上昭庙琉璃塔、旭华之阁等宗教建筑共同营造出浓厚的宗教氛围（图4.3.42、图4.3.43）。

（四）妙高塔

1. 缅式佛塔

"北峰上为木邦塔，乃乾隆三十四年

征缅甸时，我师曾驻彼，图其塔形以来，因建塔于此，取兆平缅甸之意。"[1]

木邦，又称孟邦、兴威、先威，位于今缅甸掸邦北部，萨尔温江之西。元代设立木邦路军民总管府，领三甸。中国明朝设木邦府，后改为木邦司。妙高塔整体坐落在金刚宝座似的台基上，主塔周围有四座呈尖矛状的小塔，这是一种南传佛教塔，即缅式塔和金刚宝座塔的结合形式（图4.3.44）。

缅甸与印度毗邻，佛教文化很早就传入其境内。缅甸信奉的是南传佛教，也将其和文化上相近的云南地区的佛塔统称为上座部塔或南传佛教塔。缅甸的佛塔可以按照单体形式分为两类：

"一类为圆形基座数重，上建圆形大塔，做尖锥体塔顶，中心有塔式安放佛骨。一种为方形平面，上部为圆锥形相轮，台

图4.3.42　从玉泉山西看仁育宫和琉璃塔（采自黎芳照相馆相册，日本东洋文化研究所藏）

图4.3.43　琉璃塔和玉峰塔（采自喜龙仁 *Gardens of China*，路易维尔大学图书馆藏）

---

①《该妙斋戏题》，见《清高宗御制诗集》，余集卷二，四库全书内联版。

图 4.3.44　重修后的妙高寺和妙高塔（2008 年摄）

①缅甸现存的塔基分二至三段。"，多在中心大塔之外，还建造众多小塔环绕周围（图 4.3.45），这种风格深受印度和尼泊尔塔的影响，在我国云南西双版纳地区就有不少这类塔，如景洪县的曼飞龙白塔、瑞丽大金塔等。而妙高塔仿照的木邦塔无疑就是这种类似金刚宝座塔的缅式塔。

这些塔从形式上说，不似印度及中国的金刚宝座塔一样拥有巨大的基座，但是仍是由中间大塔和四周环绕的小塔构成的，是金刚宝座塔在缅甸等地区的发展模式。

妙高塔在形式上与缅式塔十分相像，但是由于玉泉山北峰地形的限制，它的五塔坐落在较狭小的金刚座上，周围四座小塔尖细如锥，但仍然保留了缅式塔的风貌。至于塔下的金刚宝座则四面开门，门券的形式是纯粹的汉式。

2. 多元共生的圣王理想

乾隆三十一年（1766 年）十一月，健锐营兵丁在征缅战争中锐不可当，在一

①张驭寰：《中国塔》，山西人民出版社，2000 年，156 页。

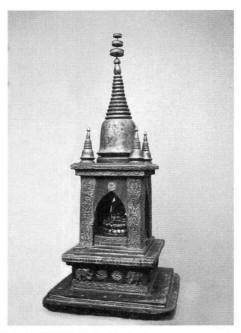

图 4.3.45 18 到 19 世纪木质缅甸塔模型（http://www.mekongantiques.com/Pages/Stupa%20-%20Burmese%20 large%2018-19.htm，访问时间 2011 年 2 月 19 日）

次遭遇战中歼灭缅人 2000 余众，军声大振。此战之后健锐营官兵获得乾隆的多次褒奖，而选择在临近健锐营驻地的玉泉山建妙高塔，更是对战争胜利的一种宣传。乾隆三十三年（1768 年）前，静宜园森玉笏按照杭州小有天亭的形式，建"方胜式"胜亭一座，其名暗合二方相连环的平面。建亭时恰好是征缅战争焦灼之时，取此名称蕴含希望战事得胜之意。亭建成后几年间，清廷又经历了平定准噶尔和两金川等多次战争。乾隆在耄耋之年作《胜亭纪事》四十八句，回顾自己的"十全武功"以及对于征讨西南苗人起义获胜的盼望①。妙高塔的建立在某种方面与胜亭一样，是作为一种对战事胜利的宣传，是对乾隆皇帝功勋的一种记录。

妙高塔是纪功式的建筑。它矗立山端，独特的形式使其在周围的皇家园林集群中格外醒目。这恰好反映了乾隆皇帝的圣王理想，即一种强烈的多元共生意象。

---

①《胜亭纪事》，见《清高宗御制诗》，五集卷九十七，四库全书内联版。

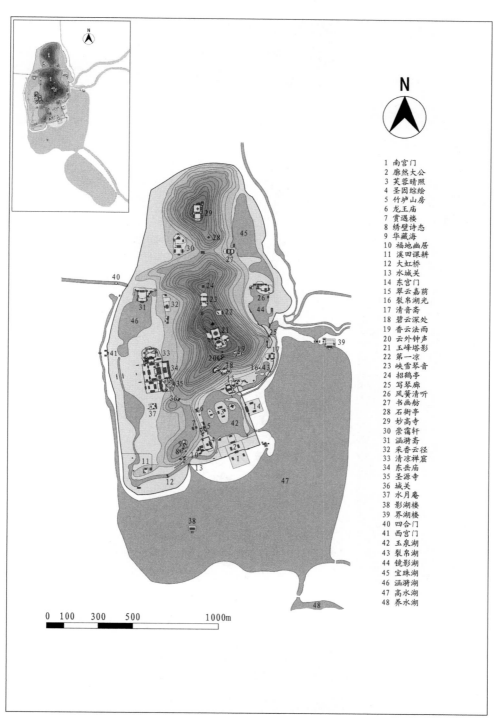

N

1 南宫门
2 廓然大公
3 芙蓉晴照
4 圣因综绘
5 竹炉山房
6 龙王庙
7 赏遇楼
8 绣壁诗态
9 华藏海
10 福地幽居
11 溪田课耕
12 大虹桥
13 水城关
14 东宫门
15 翠云嘉荫
16 裂帛湖光
17 清音斋
18 碧云深处
19 香云法雨
20 云外钟声
21 玉峰塔影
22 第一凉
23 峡雪琴音
24 招鹤亭
25 写琴廊
26 凤篁清听
27 书画舫
28 石衙亭
29 妙高寺
30 崇霭轩
31 涵漪斋
32 采香云径
33 清凉禅窟
34 东岳庙
35 圣源寺
36 城关
37 水月庵
38 影湖楼
39 界湖楼
40 四合门
41 西宫门
42 玉泉湖
43 裂帛湖
44 镜影湖
45 宝珠湖
46 涵漪湖
47 高水湖
48 养水湖

0 100 300 500 1000m

静明园平面复原图（乾隆时期），杨菁绘制

225

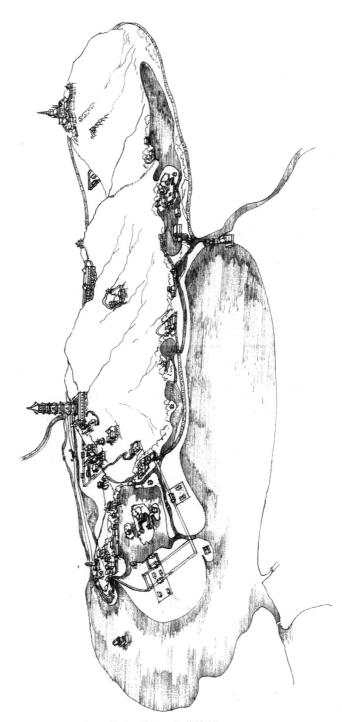

静明园复原鸟瞰图（乾隆时期），杨菁绘制

圣因综绘复原鸟瞰图，卢见光绘制

第五章

西山寺院园林

"天下名山僧占多"。隋唐以来，"僧占名山"成为中国寺院园林由都市转向山林的重要进程。至明清，这种山林寺院的组织形式已经趋近完善，"深山藏古寺"成为所有城市郊野名山的共同特点。

这一特点使中国寺院园林脱离古印度佛教伽蓝的制式，进一步中国化。随着宋元禅宗"伽蓝七堂"寺院格局模式的确定，寺院中的宗教空间和生活空间明显分离，建筑群内部普遍设置了人工山水和园林景观。寺院不再围绕佛塔为中心，也转变了过去向心上升的空间形态，转而更加强调水平空间的构成。这种变化使得宗教园林与自然风景的空间更加契合。

明清中国宗教园林向世俗化发展，这主要有两种倾向：一是宗教园林的风景化；二是宗教园林与皇家园林、私家园林的结合[1]。此两点在北京西山的寺院园林中体现得尤为明显。

首先，这些园林与周围山水结合紧密。其次，这些园林成为新的风景点，例如含清堂行宫。最后，它们都是皇家园林中的宗教园林，其中又不乏以私家园林为基础的宗教园林。如碧云寺水泉院和卧佛寺附近的退谷。

第一节　静宜园附属寺庙和园林

一、概述

香山静宜园除了园墙以内部分，还有多座附属寺庙[2]划归其管辖，它们是：碧云寺、香界寺及宝珠洞、宝谛寺、梵香寺、实胜寺、宝相寺、广润庙、普通寺、香露寺、普觉寺（图5.1.1）。它们都由静宜园管理，平时的"月给香供银"及僧人的"钱粮银"归内务府统一拨给。

这些寺庙有的是在原有建筑上的改扩建，有的则是完全新建：乾隆十三年（1748年）圣感寺、宝珠洞扩建工程完毕，圣感寺改名为香界寺[3]；同年扩建碧云寺，乾隆十五年（1750年）建成寺后的金刚宝座塔；乾隆十四年（1749年）实胜寺建成；同年修缮梵香寺；乾隆十五年建宝谛寺[4]；乾隆二十四年（1759年）引水石渠沿线三庙，广润庙、普通寺、香露寺建成[5]；乾隆三十二年（1767年）宝相寺落成[6]；

①陈鸣：《中国古代宗教园林的四个历史时期》，载《上海大学学报》，1992年第一期，63页。

②本章标题是西山寺院园林，所讨论的均是佛教寺院的附属园林。但是静宜园附属宗教建筑既有佛教寺院，也有一座民间信仰建筑广润庙（内供龙王），而碧云寺水泉院、潭柘寺内也有民间信仰建筑，但在此仍俗称为寺庙。

③《冬日游香界寺》，见《清高宗御制诗集》，二集卷七。

④"查勘得宝谛寺自乾隆十五年修建以来将近二十年"——《内务府奏销档》。

⑤《总管内务府则例·静宜园》中记载:（乾隆）二十四年……十月……静宜园外新建释迦佛庙、观音庙、龙王庙，业经告竣开光。

⑥据《日下旧闻考》记载。

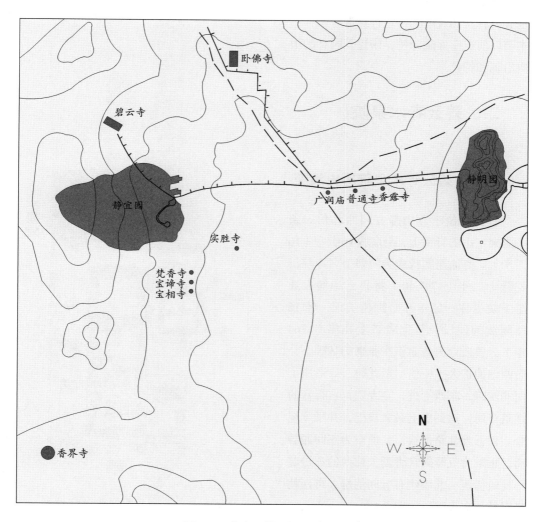

图 5.1.1　静宜园附属寺庙分布示意图

乾隆四十八年（1783年）在普觉寺西侧新建行宫[①]。

在这些寺庙中，碧云寺、普觉寺、香界寺都带有小型寺院园林。香山南麓寺院也有香林室和含清堂两座行宫带有园林。本节以前三座寺院为例，阐述其园林的历史沿革和特色。

二、碧云寺水泉院

（一）碧云寺水泉院历史演变

碧云寺位于香山静宜园西北角一条名为聚宝山的脊梁上，距京城16公里（16千米）。寺庙至明代成为西郊著名寺院，乾隆十二年（1747年）将碧云寺僧人迁至下院居住，翌年开始扩建工程，经16年陆续的建设，至乾隆二十九年（1764年），碧云寺占地面积在原来的基础上，向西延伸扩大了一倍。至此碧云寺形成了南北四跨，东西七进，左寺院，右行宫的建筑布局，达到史上最大规模，并延续至今。碧云寺北路是行宫，前殿为三间涵碧斋，正殿为五开间含青斋。往西的三进院落建筑稀疏，北墙建有五间值房，再西就是园林"水泉院"（图5.1.2）。

碧云寺据传是元代政治家耶律楚材的后裔阿勒弥舍宅开山而建[②]。这种"舍宅为寺"而形成的寺观，往往伴随有寺观

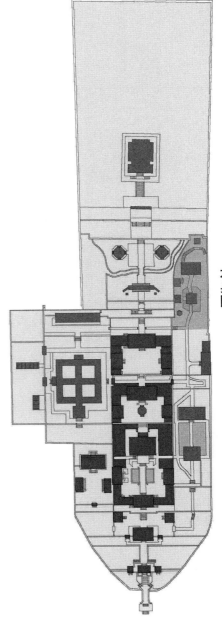

水泉院

图 5.1.2　碧云寺全图及水泉院位置

---

①《总管内务府则例·静宜园》中记载：（乾隆）四十八年四月……普觉寺新建宫殿座。
②引自 [清] 于敏中等编纂:《日下旧闻考》，北京古籍出版社，1983年，1472页。

园林：原来的居住用房辟为佛殿，住宅的园林部分则保留为寺院的附属园林，水泉院也许是由最初的住宅园林发展而来的。水泉院内有"卓锡泉"，是香山北路主要水源。元代诗人萨都剌在《卓锡泉》诗序中写道：泉"引自寺后石蟆，蟆嵌以石兽，泉从兽吻汩汩喷薄入小渠，人以卓锡名之"。成书于16世纪明万历年间的《长安客话》记载"卓锡泉旁一柳累累若负瘿，形甚丑拙，众呼为瘿柳。柳堂左三楹，宸题'水天一色'。前临荷沼，沼南修竹成林，疏疏潇碧，泉由竹间流出。岩下琢石为屋，正对竹林。即炎日，飒飒生寒云。"[1] 稍晚，刊印于崇祯八年（1635年）的《帝京景物略》中对水泉院的记载又有不同："左侧有泉，屋之，纳以方池，吐以螭唇，并泉为洞，砌方丈耳，洞其名。洞前而亭，对者亦亭，肃如主宾。填荷池，伐竹苑所落成也。"[2] 清初孙承泽在《春明梦余录》中也记载了水泉院："岩下有泉，泉旁一柳有大瘿，人呼为瘿柳。柳左堂三楹，万历御题水天一色。前临荷沼，沼南修竹成林，岩下一亭曰啸云。"[3]

根据这三部不同时期的文献记载，大致勾勒出乾隆朝重修前的水泉院：明末之前，水泉院构景核心是卓锡泉。卓锡泉上有三间的水天一色堂，方池内遍种荷花，池南为一片竹林，竹林对面有一石洞；明末至清初，卓锡泉畔有大柳树，柳北有万历御题"水天一色"堂三间。堂东是荷花池，南有竹林，再南部石壁上有一石洞。石洞前有亭，而明末曾经填荷塘、伐竹林在洞北建亭。万历年间进士袁中道在《珂雪斋集》中也提到有泉畔亭名为"听水佳处"。这里曾经有过的建筑是"水天一色"堂、"听水佳处"亭、"啸云"亭以及壁上石屋。

乾隆十三年（1748年）之后，水泉院北侧设置行宫，加建含清斋。水泉院内在水天一色堂的原址上修建试泉悦性山房，在啸云亭的原址上修建洗心亭，卓锡泉旁的叠石上新建龙王庙，洗心亭南部新建照碧亭[4]。经过乾隆时期的修整，建筑密度增大，时至今日也无多大变动：水泉院北为一水池，由卓锡泉水汇成，池中有四方洗心亭，亭南依碧云寺塔院石壁叠石造景，山石中有六方亭、"清净心"洞、弹拱台错落其间。沿山石而下，西临"卓锡泉"建水榭"境与心远"，亦称"试泉悦性山房"，泉自山房西涌出，泉上亦有层层叠石，上可达"碧云寺龙王庙"（图5.1.3）。

---

① [明] 蒋一葵：《长安客话》，北京古籍出版社，1982年，56页。
② [明] 刘侗、于奕正：《帝京景物略》，北京古籍出版社，1983年，246页。
③引自[清] 于敏中等编纂：《日下旧闻考》，北京古籍出版社，1983年，1472页。
④《内务府活计档》中有记载'乾隆十三年，七月二十八日，将皋涂精舍内境与心远匾移至碧云寺'；"乾隆十三年，闰七月初十，交御笔'仁智居''林壑邃美''心迹双清''云容水态''洗心亭''能仁寂照''静演三车''普明妙觉''圆澄妙果'匾文，于本月十八日奉旨照样准作"；"乾隆十七年，十一月十二日，交御笔'试泉悦性山房'匾文"。从洗心亭及试泉悦性山房的挂匾年代，可以大致推测出建筑的建成年代，即洗心亭与试泉悦性山房（境与心远）皆建成于乾隆十三年左右。

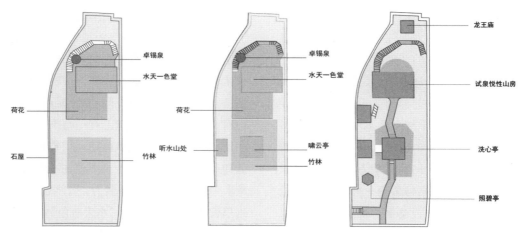

图 5.1.3　各历史时期水泉院布局

（左）明末之前水泉院布局　　（中）明末至清初水泉院布局　　（右）乾隆加建行宫后水泉院布局示意图

（二）原貌推测

　　碧云寺水泉院位于寺院的北部。中路静演三车殿后有一条南北向通道，碧云寺的地形在此突然增高，往西为金刚宝座塔院，水泉院则在通道最北侧且地势稍低。因此水泉院南面被高耸的碧云寺塔院围墙分割，更显地形幽深狭长。穿过院东端进月亮门即达含清斋，后部西端是壁立山岩，两侧是围墙。水泉院内建筑不多，却林木茂盛泉水淙淙，富于自然情趣。整个平面呈狭长不规则矩形布局，中心位置为洗心亭和试泉悦性山房，遗憾的是这两座水泉院最核心建筑所有木构已荡然无存，仅余台明。照碧亭和清净心洞窟檐已于20世纪80年代复原，龙王庙、弹拱台和石平桥为历史建筑（图5.1.4）。

　　由于洗心亭和试泉悦性山房建筑不存，如今的水泉院中心区建筑稀疏开朗，山石、水体和参天古树成为景观的主角，

但从遗存台明面积以及历史绘画（图5.1.5）来看，原有建筑物的体量较大，复原这两座建筑，成为分析和研究水泉院的关键点。

　　乾隆五十五年（1785年）的陈设册明确介绍"洗心亭一座计一间向东中设，宝椅一张，周围栨枋上四面挂御笔黑漆金字诗意匾二十面，前檐向东挂，御笔洗心亭匾一面（黑地金字）"。"境与心远殿一座计三间明间靠南后明柱向北设竹丝格一对（格内多为文竹盆景），北间靠西窗向东设楠木包厢床一张，宝座上右边设，外檐前后门上挂，殿外檐向东挂，御笔境与心远匾一面（绿地蓝字），殿外檐向西挂，御笔澄华匾一面（黑漆金字）"。陈设册中提到的"一间"和"三间"指的是能摆放家具的空间，并不包括外廊。这点也在陈设册附的平面简图中得到证明：洗心亭为方形平面，与遗留台面一致，且内外有两圈柱网；试泉悦性山房为长方形平

图 5.1.4　水泉院现状（2016 年摄）

图 5.1.5　水泉院历史绘画（北京香山公园管理处提供）

面，内外两圈柱网，屋顶形式为歇山。两幅描绘碧云寺的历史绘画均表现洗心亭为四角攒尖，一圈柱廊，试泉悦性山房为悬山顶。幸运的是，虽然两座建筑损毁较早，但目前仍找到了忠实记录其原貌的历史照片。由照片可以断定，洗心亭为四角攒尖亭，两圈柱廊，试泉悦性山房为歇山建筑。

由此可以推测出洗心亭为四角攒尖方亭，内外有两圈柱。通过遗址现场测绘，可以绘制出遗址平面图。从老照片可以推断出柱子的间距以及比例，但是因为拍摄角度问题，无法推断出亭子檐部的尺寸。参考清代多座四角亭的檐部与飞椽到台基的比例关系，如避暑山庄牣鱼亭、烟雨楼四角亭、水心榭方亭、乾隆花园抑斋撷芳亭、颐和园八方亭和阆亭等，并参考其结构做法，初步复原了洗心亭（图5.1.6）。

试泉悦性山房是室内三开间，周围廊歇山建筑。山房最大的特色是外廊为四角擎檐柱、周围檐柱和花板相结合的结构。擎檐柱结合花板的外檐做法在明代和乾隆时期皇家建筑中常被使用，碧云寺除山房外，中路的弥勒殿、能仁寂照大殿和静演三车殿外檐均有此种结构（图5.1.7）。

（三）园林活动

水泉院在寺院北部，连同它前面的含青斋组成了碧云寺特有的一处休息、赏游的园林景区。含青斋行宫建成后，水泉院中的洗心亭和试泉悦性山房成为诗咏最多的所在[1]，也是皇帝在水泉院主要的园林活动承载体。

洗心亭建于池水中央，水岸遍植翠竹，乾隆皇帝的御制诗多次强调洗心亭是对杭州云栖寺洗心亭的写仿[2]，这种写仿有三个层次。第一层是对写仿对象命名和周围环境意境的呼应：杭州洗心亭位于云栖竹径之内，"云栖竹径"亦名"云栖梵径"，是著名古刹云栖寺附近一条遍植毛竹的山道，洗心亭始建于明代，初建时便以"万竿绿竹影参天，几曲山溪咽细泉"的优美风光而闻名。乾隆皇帝写仿洗心亭时，利用了水泉院原有的竹林和山泉，虽然景观与杭州云栖寺大相径庭，但亭、竹和水这些要素均在，从而呼应了江南名胜。第二层是对"洗心"禅意的解读："借得云栖题额字，境观虽异洗心同""祛却尘心悦性灵，禽言听似摩诃声""身是菩提心似镜，洗如拂拭去尘埃"是乾隆皇帝对洗心的理解。古人有洗耳和濯足的典故，表示洁身自爱。禅宗更进一步，有"即心即佛"的说法。洗心亭坐落于古刹内一汪

---

① 洗心亭相关御制诗共三十四首，试泉悦性山房相关御制诗共二十九首。

② 如"碧云寺左有佳处，亭子洗心两字题。水镜澄含霜鲜影，一时数典到云栖。""云栖春月洗心回，又见虚亭此处开。半晌徘徊艰着语，孰为过去孰为来。""洗心亭学云栖寺，一例临池四柱孤。彼尚有僧心可洗，无僧此则并心无。"

图 5.1.6　洗心亭复原示意图（常翔绘）　　　　图 5.1.7　试泉悦性山房复原示意图（常翔绘）

碧水之中，天光云影烘托出浓厚的禅学韵味，呼应了"洗心"之名。第三层是由禅学"洗心"引申到华夏经典和治国之道："君子洗心退藏密，易经早已着精辞。"①《易经·系辞》有"圣人以此洗心，退藏于密"之说，这里的"洗心"强调的是"圣人以此齐戒，以神明其德"这个过程，澄静内心，荡涤疑虑，借助"洗"而整肃自身，达到"洗心"的目的，继而把德行提高到高深而纯净的境界②。"便教掬尽是间水，那洗忧民一片心"③，乾隆皇帝在游兴时不忘理政，在强调忧国忧民的同时，也深谙儒家"内圣外王"之道，"内圣"是儒家对心的最高期望，也是乾隆皇帝追求的治国之道。

　　如果说洗心亭突出了乾隆皇帝在水泉院中的思考和感悟，试泉悦性山房则主要承担了实际活动——饮茶。择水是古人

饮茶艺术中的一个重要组成部分，乾隆皇帝计量各地名泉，以愈轻为愈佳，故以北京西郊玉泉山玉泉为"天下第一泉"，济南珍珠泉为第二轻，扬子金山泉为第三轻，惠山、虎跑第四轻，平山第五轻，清凉山、白沙、虎邱及西山之碧云寺卓锡泉第六轻。乾隆帝仿照惠山寺竹炉山房在皇家园林中有泉水的地方建各种饮茶建筑，如玉泉山竹炉山房、香山竹炉精舍等。竹炉源自南方，是一种外为竹编的特殊煮茶工具，乾隆帝多置其于建筑中用以煮泉品茶。"试泉悦性山房"也是一处利用卓锡泉泉水，供乾隆皇帝煮茶品茶的建筑。有《试泉悦性山房诗》云："泉虽输第一，房自纳三千。清暇值偶尔，烹云便试旃。竹炉文武火，芸壁短长篇。境诣于焉验，心希四十贤。"④"洗心亭北入松门，别有山房临水源。瓷铫筠炉俱恰当，试泉悦

---

①《洗心亭》，见《清高宗御制诗集》，五集卷二十三，四库全书内联版。
②小易：《中华经典研读之〈易经·系辞〉六十五 圣人以此洗心，退藏于密，吉凶与民同患》，载《科技智囊》2011年05期，73页。
③《洗心亭》，见《清高宗御制诗集》，四集卷六十，四库全书内联版。
④《试泉悦性山房》，见《清高宗御制诗集》，二集卷九十，四库全书内联版。

性且温存。"①"便试越瓯非别品，南方贡到雨前茶。"②

除了品茶，乾隆皇帝还会在水泉院最西面的龙王庙中拈香祈雨。香山静宜园中设有多座龙王庙，分别是：位于双井泉附近的"天泽神行"龙王庙，重翠崦东的寿康泉畔龙王堂，香山寺前买卖街内龙王庙，朝阳洞内的龙王像，以及卓锡泉龙王庙。这数量众多的龙神祠庙既反映了静宜园内外泉眼众多的环境特色，也有借神灵的名义保护珍贵水源的实际作用。

（四）小结

恢复洗心亭和试泉悦性山房两座建筑后，水泉院呈现出较高的密度，两座建筑体量较大，成为空间的绝对主体（图5.18）。这种特殊的空间关系也体现了乾隆时期的一种造园手法，其特点有二：首先，造景要素高度浓缩在狭长且窄小的区域内，甚至会造成拥塞等极端的空间体验；其次，通过假山等元素形成高低起伏的空间层次，并造成游览路径的多样化、曲折化和立体化。此类园林除水泉院外，典型者还有紫禁城宁寿宫花园，是乾隆时期处理狭长园林空间复杂造园意象的具体反映。

三、普觉寺和樱桃沟

（一）历史沿革

十方普觉寺俗称卧佛寺，位于西山的寿安山南麓，传始建于唐，名兜率寺③。贞观年间，寺内供有一尊旃檀香木雕刻的卧佛像，殿前植娑罗树④。元英宗至治元年（1321年）九月"诏建大刹于京西寿安山"。"十二月，冶铜五十万斤作寿安山寺佛像"⑤。《日下旧闻》作者朱彝尊疑元昭孝寺即寿安山寺。古籍中有记载，继兜率、昭孝后，该寺还曾名"洪庆"。其具体年代约为元末到明初，但"历年既远，其规制悉毁于兵，漫不可考矣"⑥。明英宗正统年间，"鼎新修建，构殿宇以及门庑，杰制伟观，穹然涣然……颁大藏经一部置诸殿"⑦。三十多年后的明宪宗成化十八年（1482年），又在寺前高地建如来宝塔一座。明末，该寺名为永安。综合明代各类文献记载，这时的卧佛寺建筑形制"以窣波为门"，寺内有二娑罗

---

① 《试泉悦性山房》，见《清高宗御制诗集》，三集卷三十七，四库全书内联版。

② 《试泉悦性山房》，见《清高宗御制诗集》，四集卷四，四库全书内联版。

③ 寿安寺，在煤厂村，唐建，名兜率——明《宛署杂记》；寺，唐名兜率——[明]刘侗、于奕正：《帝京景物略》，北京古籍出版社，1983年，260页。

④ 见《清世宗御制十方普觉寺碑文》及清高宗《重修十方普觉寺落成瞻礼二首》诗。

⑤ 《元史》，引自[清]于敏中等编纂：《日下旧闻考》，北京古籍出版社，1983年，1679~1680页。

⑥ 《明宪宗寿安寺如来宝塔铭碑》，引自[清]于敏中等编纂：《日下旧闻考》，北京古籍出版社，1983年，1682页。

⑦ 同⑥。

图 5.1.8　水泉院遗址三维点云与复原模型叠合示意图（常翔、韩荣绘）

树①，并卧佛两尊②，分供于前后两殿中。

雍正末年，怡贤亲王父子重修卧佛寺，十二年（1734年）卧佛寺竣工，雍正皇帝亲自撰写御碑，并因其内有卧佛，取"一佛卧游十方普觉"之意，命名为"十方普觉寺"。敕命与其关系密切的高僧超盛任主持。乾隆即位后，当年就使高僧青崖元日为普觉寺主持。乾隆皇帝的御制诗中多次提到与青崖和尚在香山谈禅。普觉寺中还存有雍、乾二帝敕令编写的《龙藏》一部。

乾隆四十八年（1783年）农历四月初一，重修的十方普觉寺及行宫落成。至此，卧佛寺形成了中路殿堂区、东路僧舍区、西路行宫区和园林区的格局（图5.1.9）。

光绪十九年（1893年）和二十二年（1896年）慈禧太后两次来普觉寺拈香，并题写了卧佛殿的匾额"性月恒明"。卧佛殿和园林行宫区也在这一时期得到了修缮。

中路殿堂区是卧佛寺最主要的部分。乾隆重修时，明代作为庙门的释迦塔已不存。循一条笔直的山道上行，山道两侧均为古柏，即可到达一座三间七楼的琉璃牌楼前。此牌楼的做法是典型的"乾隆风格"。牌楼为砖结构，汉白玉须弥座和发券，楼身覆以黄、绿二色琉璃。相同形式

---

①印度的娑罗树为龙脑香科，热带树种。从形态特征和生态适应性来说，与我们现在见到的"娑罗树"即七叶树不是同科植物。北京地区的"娑罗树"即七叶树是原产于中国黄河流域的温带树种，因它的掌状复叶具有小叶七片而得名。明代文献中所谓的从印度引种的娑罗树缺乏科学根据，极有可能是后代人附会的结果。

②关于这两尊卧佛，记载多有不同。明代文献多认为，一尊石旃檀木佛为唐代遗存，一尊为明成化年间铸造的铜佛。朱彝尊则认为明代铜佛未见官方正式记载，但元史中却有铸铜卧佛的确切记载，因此该卧佛是元代铸造的也有可能。

北

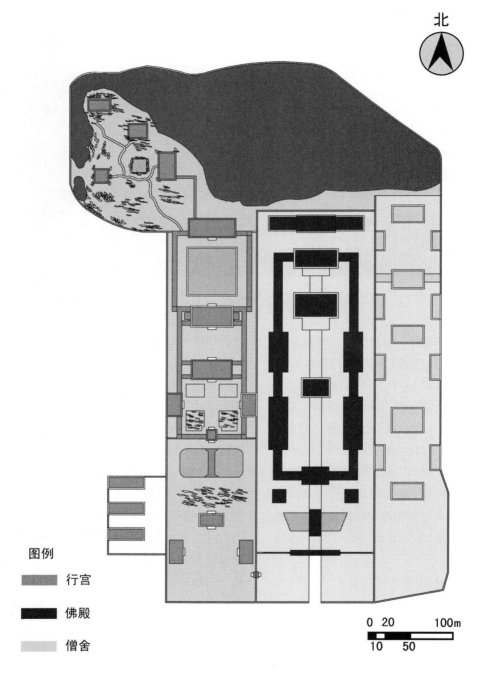

图例

行宫

佛殿

僧舍

0 20   100m
10   50

图 5.1.9 光绪年间普觉寺及行宫平面示意图
（根据现场调研数据及样式雷图档绘制）

的琉璃牌楼乾隆时建有多座。北京地区就有北海大西天和小西天共5座、国子监辟雍前1座、香山昭庙前1座、东岳庙前1座，加上卧佛寺共9座，均为乾隆时期的作品。

此牌楼南面匾额为"同参密藏"，北面为"具足精严"。穿过牌楼步入寺内，迎面是月牙形放生池，池上架拱形石桥。池北钟楼和鼓楼分列两厢，东钟西鼓。

走下石桥来到殿堂院，中轴线上的山门殿、天王殿、三世佛殿、卧佛殿用一条高于地平的砖砌甬路连接台明。四周的配殿和客房连在一起，形成一长方形院落。

中路佛殿以东是四进僧院。中路有5间2层的大悲坛、5间的斋堂接引佛殿和5间的七堂达摩殿。西路则是乾隆四十八年（1783年）新建的行宫区和最北部的园林区（表5.1.1）。

（二）普觉寺园林

普觉寺的园林可以分为行宫园林区与北部园林区，区域内共有建筑十余座（表5.1.1）。行宫园林严整、对称，但每进院落主题分明，或缀以假山，或围绕莲池构景。北部园林区布局灵活，围绕历史遗迹天池石壁[1]和观音阁布置建筑，总体保持了幽深、古拙的氛围。

西院行宫共五进。前两进为前导空间，宫门和东西朝房形成第一进院落，进入宫门后迎面是一座巨大的假山，山后有三孔石桥一座。穿过石桥是行宫的垂花门，其后三进院落为行宫院。第一进正殿含清

表5.1.1　普觉寺园林建筑形式及布局（光绪重修之后）

建筑名称	建筑开间	建筑朝向	屋顶形式	匾额
含清斋	5间	南北	硬山	含清斋
含清斋东西配殿	各3间	东西	硬山	
含清斋穿堂殿	5间	南北	硬山	
含清斋宫门外东西朝房	各3间	东西	硬山	
含清斋两边膳房	各5间	南北		
古意轩	5间	南北		古意轩
合碧亭	3间	东西	歇山	合碧亭
承云亭		东西	重檐，二层悬山	承云亭
普觉寺观音阁	3间	南北	重檐歇山	
普觉寺山神庙	3间			

①天池石壁为姑苏十六景之一，西山诸园中有静宜园松坞云庄和普觉寺北部园林用其典构景。

斋穿堂殿，东西两配殿由围廊围合；第二进含清斋为普觉寺行宫正殿；最后一进院落中有一见方七丈的鱼池，池北为古意轩（图5.1.10）。古意轩后有游廊向北而折西，连接一座敞厅合碧亭，来到园林部分。

根据明、清古籍记载，卧佛寺西有泉水注于池，池上有大石如碧玉，上有观音堂[1]。再西为一道石涧，即今樱桃沟。可见在行宫建立之前，卧佛寺西北也有一处小型寺观园林，其前临佛寺，后倚石壁，西接深谷。园林内又有清泉涌出，是一处得天独厚的风景胜地。乾隆时期修建行宫，保持了该园林原有的肌理，泉水、水池、大石、石上的观音阁得以保留或重建，并加入了天池石壁的意象重新构景[2]。观音阁地处最高点，且位于园林中心位置，成为景观焦点。合碧亭命名取两峰合碧之意，与西部的承云亭呈对景关系，再加上北部的观音阁，三座建筑围绕天池布置。再北山坳处有一座三间的山神庙（图5.1.11）。

（三）樱桃沟

1. 退谷园林

普觉寺北部的园林区在行宫修建之前，周围未设围墙，向自然环境开放，并与西北部的樱桃沟形成了线性的景观区域（图5.1.12）。从观音阁沿山路西行，有溪流从山谷而出，这里即是樱桃沟。沟内有景点名为"水尽头"，成书于崇祯时期的《帝京景物略》对这一区域有着详细的记载[3]。明末的水尽头是一组开放的郊野园林，周围环境"一涧最深，退谷在焉。后有高岭障之，而卧，岗阜徊合，竹树深蔚，幽人之宫也。"[4]山谷和溪流也串联起隆教寺、广泉寺、圆通寺和五华寺[5]。走出山谷，周边也寺院众多：远望碧云、香山历历在目，近观则"卧佛寺及黑门诛刹环蔽其前"；西山的山势在此又"自西

---

① 根据《珂雪斋集》《游业》《长安可游记》《帝京景物略》描述归纳。

② 《清高宗御制诗四集》卷九十七癸卯（乾隆四十八年），《石壁》：石壁插入天池，观音阁上临之。大慈大悲无二，曰水曰月成伊。恰偶于斯熙會，忘言乃复题辞。修废举残余事，岩风一切与吹。《清高宗御制诗五集》卷十五（御制诗五集总目二）乙巳（乾隆五十年），《石壁临天池》：石壁临天池，一泓清且沚。坦然玉镜里，欬岑影其里。凭揽生静悟，谁彼更谁此。匪禅院言禅，万物共斯理。引至玉泉山，卧佛寺西北樱桃沟有泉至观音阁石壁下蓄为天池，流经寺前东南引渠至玉泉山垂为瀑布，飞瀑层岩崿题。

③ 水尽头。观音石阁而西，皆溪，溪皆泉之委；皆石，石皆壁之余。其南岸皆竹，竹皆溪周而石倚之。燕故难竹，至此林床亩亩，竹丈始枝，笋丈犹箨，竹粉生于节，笋梢出于林，根鞭出于篱，孙大于母。过隆教寺而又西，闻泉声，泉流长而声短焉，下流平也。花者，渠泉而役乎花，竹者，渠泉而役乎竹。花竹未役，泉犹石泉矣。石蟀乱流，众声渐渐，人踏石过，水珠渐衣，小鱼折折石缝间，闻趿音则伏。于茸于沙，杂花水藻，山僧園叟，不能名之。草茎不可族。客乃斗以花，采采百步斗，互出，半不同者。然春之花，尚不敌其秋之柿叶，实丹枫，风日流美，晓树满星，夕野皆火。香山日杏，仰山日梨，寿安山日柿也。西上圆通寺，望太和庵前，山中人指水尽头儿，泉所源也。至则磊磊中两石角如坎，泉盖从中出。鸟树声壮，泉嗜嗜，不可骤闻。坐久，始别，曰：彼鸟声，彼树声，此泉声也。又西上，广泉废寺，北半里，五华寺。然而游者瞻卧佛辄返，曰卧佛无泉。

④ [清] 孙承泽：《天府广记》，三十五卷，退谷。

⑤ [清]《宸垣识略》：隆教寺在观音堂右，度桥而至，泉从寺前过也。五华寺从隆教寺沂行三里上岭，即寺门也。再上半里，有五华阁。广泉寺在五华寺西岭……圆通寺在隆教寺西。

图 5.1.10　普觉寺行宫院旧貌与现状对比
1.1917-1919 年间普觉寺行宫院（S.D. 甘博摄，杜克大学图书馆藏）　2. 复建的普觉寺行宫院（2010 年摄）
3. 复建的含清斋和鱼池（2010 年摄）　4. 普觉寺行宫垂花门前石桥和假山旧照（Zalewski Album）　5.1917-
1919 年间普觉寺行宫门外朝房（S.D. 甘博摄，杜克大学图书馆藏）　6. 行宫院前院叠石和平桥现状（采自《北京植物园中的古迹》）

图 5.1.11　普觉寺园林旧貌和现状对比
（a）1917—1919 年间年观音阁（S.D. 甘博摄，杜克大学图书馆藏）　（b）合碧亭（Zalewski Album）
（c）承云亭（Zalewski Album）　（d）观音阁遗址上新建亭子　（e）重建的承云亭　（f）合碧亭遗址
（g）观音阁大石上的乾隆御制诗题刻（2010 年摄）

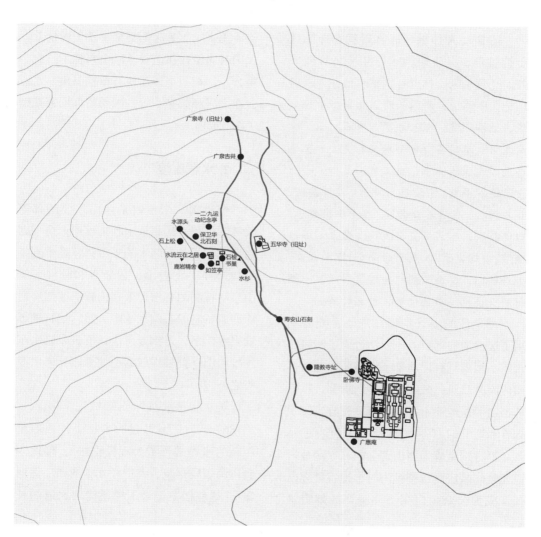

图 5.1.12　卧佛寺、樱桃沟及周边主要景点示意图（韩荣、卢见光绘制）

南蜿蜒而来，近京列为香山诸峰，乃层层东北转"。可见不仅西山深涧和潺潺溪流造成了樱桃沟清凉舒爽的小气候，周围众多的古迹也使其富有历史文脉。

清初文人孙承泽辞官后就选择隐居于樱桃沟，并于顺治十一年（1654年）开始经营私家园林退谷别墅。他在《天府广记》中写道：水源头两山相夹，小径如线，乱水淙淙，深入数里，有石洞三，旁凿龙头，水喷其口……水分二支，一至退谷之旁，伏流地中，至玉泉山复出……一支至退谷亭前，引灌谷前花竹。谷口甚狭，乔木阴之，有碣石曰退谷。谷中小亭翼然，曰退翁亭，庭前水流可流觞。东上则石门巍然，曰烟霞窟。入则平台南望，万木森森，小房数楹，其西三楹则为退翁书屋，一榻一炉一瘿樽，书数十卷，萧然行脚也[①]。

孙承泽的退谷别墅在选址上充分利用了樱桃沟的郊野景色，结合人工和自然筑园。园内既有退翁亭、烟霞窟、退翁书屋等园林建筑，又配合水塘、山洞、巨石和植物等景观要素进行布置，充分发挥了幽谷和溪畔的地势特点。经过孙承泽的经营，退谷别墅成为西山著名的私家园林。道光年间麟庆到访樱桃沟时，退谷废弃已久，成为公众可以探访和感怀的郊野景

点：乘肩舆寻水源头，泉语出乱石间，如琴始张。谷口甚狭，乔木荫之，有碣曰"退谷"。其东石门隶书"烟霞窟"，三字尚存。草没亭基，荒寂殊甚。想见退翁（孙承泽先生字）著《春明梦余录》时情景。民国时周肇祥在退谷基础上兴建了"鹿岩精舍"，花园主体建筑有石桧书巢、水流云在之居和如笠亭等，因而俗称周家花园（图5.1.13）。

2. 水利疏浚

樱桃沟一带不仅是西山重要的郊野园林，也在清代北京水利工程中占有一席之地。为了补充湖水的来源，乾隆十五年（1750年）将香山、碧云寺和卧佛寺等山泉用特制的石槽汇聚在山脚下四王府村广润庙特制的石砌水池中，然后用石槽继续引水东下，直到玉泉山，汇玉泉诸水东注昆明湖。樱桃沟成为西北郊四处来水源头之一[②]。

英法联军重创西郊园林后，同治六年（1867年）在雷思起的主持下，西郊至西苑的水道进行了大规模重修[③]。樱桃沟到广润庙段存留了大量样式雷图和工程档案[④]，这些档案记录了樱桃沟内水道的长

---

① [清] 孙承泽：《天府广记》，三十五卷，退谷。

②这四处水源头为：静宜园内双井泉、碧云寺卓锡泉、樱桃沟水源头、静明园内诸泉。

③详见本书第二章第四节"水利工程"部分。

④国家图书馆藏样式雷图：125-008《静宜园、碧云寺、卧佛寺至广润庙水道图》，234-036《碧云寺、卧佛寺至分水龙王庙水道糙底》，131-001《卧佛寺附近水道图》，234-037《香露寺山门及水门补修立样糙底》。工程档案：国家图书馆藏060c-001、060c-006、216-222、337-0119、337-0119a、376-0440、376-0441；日本东洋文库藏《樱桃沟修理水沟等工销算丈尺做法清册》；故宫博物院藏《书00005474-查勘樱桃沟等地丈尺呈递堂官准底略节》等。

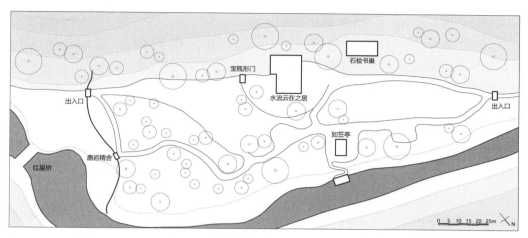

图 5.1.13 周家花园平面示意图（卢见光根据王奉慧《北京樱桃沟花园景观分析及其保护建议》中的平面图和测绘图改绘）

图 5.1.14 樱桃沟内的引水石渠，俗称河墙烟柳（2010 年摄）

度和宽度：樱桃沟志在山水来源往东转南至五华寺下石碣，山潭长一百六丈五尺，均宽二丈；樱桃沟五华寺下石碣往南转东由行宫内往南至十方普觉寺东宇墙和牌楼止，这段水沟为三百十八丈一尺一寸。

樱桃沟内始建于乾隆年间的引水石渠也得到了修复（图5.1.14），但是同年七月，该段部分石渠被山洪冲毁，雷思起随即奉命进行修补。国337-0119《卧佛寺水道来源略节》中记载了从五华寺西北角至卧佛寺西大墙石渠的损毁情况：

"五华寺西山坡泊岸一段，长三十六丈均高二丈五尺全行塌陷。接往南泊岸一段，长十八丈均高五尺全行塌陷。水沟一段，长八丈冲刷不齐。又一段长四十四丈多有沉陷之处。又一段长三十七丈间有沉陷之处。又一段长三十四丈沉陷三四尺不等。又一段长十五丈沉陷。又一段长五十四丈间有沉陷之处。"

（四）小结

普觉寺历史悠久，其所在的寿安山处于西山与西郊平原交界的西北角，并且形成了一条深涧——樱桃沟。特殊的地理环境使其北部园林介乎寺观园林和郊野园林之间。清代在明代基础上以姑苏天池石壁为原型，重新赋予了其园林意象。樱桃沟本为郊野园林，南部与普觉寺连成一片，清初孙承泽修建了私家园林退谷别墅，为

其增添了人工景致。从乾隆十五年始，樱桃沟更被开发为西郊四处水源头之一，至清末一直发挥着水利上的重要作用。

四、香界寺、宝珠洞行宫

（一）"八大处"概述

翠微山、平坡山、卢师山统称"三山"，是北京西山山脉中三座相邻山峰。它们在地理位置上紧邻香山和青龙山，并和它们一起构成了北京城西部屏障。此三山中翠微在南，平坡在北，卢师在东。三山相拥呈环抱状，也因此形成了冬暖夏凉的怡人小气候（图5.1.15）。

"卢师山，在京西三十里。山半为秘魔崖，崖石嵌空，几二丈。旧传，隋末有沙门曰卢师，居此山，能伏大青、小青二龙，故名。岩下一池，二青蛰处，视之若不甚深，然探入不可穷……翠微山，在城西三十余里。上有圆通寺，盖旧平坡寺也。姚少师常言：平坡最幽胜，学佛所宜居。山半有平地，故名，洪熙初始改今名。"[1]

"下弘教寺循山趾而南，有卢师山，与平坡山并峙……平坡山亦名翠微山，前朝建平坡寺。"[2]

明末文人游记和北京地方史志中通常将翠微山和平坡山合为一山，对卢师山的描述主要基于卢师和尚和大小青龙的传说。近代由于三山中尚存古寺八座（图5.1.16），"八大处"之名不胫而走。八

---

① 《古今图书集成·方舆汇编山川典·西山部汇考》。
② 蒋一葵：《长安客话》，北京，北京古籍出版社，1982年，58~59页。

图 5.1.15 翠微山、平坡山、卢师山（采自八大处公园宣传牌）

图 5.1.16 "八大处"庙宇分布（图底为八大处公园宣传牌）

座古寺分别为：一处长安寺，始建于明代；二处灵光寺（图 5.1.17）创建于唐，庙内有辽代"招仙塔"；三处三山庵始建于金，因地处三山交界处得名；四处大悲寺创于北宋或辽金时期，大雄宝殿内现存十八罗汉像传为元名家刘元所塑；五处龙泉庵为明清时庙宇，因寺内泉水得名；六处香界寺是八大处主庙，传说唐既有之，乾隆年间归静宜园所管；七处宝珠洞是清代为了配合香界寺和行宫，将一座传说中高僧修行坐化的石洞加以建设，敕建了庙宇和行宫；八处证果寺与隋末高僧卢师的传说相关联。

虽然近代将八座寺院并称，但明末以来文人游记和地方志中几乎只描写香界寺和宝珠洞、证果寺和秘魔崖两处，如灵光

图 5.1.17　1870—1875 年灵光寺旧影（采自 Pearce, Nick. *Photographs of Peking*, China 1861-1908，或为 John Dudgeon 拍摄）
图片正中密檐塔为建于辽咸雍七年（1071 年）的招仙塔。塔和寺庙均于 1900 年被八国联军轰塌，隔年在地宫中出土天会七年（1129 年）藏"释迦牟尼佛灵牙舍利"

寺等其他诸寺，则基本不提。明清时期，来西山游览的士人群体是经由香山，通过连接香山和平坡山的山路到达的。弘教寺（香界寺前称）恰好位于邻近山顶的平坡上，再向东则为秘魔崖。从香山到弘教寺、秘魔崖并没有较大的海拔变化，总体是在比较平缓的坡度上行进的。清光绪三十二年（1906年）的《燕京岁时记》中记载清末市民重阳节登高，城外最远到"西山八刹"。

综上所述，随着北京城市建设的发展以及北郊香山被开辟为皇家园林不再对公众开放，八大处在西郊寺庙建筑中的地位与日俱增，在一定程度上填补了香山诸寺成为禁苑之后的空白。

（二）香界寺和宝珠洞历史沿革

明代，香界寺俗称平坡寺。《帝京景物略》言，因翠微山"以山半得地，差平可寺，曰平坡矣"。平坡寺的始建年代已不可考，《长安客话》记载，寺后殿有一尊唐代藤胎大士像。《日下旧闻考》则言：

"香界寺旧为平坡寺，明仁宗时曰圆通寺。本朝康熙十七年修葺，赐名圣感，今上乾隆十四年复易今名。"[1]

宝珠洞，在香界寺北一里。

"洞石黑，白点渗之，珠名以此。僧乃说，夜有珠光照岩也。上洞，登攀绝苦，然蔽山大小石，苔绣其上，如古锦，如番帜，虽肩息据木，而瞻眺不休。"[2]

乾隆皇帝驻跸静宜园时常出园西北的"丰裕门"至八大处礼佛。并御制"香界寺碑文"[3]。经过两代清帝的修缮，香界寺恢复了往日"制宏丽，宫阙以为规"的景象，并和宝珠洞一起纳为静宜园附属寺院。

（三）香界寺、宝珠洞及行宫的建筑布局

根据乾隆五十八年《香界寺哼哈殿、天王殿、三层殿、四层殿、两配殿、藏经楼、龙王庙、诸法正观、宝珠洞、关帝庙等处供器清册》和《绿净平皋、取畅山情、膳房、云卧天规、澄观万有等处陈设清册》记载，修缮后的香界寺中路共五进院落，由南向北地势逐层升高。一条山路自东南而至庙门三间"哼哈殿"。中路建筑从南到北依次为，三间天王殿、五间三层殿、五间智镜周圆殿、五间二层的藏经楼。

从三层殿东西两座配殿开始，至最后一进藏经楼，香界寺中路被"｜一｜"形游廊环绕，其间还有智镜周圆殿东西配

①[清]于敏中等：《日下旧闻考》，北京古籍出版社，1983年，1706页。

②[明]刘侗、于奕正：《帝京景物略》，北京古籍出版社，1983年，274页。

③[清]于敏中等：《日下旧闻考》，北京古籍出版社，1983年，1709页。香界寺在香山迤南，故为平坡寺，不知其所由始，盖古刹也。其后名圣感寺，康熙中僧海岫薰修于此，经营十载，重事鼎建。皇祖圣祖仁皇帝尝再幸其地，赐御书榜额，且制碑文，勒石纪焉。阅今数十年，丹青剥落，庭宇且就荒矣。朕驻跸静宜园间，于几暇游览近地，偶叩禅扃，瞻仰宸翰，云霞晖丽，照灼犹新，剔藓扪碑，具悉始末。因出内帑，命将作撤而新之，易其名曰香界。夫西山岩壑幽邃，峰岫环暎，林泉烟霭，随处具有佳致。精蓝、梵宇远近相望，皆足为名山增胜。概而朕意所存。自以皇祖经临，永昭神迹，香林法界，允宜敬谨护持，又不独智仁山水之乐云尔。爰刻文碑阴，以志岁月。

殿和藏经楼东西配楼。中路院落以东是香
界寺行宫院。行宫有三进院落，顺着布置
层层叠石的台阶而上，第一进院落为七间
香界寺行宫，后为五间，前抱厦三间的"绿
净平皋"殿，再后是五间的"取畅山情"敞
厅。敞厅和"绿净平皋"殿西用游廊连接，
中有一座垂花门。穿过垂花门是三间的御
膳房。

沿香界寺东山路上行约1里（500米）
到达一平坡，与山道相对的是三间前出抱厦
两间的关帝庙。沿山路西行，道路中间有一
座牌坊，迎面书"欢喜地"，北面书"坚固林"，
均为乾隆御笔。过牌坊前行百米路边一块大
石上为乾隆十三年游宝珠洞所留下的三首
绝句。（图5.1.18、图5.1.19）

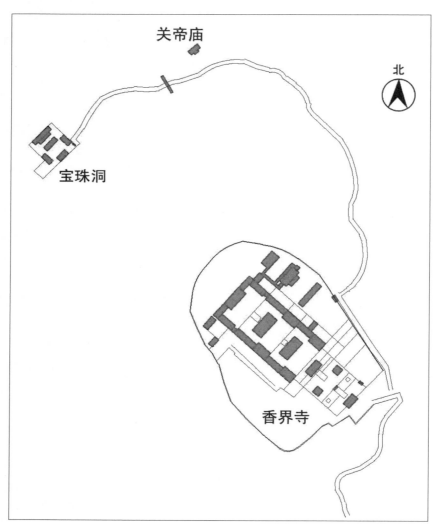

图 5.1.18　香界寺和宝珠洞平面图（根据现场调研数据和样式雷图改绘）

图 5.1.19　香界寺和宝珠洞现状（2010 年摄）
（a）山路和香界寺山门　（b）香界寺天王殿　（c）香界寺圆通殿　（d）香界寺大雄宝殿
（e）香界寺行宫绿净平皋殿　（f）关帝庙　（g）宝珠洞澄观万有敞厅　（h）宝珠洞前诸法正观殿

第二节 潭柘寺

一、寺院格局概述

潭柘寺位于北京西部门头沟区东南部的潭柘山麓（图5.2.1），"去都西北九十里"，是北京最古老的佛寺之一，"寺址本青龙潭，上有柘树。祖师开山，青龙避去，潭平为寺[①]"。《春明梦余录》又记载："潭柘寺，晋曰嘉福寺，唐曰龙泉寺。旧志谓有柘千章，今无矣。燕人谚曰：先有潭柘，后有幽州。此寺之最古老也。"这也是如今北京谚曰"先有潭柘寺，后有北京城"的出处。

明代官方多次出资修整、扩建寺院：宣宗宣德二年（1427年），孝诚皇后赐帑建造殿宇，越靖王建延寿塔，敕赐名龙泉寺；英宗正统年间（1436—1449），诏改广善戒坛，并赐金额，颁《大藏》，建阁贮之；天顺元年（1457—1464），敕改仍名嘉福寺；弘治、正德年间司礼监戴良炬对潭柘寺的扩建工程尤为关键，使得潭柘寺"殿庑堂室，焕然一新。又增僧舍五十余楹。[②]"由此可见，如今潭柘寺三路的格局和规模基本是在明代形成的（图5.2.2）。

清康熙年间潭柘寺经历了大规模的扩建，圣祖赐名岫云禅寺。雍正八年（1730年）始建清西陵，潭柘寺地处从京城到易县的"京易大道"上，成为清帝谒陵途中的重要行宫。直到清末，潭柘寺历经多次修葺，大体成就了今日的格局（图5.2.3）。从康熙三十一年（1692年）开始，在寺院原有格局的基础上，重修扩建寺内大雄宝殿、三圣殿（不存）、毗卢阁等建筑，于寺内方丈院东侧修建行宫院。此后多年逐步增建了圆通殿、药师殿、楞严坛、文殊殿、大悲坛等单体建筑，以及一些配殿厢房等辅助用房。寺院在明代时期形成的格局上，建筑数量逐渐增加，规模达到"南北八十丈有奇，东西五十丈有奇，周围共三百丈[③]"。

整个寺院建筑布局可分为中、东、西三路。中路建筑自山门起依次为天王殿、大雄宝殿、三圣殿和毗卢阁。西路有楞严坛、戒台和观音殿等。东路有方丈院、财神殿、延清阁和明代的金刚延寿塔。再东为行宫院：南部万岁行宫先为康熙和乾隆皇帝驾临潭柘寺而建，后来成为王公贵族的修养之所；北部台地上的小院落为太后行宫，是乾隆皇帝为太后所建。

二、整体园林意象

潭柘寺选址于山地与平原的过渡地段，周围的自然环境极为优越，整体坐北

---

① [清] 于敏中等：《钦定日下旧闻考》，卷一百五西峒（西十五）。

② [明] 谢迁：《记重修嘉福寺碑文》。

③ [清] 神穆德撰，释义庵续修：《潭柘山岫云寺志》，卷一"中兴重建"，中国书店点校本，2009年。

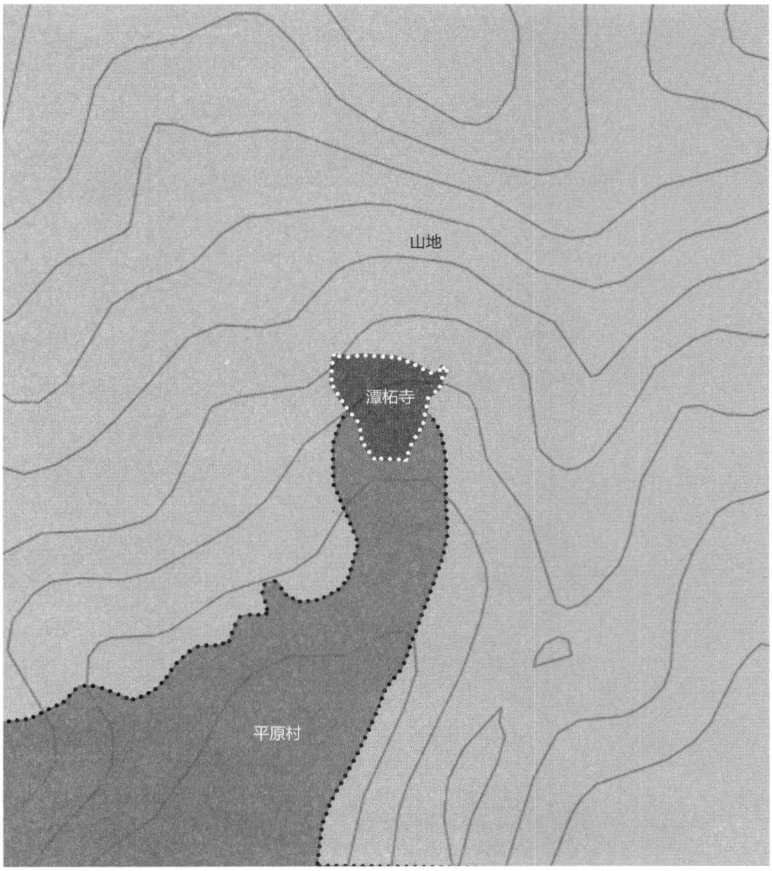

图 5.2.1　潭柘寺山地关系图
（韩荣、卢见光绘制）

朝南，背后“以一培塿当群山心，九峰扆而立焉①”。寺院整体充分利用围合的山体，组群东、西、南三方向被水体环绕，形成“藏风、聚气、得水”的理想景观格局；内部则通过平整土方形成层层台地，并配合植物种植、院落布置，利用多种手法组织自然要素。由此可见，潭柘寺的整体景观与周围环境呼应，内部则充分利用自然环境形成了富有园林意趣的寺院格局。

潭柘寺自南向北而建，利用坡道、台阶、平整土方的方式对山地进行处理，山势自南向北逐渐升高形成六级台地（图 5.2.5）。比如中路南端牌楼与北端毗卢阁高差为 13.43m，坡度为 4.39°。在竖向设计上，层层升高的台地是眺望和借景的

①《缑山集》。

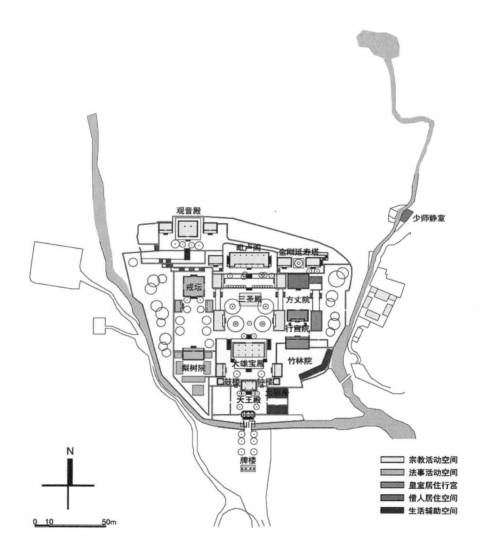

图 5.2.2　明代潭柘寺平面格局推测示意图
（天津大学测绘，韩荣绘制）

第五章

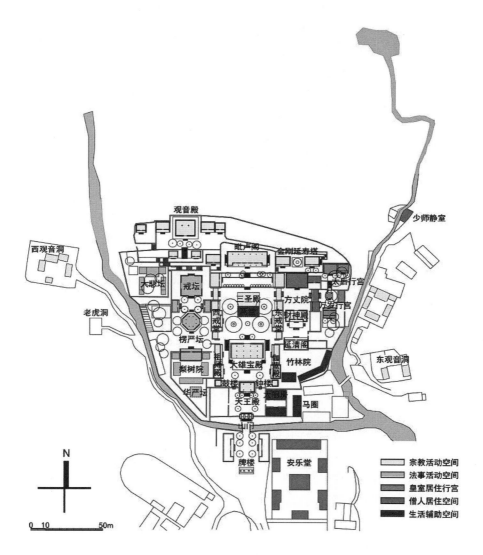

图 5.2.3 潭柘寺总平面图
（天津大学测绘，韩荣绘制）

257

图 5.2.4　潭柘寺鸟瞰图
（韩荣 2018 年摄）

极好地形，三路在整体高差变化中又各有不同的趣味，极大地丰富了寺院园林的景观层次（图 5.2.6）。

　　西山一带具有较多透水性强的石灰岩，形成大量溶洞，因而山泉丰富。因此潭柘寺不仅有群山环抱，也有泉水环绕。寺院东侧的浣花溪，西侧的碧玉溪以及南侧的印月溪所形成的沟壑从三个方向将寺院环绕其中，一方面为寺院提供水源，另一方面也可以阻隔外界的威胁，成为寺院天然的防御屏障，同时在雨季也可以作为为泄洪道减缓洪流对寺院的造成冲击（图5.2.5）。潭柘寺周围大量的溶洞也结合宗教传说，成为寺内富有特色的信仰与游览空间。如寺院西侧的老虎洞，原来是崖下的一座塌落型天然洞穴，后被修缮用来供奉在寺内行医讲法的因亮法师的"肉身佛"；东观音洞和西观音洞则是利用崖壁

人工打造的洞穴，结合曲折的山道成为区别主体组群，兼具清幽氛围与神秘色彩的宗教空间（图 5.2.7）。

　　潭柘寺的植物景观极富盛名。最著名者是三圣殿两侧的两株巨大的银杏，被乾隆皇帝亲赐为"帝王树"（图 5.2.8）和"配王树"，树龄均逾千年。金刚延寿塔两侧的两棵古松——双凤舞塔松，以及方丈院内的两棵侧柏——千年柏，都是利用了"对植"的形式，高耸对称的植物起到烘托建筑物的作用。明代种植于毗卢阁前的花池中的探春和几棵玉兰树，是利用了"丛植"的形式，高低错落的花木起到丰富空间的作用。其中两棵较大的玉兰被称为"二乔玉兰"，白紫相间的玉兰在北京地区比较罕见，是潭柘寺一绝。而在太后行宫前种植大片"金镶玉竹"，则是利用了"群植或片植"的形式，郁郁葱葱的竹林起到障

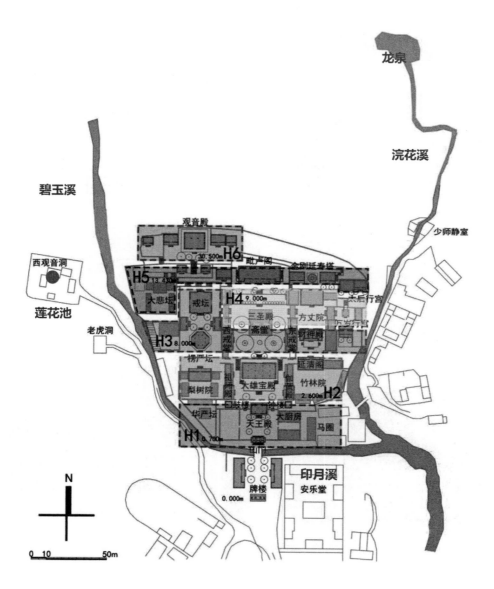

图 5.2.5　潭柘寺六级台地与水系示意图
（天津大学测绘，韩荣绘制）

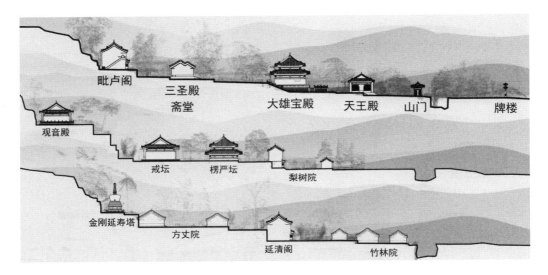

图 5.2.6 三路高差示意图
（天津大学测绘，韩荣绘制）

图 5.2.7 潭柘寺利用自然元素构景的部分空间
（2017 年摄）

景的作用使院落更显幽静，这片竹林是康熙御赐的"龙须竹八扛"①，后来竹子繁衍成林，分别移植到戒坛后和延清阁前。此外，在佛教寺院内多种植娑罗树，潭柘寺内有十多棵娑罗树，主要分布于帝王树与配王树南侧（图 5.2.9）、方丈院、行宫院、戒坛院、大悲院以及下塔院内。

三、行宫园林

潭柘寺除了整体的山地寺院园林意象外，其行宫院内还有几处小型园林。清代行宫区集中于东路方丈院东侧，始建于清康熙三十一年至三十三年。其中太后行宫位于第五级台地，建筑为硬山顶覆灰瓦，面阔三间（图 5.2.10）；万岁行宫位于第四级台地，主建筑是硬山顶覆灰瓦，面阔三间。院落由金镶玉竹林分隔，通过中间的 14 步台阶相连，高差约 2.5 米（图 5.2.11）。《寺志》中描述："行宫制度虽不及殿阁之崇广，而碧瓦朱开，明敞靓丽，与泉香翠影相萦带。御书匾联、日星辉映。奇花异卉，皆出内赐。青葱芬馥，在鹊炉翠扇间。娱亲爱日之诚，至今犹可想见焉。"②东路整体上茂林修竹、名花异卉，潺湲泉水、萦留其间，配以叠石假

图 5.2.8　潭柘寺帝王树（2017 年摄）

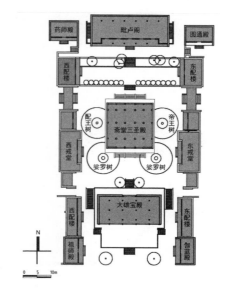

图 5.2.9　潭柘寺中路帝王树、配王树和娑罗树的位置示意
（天津大学测绘，韩荣绘制）

---

① [清] 神穆德撰，释义庵续修：《潭柘山岫云寺志》，卷一"行幸颁赐"，中国书店点校本，2009 年。
② [清] 神穆德撰，释义庵续修：《潭柘山岫云寺志》，卷一"中兴重建"，中国书店点校本，2009 年。

图 5.2.10　潭柘寺太后行宫（2017 年摄）

山，与中路和西路浓厚的宗教氛围恰成对比，体现了清幽的园林意境。

万岁行宫的主要园林建筑名为"猗玕亭"（图 5.2.12），是乾隆为"曲水流觞"而建。亭内石面上刻有一条弯曲盘旋的石槽，宽、深各 10 厘米，构成龙头图案（图 5.2.13）。乾隆皇帝曾题诗一首：扫径猗猗有绿筠，频伽鸟语说经频。引流何必浮觞效，岂是兰亭修契人[1]。《寺志》中这样描述："流杯亭，在万岁宫后。高士奇《金鳌退食记》云：流杯亭，在无逸殿旧址。风棂水槛，甍角飞动，细渠屈曲，琼溅玉飞。此间潭水自山而下，绕阶。中亭镂砖石为九曲、放之则流驶不停，止之则清澈可鉴，洵足以澄虑怡神。"[2]

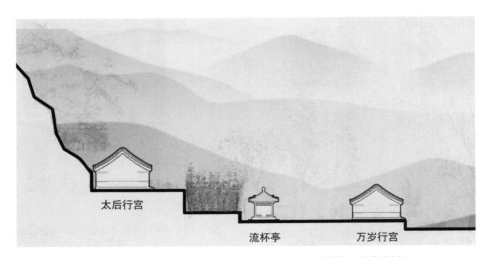

图 5.2.11　潭柘寺东路行宫院高差示意图（天津大学测绘，韩荣绘制）

太后行宫

流杯亭　万岁行宫

---

① [清] 于敏中等：《钦定日下旧闻考》，卷九十"郊坰（南）"，北京古籍出版社，1981 年。
② [清] 神穆德撰，释义庵续修：《潭柘山岫云寺志》，卷一"中兴重建"，中国书店点校本，2009 年。

图 5.2.12　潭柘寺猗玕亭石槽（2019 年摄）

四、寺院游览

除了上述寺院、园林胜景外，潭柘寺内还有著名古迹"元妙严公主拜砖""金元殿鸱"等，历来就是北京的游览名胜地，文人亦多有诗文咏赞。从金代起，历代皇室都有到潭柘寺进香礼佛的记载。明代，潭柘观佛蛇的风俗成为京城百姓社会生活的一部分，《宛署杂记》中对此民风土俗有所记载："县西潭柘寺有二青蛇，与人相习，每年以四月八日来见，寺中僧人函盛事之。事传都下，以为神蛇，游人竞往施钱，手摩之，以祈免阨。僧人因而致巨富云。"[1]乾隆皇帝初游潭柘寺时，将其与香山寺并称为"西山两名寺"。道光时，满族大臣麟庆在《鸿雪因缘图记》中记述了两次去潭柘寺的经历[2]（图 5.2.14、5.2.15），此时寺内行宫园林是对王公贵族开放的。

潭柘寺游览的兴盛，更与道路系统的发达相辅相成。寺院地处深山，因而形成了多条古香道（图 5.2.16）。其中一部分古道是由皇室或官家出资修建的御道，如京易御道，是清帝出京谒陵的路线，沿途串联起一系列的行宫，潭柘寺的行宫即为其中重要一环；一部分是民间修建，包

① [明] 沈榜：《宛署杂记》，第十七卷"民风一 土俗"。

② "京都山水佳境半归寺观，而以碧云、香界、潭柘为尤胜……翌辰又招遊潭柘，遂相与度罗睺岭。易舆以马，出丛棘中，仰天如线，可五六里，颓山四合，复里许，山开九峰。寺当其中，晋名嘉福，唐曰龙泉。谚云先有潭柘后有幽州，盖最古，云康熙间圣祖临幸更名岫云，旁建行宫有猗玕亭、延清阁、太古堂。诸胜传寺本海眼，殿基即潭。唐时华严尊者说法，龙来听经，愿舍潭为寺。一夕大风雨，龙徙潭平，而至今泉仍涓涓不息，柘已久枯，高八九尺，上覆瓦亭，其书壁及殿上鸱吻工巧绝伦，传是金元故物。时山树生香，秋林染艳间以，琳宫石塔，浓淡相兼，自是红尘绝境。因同坐寺门，数登高，故事共得四十余则，盖是日正重阳也。"——《鸿雪因缘图记》第一卷"潭柘寻秋"。

"流杯亭在潭柘寺内，乾隆间重修，赐额曰猗玕清境。檐下琢石为渠，作蟠龙相对势，引泉自东而西。余于壬午秋来游会，有客未登斯亭，随瞻舍利塔、毗卢阁、楞严坛而返。按寺康熙间赐名岫云，其故实已详前集潭柘寻秋记中……下岭抵刚子涧，流泉幽修。又上高坡，处处泉漱石齿。沿坡数转，仰见山门绰楔。圣祖御书额曰翠嶂丹泉。入寺问红木篦，龙子已去。观三圣殿旁银杏高十丈，真千年物，旁生五株，均高数丈。僧指庄亲王坊记相示。西诣观音殿瞻妙严公主拜砖，双跌隐然几透砖背，相传为元世祖女，惜元史公主表纪载，寥落名字不传。又观宗室永瑞偕夫人合绣《楞严经》，全部寺僧目为雌雄经，奇妙品也。随饭延清阁，憩猗玕亭，因寺禁酒乃瀹菊茗，就石渠泛瓯代觞，以偿凤瓜。茗饮既辍山情孔多，遂至歇心亭，踞石听泉琮琤如琴，筑合奏。再上为明姚少师广孝净室，少师以僧伽衣加朝服上，旁侍四童，病虎形容犹堪仿佛。闻龙潭去此尚三里许，以日夕仍返戒台，大抵戒台之胜在松，潭柘之胜在泉，因成八绝句纪游泉耶、松耶、吾何幸耶。"——《鸿雪因缘图记》第三卷"猗玕流觞"。

图 5.2.13　潭柘寻秋（采自《鸿雪因缘图记》）

图 5.2.14　猗玕流觞（采自《鸿雪因缘图记》）

括香会集资、商号与百姓共筑两种。这些古香道经过多年持续不断的整修，如今统称为京西古道。它们一方面加强了寺院的对外交往，是西山游览的重要交通设施；一方面也带动了古道沿线村落的兴起和发展，成为西山前山区聚落形成、规模壮大的主要原因。

五、小结

潭柘寺虽距离城市较远，却以悠久的历史和众多的古迹，成为西山名刹。寺院选址呼应山地地形，在历代建设中形成了台地层层递进、水系三面环绕、洞穴、崖壁、山道、名木等元素巧妙配置的布局特色，体现了"可行、可望、可居、可游"的理想山水观，是寺院空间园林化的典型代表。随着拜谒清西陵的道路系统和行宫体系的完善，潭柘寺在有限空间内紧凑布置，以猗玕亭为核心，结合曲水流觞和台地高差，辅以植物障景，形成了独具特色的行宫园林区。

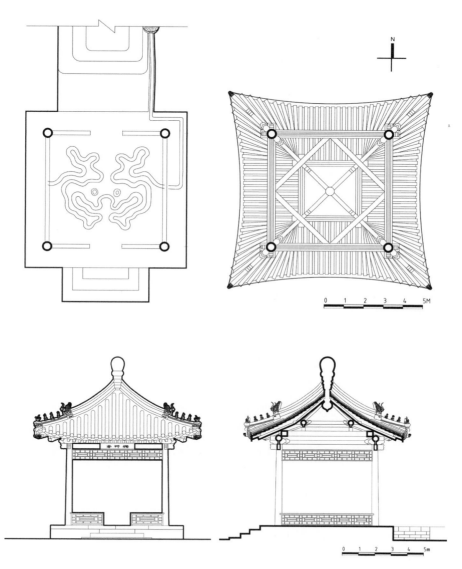

图 5.2.15　猗玕亭测绘图（天津大学测绘，韩荣绘制）

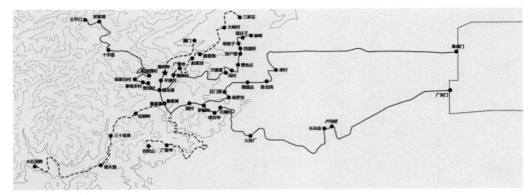

图 5.2.16 终点是潭柘寺的京西古道示意图（韩荣、卢见光绘制）

第三节 大觉寺

一、大觉寺与北京城

北京西山大觉寺选址于太行山山脉北端的阳台山东麓，这里西北高、东南低的地形条件，使得自东南而来的湿润空气在山前受阻，形成降雨，而石灰岩较多、透水性较强的地质特征，又使得地下水间断露出形成山泉①。大觉寺所在的西山山前地带，海拔不高、坡度较缓，是连接北京西郊平原与山地的过渡区域（图 5.3.1）。其背枕重峦、山势环抱，居高临下、俯瞰沃野，具有着良好的基地条件和景观优势，是"择吉处而营之"②的理想栖居之所。

西山大觉寺东距辽南京、金中都及其之后的元大都、明清北京城，在百里以内，

一日可达，是直接受到北京城市辐射影响的京畿区域。看似远离尘世、地处偏幽的大觉寺，其兴衰起伏的寺院沿革与北京城的历史发展紧密联系在一起。

大觉寺现存辽代古碑记载"院之兴，止于近代"③，因此有学者推测在辽圣宗时期便已兴建并达到了一定规模。辽圣宗即位后整顿吏治，进取图新，特别在统和二十二年（1004 年），辽宋之间签订了"澶渊之盟"，其后双方各守旧界、罢战息兵长达百余年。统和三十年（1012 年），北京改名为"南京析津府"，国内的社会太平、外部的缓和稳定，都为大量人口迁居辽南京创造了机遇。在辽代崇佛风气盛行、陪都城市发展的背景下，西山大觉寺（辽代称为清水院）才能够募得信士八十万缗的巨额捐资来修葺经舍和刊印《大藏经》，同时奠定了寺院整体面东的基本格局，并将此传统一直延续至今④。

①田建春：《海淀区地名志》，北京出版社，1992 年。
②[汉] 刘熙：《释名》。
③北京图书馆金石组：《北京图书馆藏中国历代石刻拓本汇编》（辽咸雍四年）阳台山清水院藏经记碑。
④岳升阳：《侯仁之与北京地图》，北京科学技术出版社，2011 年。

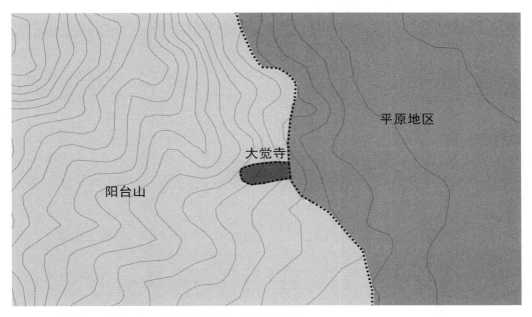

图 5.3.1　大觉寺所在的阳台山山前地带（韩荣、卢见光绘制）

金代海陵王由位于黑龙江阿城的上京迁都燕京，定名为"中都大兴府"。北京也开启了由地区性中心向全国性都城的历史进程，当时出访金朝的南宋官员楼钥形容金中都为"雄壮特甚"。金朝统治进入繁荣兴盛的金章宗时期，这一时期人口稳增，府库充盈，政局安定，金中都城内原有一片依靠洗马沟提供水源的皇家苑囿同乐园，但城池高墙之内的同乐园难以束缚住追求山水之间、自然之乐的游牧民族统治者的本性，金章宗又在北京西山选取八处泉水胜地建立行宫（图 5.3.2），大觉寺即"西山八大水院"之一的清水院，这也是大觉寺第一次与皇室宫廷发生直接联系，并由此形成了寺院加行宫的基本格局。

元代通惠河的开凿，使得元大都这个政治中心与江南的经济中心连接起来，给北京带来了政治上的稳定和经济上的繁荣。为了给通惠河供水，兴修了白浮堰，从昌平白浮村神山泉引水，顺应地形平缓下降、迂回南流，将西山泉水全部汇集，经瓮山泊，注高梁河，流入大都城内的积水潭。北京西郊地区水利、交通基础设施的建设，也为大觉寺（元代称为灵泉佛寺）在明清时期深入融合到北京的城市生活中创造了条件。

明成祖迁都北京后，大量贵胄富商随之而来，西山地区良好的生态环境，秀丽的自然景观，引来众多私家园林的大量建设，同时也成为京城人们郊野游览的理想目的地，如《宛署杂记》是迄今最早描述

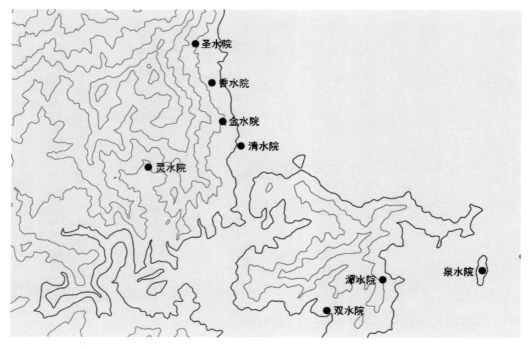

图 5.3.2　金章宗八大水院位置示意图（韩荣、卢见光绘制）

大觉寺历史的资料①。私家园林的建设、郊野游览的兴盛促进了西郊基础设施的不断完善，也将大觉寺拉近到了明代皇室的崇佛、祈福、纳祥等活动之中。明宣宗、明英宗、明宪宗时期对大觉寺进行过三次大规模的翻修扩建，明宣宗还曾数次驾临。明宪宗生母周太后更是世居于阳台山东麓的周家巷村，为追思曾祖妣，成化十四年（1478 年）出内帑重修大觉寺后，又派从弟主持寺务，大觉寺因此由皇家寺庙升格为太后家庙，也奠定了如今大觉寺中路建筑的基本形态和规模。

清朝定都北京之后，继承了明代宫殿和城市格局，未曾进行大的变动。城市内部建设的相对完善为北京西郊皇家园林的建设活动提供了契机。侯仁之先生曾评述："这座城市真正景色迷人之处，还是在城区与西山之间的西北郊。那里既有雄伟的山色，也有注入湖泊泉水的丰沛水源。"②随着"三山五园"等皇家园林的建设，北京西郊在清代得到了前所未有的大规模开发，并且带动了西山地区的发展，大觉寺于此时也因缘巧合得到了雍正、乾隆两代皇帝的眷顾。大觉寺南路行宫建筑群、中路佛殿建筑群、北路僧院建筑群的基本格局在清代雍正、乾隆时期最终形成

①大觉寺，在北安河，宣德年出内帑金重建，敕赐今名。正统十一年重修，有御制碑二道。
②侯仁之，著，邓辉，申雨平，毛怡，译：《北平历史地理》，外语教学与研究出版社，2013 年，131 页。

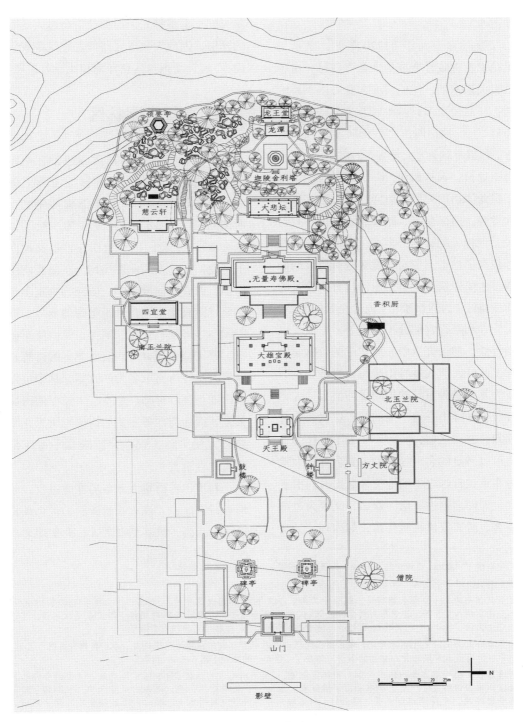

图 5.3.3　大觉寺总平面图（天津大学测绘，付蜜桥、韩荣绘制）

（图 5.3.3）。

康熙五十九年（1720 年），雍亲王胤禛推荐迦陵性音成为大觉寺住持，由于二人关系密切，他们常在大觉寺内参禅论道："延僧坐七，二十、二十一随喜同坐两日[1]"，雍正即位之后仍时常驾临大觉寺，并留有题为《大觉寺》的御制诗："寺向云边出，人从树梢行"。乾隆时期，每年黑龙潭祈雨之后，乾隆皇帝常顺路来到大觉寺，追忆皇考、睹物思人，留存有与大觉寺相关的御制诗多首。两代帝王的眷顾带来了皇室出资对大觉寺进行持续的修缮，主要建筑因此呈现出清代官式建筑的典型特征。为迎接雍正、乾隆皇帝的驾临，大觉寺南路行宫部分不断完善，形成了以四宜堂、憩云轩为中心所构成的行宫建筑群。此外，清代妙峰山碧霞元君香会逐渐成为北京最为重要的民间信仰盛会，大觉寺位于妙峰山香道中道的起点位置，香会期间，香火之盛，实可甲于天下，作为日常可以涉足的名声显赫的古刹名寺，大觉寺在京城百姓之中的地位显著提升。由于大觉寺闻名遐迩、僧人众多，又要为过往香客、游客提供临时住宿，如冰心、吴文

藻夫妇、季羡林先生等都曾借宿过大觉寺的禅房，因此大觉寺北路僧院建筑群规模庞大，建筑面积与其它寺院相比显著扩展。

二、行宫园林区

南路行宫区有四宜堂和憩云轩两组庭院式建筑。东部垂花门内是雍正赐名的四宜堂（图 5.3.4），建于清康熙年间，所谓的四宜是"春宜花、夏宜风，秋宜月，冬宜雪[2]"之意。四宜堂所在组群又称南玉兰院，正房及两侧厢房均为灰筒瓦硬山屋顶，四宜堂面阔五间，匾额为雍正皇帝御笔，四宜堂也正是雍正皇帝的斋号。圆明园中亦有四宜书屋，匾额也是由雍正御书，雍正皇帝还有《四宜堂集》的诗集，他将大觉寺行宫取名为四宜堂，从中可以看出他与迦陵禅师、皇室与大觉寺的密切关系。因为与西郊主要的祈雨场所黑龙潭路程方便（图 5.3.5），乾隆几乎每年都到大觉寺游赏[3]

麟庆也曾游览大觉寺后在此过夜，他形容行宫区："经北过憩云轩，僧化成具蒲食、豆粥，饭罢挹泉煮茗。旋贺焕文挂

---

[1] 爱新觉罗·胤禛：《禅宗经典经华·历代禅师语录·御制后序》。
[2] 《圆明园四十景图咏·四宜书屋》。
[3] 虽只住一两日，但每来都有诗。乾隆十二年（1747 年）《初游大觉寺诗》，乾隆三十三年（1768 年）《御制大觉寺杂咏八首》等，其中有写到《四宜堂》："佛殿边旁精舍存，肃瞻圣藻勒楣轩。四宜春夏秋冬景，了识色空生灭源。"四宜堂也是其起居之所，诗中的"圣藻"，是指雍正写的四宜堂匾额。
从堂后拾级而上，是主体五开间，朝东出三间歇山敞厅的憩云轩，匾额为乾隆御笔，取"我憩云亦憩"之意。憩云轩前有成云片状的青石堆砌的石景，体现了"憩云"的主题（图 5.3.6、图 5.3.7）。
行宫区在寺院南路自成一体，西部与园林区相连，《日下旧闻考》记载了行宫区整体意象：寺旁精舍内恭悬世宗御书额曰四宜堂。皇上御书额曰寄情霞表。联曰：清泉绕砌琴三叠，翠篠含风管六鸣。又联曰：暗窦明亭相掩映，天花涧水自婆娑。憩云轩，轩名额曰，并轩内额曰涧响琴清。联曰：风定松篁流远韵，雨晴岩壑展新图。又联曰：泉声秋雨细，山色古屏高。皆……旁有僧性音塔。[清] 于敏中等：《钦定日下旧闻考》，卷一百六"郊坰"，北京古籍出版社，1981 年，1764 页。

图 5.3.4　四宜堂（2013 年摄）

图 5.3.6　憩云轩前山石（郑阳阳 2018 年摄）

图 5.3.7　憩云轩（海因里希·希尔德布兰德《大觉寺》1897 年）

杖寻僧，陈朗斋倚栏做画，贻斋因事辞归，余乃拂竹床，设藤枕，卧听泉声，淙淙琤琤，愈喧愈静，梦游华胥，脩然世外。少醒，觉蝉噪逾静，鸟鸣亦幽，辗转间又入黑甜乡。梦回啜香茗，思十余年来，值伏、秋汛，每闻水声，心怦怦动，安得如今日听水酣卧耶。寺名大觉，吾觉矣。"①（图 5.3.8）

① [清] 麟庆：《鸿雪因缘图记·第三卷·大觉卧游》。

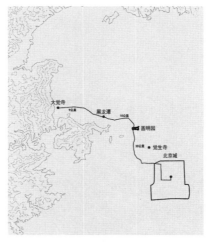

图 5.3.5　大觉寺与北京西郊主要祈雨地点的关系示意图（韩荣、卢见光绘制）

三、西部园林区

大觉寺自山门前广场至后部龙王堂以西，整体东西向进深约 280 米，高度提升约 23 米。随着坡度的不断变大，院落空间也逐渐收窄，由天王殿前进深 80 米的院落过渡到龙王堂前进深 8 米的空间，院落空间感受由开敞转为紧凑，高差处理也由坡道变为台阶（图 5.3.9）。而寺院最后部在顺应自然山形的基础上，利用人工堆土叠石塑造假山，所构成的坡度陡峻、但又豁然开朗的附属园林，在保留自然山体气势之中又不失人工雕琢的精巧雅致。这些都是充分根据基地的自然条件，因地制宜进行设计的结果。大觉寺的附属园林可根据构景主题分为两区，南部的假山区和北部的龙潭古塔区：西南角

图 5.3.8　大觉卧游（麟庆《鸿雪因缘图记》）

图 5.3.9　大觉寺中路建筑地形高差示意图（天津大学测绘，高原、韩荣绘制）

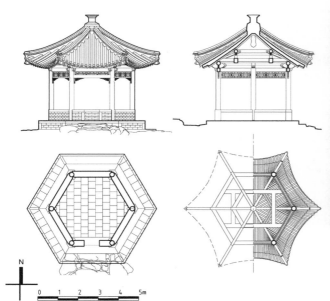

图 5.3.10 领要亭平、立、剖面图（天津大学测绘，高原绘制）

图 5.3.11 龙潭（2013 年摄）

图 5.3.12 龙王堂（2013 年摄）

上依山叠有大面积假山，循蹬道而上，有亭名"领要亭"（图 5.3.10），居高临下可一览全寺和寺外群山之景；寺院中轴线底端建龙王堂，堂前开凿方形水池"龙潭"，龙王堂和迦陵舍利塔隔池相望（图 5.3.11），且楼阁、古塔和潭的尺度经过了设计，登上龙王堂，整个古塔的倒影正好容纳于潭中（图 5.3.12）。古塔、水景和假山成为此园林的主要特色。大觉寺白塔，建于大悲坛北侧。以往认为其建于乾隆十二年（1747 年），是清雍正年间寺内住持迦陵性音禅师的墓塔，因此又称迦陵和尚塔、迦陵舍利塔，《日下旧闻考》称其为"僧性音塔"。但是这种说法近些年被质疑，有学者考证白塔为一座建于元末明初的佛塔，迦陵禅师的墓塔另有所在[1]。白塔是砖石结构，总高 14.59 米，为瓶型覆钵式（图 5.3.12）。地上由塔座、塔瓶和塔刹三部分组成。白塔的塔基呈八边形须弥座式。其上阶基为带束腰带的圆形，塔瓶收分较小，正面的眼光门突出，与其上十三法轮交接处线脚简洁，无莲花盘。十三法轮部分较粗壮，其上伞盖部分相对法轮直径较小，对比潭柘寺内建于明宣德年间的金刚延寿塔（图 5.3.13），二塔规模相仿，但是延寿塔的

---

[1] 王松、宣立品：《雍正皇帝与迦陵禅师——从迦陵禅师和大觉寺看雍正皇帝与佛教》，北京燕山出版社，2015 年。"第十三章 迦陵禅师舍利塔考"（117~122 页），提出三点质疑：第一此白塔为迦陵禅师舍利塔是 20 世纪 80 年代之后的误传，第二从塔的形制考证应为元末明初建筑，第三真正的迦陵禅师真身舍利塔在大觉寺塔院内（已毁）。

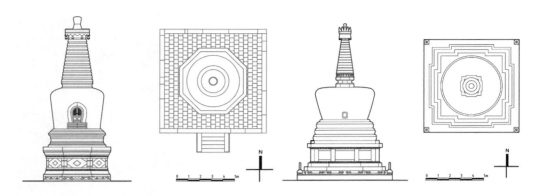

图 5.3.12　大觉寺白塔平面和东立面　　　　　　图 5.3.13　潭柘寺金刚延寿塔平面和南立面
（天津大学测绘，高原、韩荣绘制）　　　　　　（天津大学测绘，韩荣绘制）

规制更接近藏式"觉顿"式，塔身阶层为三层圆形，与善逝八塔①中所记载的尊胜塔类似。大觉寺白塔与"觉顿"式佛塔有明显的不同，似乎更近似于"噶当觉顿"式佛塔。②

　　大觉寺早在辽代就因水景之胜而得名"清水院"。由寺外引入的两股泉水贯穿全寺，既作为饮用水，也创造出多层次的水景观。道光年间，麟庆所著《鸿雪因缘图记》中有一段文字描写该水系的情况：垣外双泉，穴墙址入，环楼左右汇于塘，沉碧泠然于鱼跃。其高者东泉，经蔬圃入香积厨而下，西泉经领要亭，因山势重叠作飞瀑，随风锵堕，由憩云轩双渠绕溜而下，同汇寺门前方池中。

　　文中提到的塘即园林内的龙潭，泉水流至轩后依陡峭之山势成三叠飞瀑绕轩而下。方池即中路山门内之功德池，其上跨石桥，水中遍植红白莲花。引自后山李子峪的山泉，在寺内形成了东西走向的水系脉络。顺着西高东低的山势，环绕而下，平地造池，顺势构渠，由西向东分别形成了将龙潭、石渠、碧韵清池、功德池等串联起的水路（图 5.3.14）。这两条由龙潭源出的水路，流经大觉寺中的各个组群，使得人工构筑起的建筑物愈发与山石、古树名木等自然要素所构成的寺院环境相互交融、彼此衬托、相映成辉，突出了水景在园林中的核心地位。

　　除了水景，园林区还有规模巨大的假山，主要分布在领要亭、憩云轩、龙王堂和大悲坛所围合的范围内。这片假山用

---

①善逝八塔（bde gshegs mchod rten brgyad）是西藏地区将塔的含义与造型与释迦牟尼生平最重要的八件事相联系的一种造塔模式。塔的种类通过阶基部分的区别来区分，八塔分别是：积莲塔、菩提塔、多门塔、神变塔、神降塔、和僧塔、尊胜塔、涅槃塔。
②宿白先生认为白塔按其形状可分为两类，一类名为"噶当觉顿"，相传为藏传佛教噶当派所创。这种塔塔身低、相轮粗、伞盖宽大，在西藏盛行于萨迦时期，在内地则主要盛行于元代。另一种名为"觉顿"，塔身高，相轮细，伞盖小，早期在西藏便已有兴建，后随着格鲁派的兴盛在明代中叶以后广泛影响中原地区。宿白：《藏传佛教寺院考古》，文物出版社，1996 年，92，328，334 页。

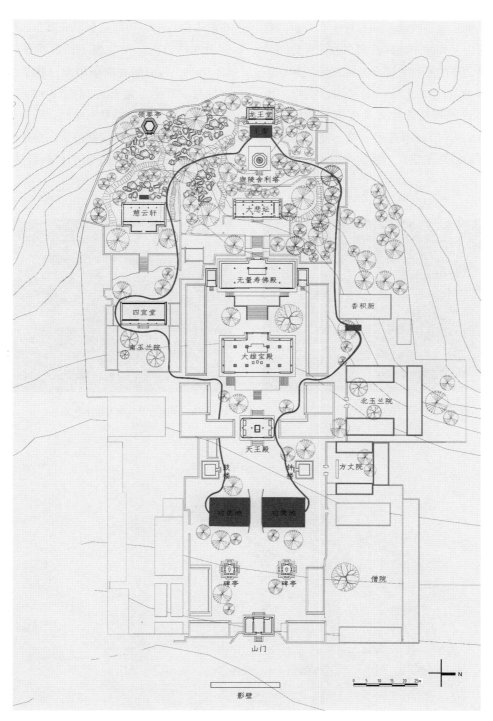

图 5.3.14　大觉寺水系分布图（天津大学测绘，付蜜桥、高原绘制）

人工堆土叠石构筑，共有近千立方米的青石假山，加强了山体西高东低的形势。领要亭之下的石材大部分叠成横卧的片状，少部分加工成立峰点缀其间，立峰上镌刻多首乾隆皇帝咏大觉寺的御制诗（图5.3.15）。期间布置了一条由龙潭流入行宫区的跌落水道，巧妙地将引水石渠隐藏在假山山石中，局部甚至形成瀑布，既达到引水的目的，又加强了园林意趣（图5.3.16）。假山间有四条山路，联系了行宫区与领要亭、龙王堂（图5.3.17）。领要亭临墙壁一侧墙面悬空贴石，顺着贴石下口重心边缘砖缝打进铁件，以挂住山石使其稳定，然后用砂浆与墙体砖面注牢为

图 5.3.15　假山区域（2016 年摄）

图 5.3.16　假山间的石渠（2013 年摄）

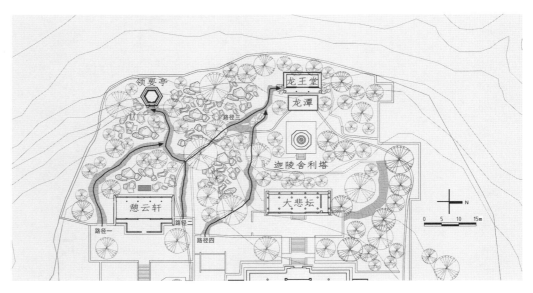

图 5.3.17　大觉寺园林区山路分布示意图（天津大学测绘，韩荣绘制）

墙山，造成假山与西部虎皮石围墙的自然过渡。

四、寺院游览

大觉寺处于阳台山三面环抱之中，前方平原沃野、视野开阔。寺内建筑悠久、营造优良、树木参天、品种繁多。特别是清代香山寺等西山大型寺院圈入皇家园林，普通人无法游览，而大觉寺作为日常可以涉足并名声显赫的古刹名寺，在京城百姓之中的地位显著提升。郊游活动使得大觉寺更直接地融入普通市民的生活当中。

西山一直是京城人的郊游首选地，并且一年四季都可游可览。从清明扫墓开始，"倾城男女，纷出四郊"。而四月的节日里西山诸庙又是"都人结伴联尘，攒聚香会而往游焉[①]"。至九月，有"辞青"一说，西山一带看红叶是最重要活动。到冬季，西山又是"西山晴雪"的赏雪胜地。周维权先生则指出："水景和古树名木也是整个（大觉寺）寺院的特色"[②]。

大觉寺中的古树名木也是西山园林中久负盛名的所在，见证了寺院和园林悠久的历史。一进山门，就有两棵古柏，相传种植于 12 世纪，恰与金章宗清水院的传说年代相吻合（图 5.3.18）。无量寿佛殿前的"银杏王"，树围达到 8 米，

与潭柘寺"帝王树"和"配王树"同是西山最古老的银杏（图 5.3.19）。大觉寺北路跨院中有一株玉兰树，树龄约 300 年，三四月玉兰盛开时是大觉寺远近闻名的盛景（图 5.3.20）。清代，妙峰山碧霞元君香会逐渐成为北京最为重要的民间信仰盛会，香会期间"人烟辐辏，车马喧阗，夜间灯火之繁，灿如列宿。以各路之人计之，共约有数十万。以金钱计之，亦约有数十万。香火之盛，实可甲于天下矣[③]。"妙峰山距离京城较远，在城西北八十余里，山路四十余里，共一百三十余里。进香的道路主要有四条："曰南道者，三家店也。曰中道者，大觉寺也。曰北道者，北安河也。曰老北道者，石佛殿也[④]。"大觉寺位于妙峰山香道中道的关键位置，这条香道其自颐和园北、百望山、黑龙潭、温泉方向而来，途经大觉寺，再至寨尔峪、三百六十胳膊肘、五道岭、萝卜地（即今萝芭地）到涧沟村（图 5.3.21）。选择由中道去妙峰山的人们，由大觉寺开始从平原地区进入山区，便踏上了攀登妙峰山香道的山路旅途。

从首都博物馆藏《妙峰山进香图》上，还可窥见当年进香的盛况，大觉寺作为香道的关键节点，其山门前广场呈现出了一幅丰富的民俗文化娱乐活动的场景，为开路、秧歌、太少狮、五虎棍、扛香等香会

---

① [清] 潘荣陛：《帝京岁时记胜》，北京古籍出版社，1983 年。
② 周维权：《中国古典园林史》，清华大学出版社，1999 年。
③ [清] 富察敦崇：《燕京岁时记》，北京古籍出版社，1983 年。
④ 隋少甫，王作楫：《京都香会话春秋》，北京燕山出版社，2004 年。

图 5.3.18　大觉寺古柏（2009 年摄）

图 5.3.19　大觉寺银杏王（2009 年摄）

图 5.3.20　大觉寺北玉兰院内的玉兰（2016 年 3 月 27 日摄）

表演提供了一处舞台（图 5.3.22）。充满怀古幽情的名山胜景被浓浓的世俗节日气氛所笼罩，深处山间的古庙寺院，也与北京城内人们的生活紧紧地联系到了一起。

五、小结

从辽金的"清水院"到明清的西山名刹，大觉寺作为皇家行宫的历史伴随着北京城市的发展，也是北京文人游览和民间

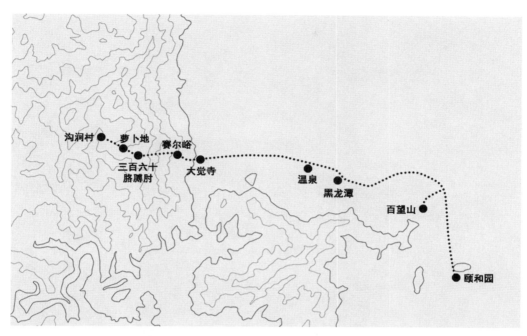

图 5.3.21　妙峰山香道之中道示意（韩荣、卢见光绘制）

活动的缩影。它拥有西山寺院少见的大型寺观园林区，其面积约占整个寺院的三分之一，建筑形式多样，古树名木众多，近千立方米的叠石假山更是壮观非凡。

但大觉寺园林的构景核心仍然是水景，"清水院"的名称由来即代表其建寺与山泉之间的关系。园林中的龙潭虽小，却是山泉汇入寺院的主要蓄水处，水潭、古塔和龙王堂有着恰到好处的设计构思。假山虽面积巨大，但是其间的三叠飞瀑却是画龙点睛之笔，假山与流水呈现出山静、水动的对比关系。整体园林构思突出了山地特色和寺院的佛教氛围，是西山寺院园林既富有历史沉淀，又造景特色突出的代表。

第四节　西山寺院的园林化倾向

按《辛斋诗话》：西山岩麓，无处非寺，游人登览，类不过十之二三尔。王子衡诗："西山三百七十寺，正德年中内臣作。"何仲默诗："先朝四百寺，秋日遍题名。"郑继之诗："西山五百寺，多傍北邙岑。"其后增建益多，难以更仆数矣。[1]

《畿辅通志》这段话点明了西山寺院

---

[1]《畿辅通志·卷五十一·顺天府》，四库全书内联版。

图 5.3.22 《妙峰山进香图》局部，表现了大觉寺山门前热闹的香会表演场景（首都博物馆藏，引自吴钊《图说中国音乐史》）

众多的特点。西晋以来，众多寺庙修建在北京西山地区，尤其明代内珰大肆占用西山土地新建、扩建，为自己退休及身后寻找寄托之所。丰富的历史沉淀使得寺院内古迹众多，访古探幽与宗教活动并行。多数寺院位于西山低山区，也有部分选址在深山，道路系统与寺院建设相辅相成，香道、御道成为联系人类居住地和宗教场所的纽带，因此有"西山三百寺，十日遍经行"①的说法。

西山的地质条件特殊，奥陶系石灰岩有利于存储地下水，且低山区靠近永定河古河道，造成了泉水丰沛、林木葱郁，多奇峰怪石和洞穴的自然景观。独特的地质条件为寺院的建设和僧人的生活提供了物质基础，也为到访的皇室、香客和游人提供了住宿和饮食。

依托深厚的历史沉淀和发达的道路系统，西山寺院在组群布局和构景方式上充分利用特有的自然环境，带有强烈的园林化倾向。所谓寺观的园林化倾向，周维权认为是随着名山风景区的概念发展而

---

① 郝敬：《西山绝句》，《元明事类钞·卷十九西山寺》，四库全书内联版。

来的[①]。除与外围自然风景相结合，形成不分彼此，融入环境的整体园林化，如普觉寺、潭柘寺等，西山寺院内部经营还巧于因借西山的各种自然元素：有借山势筑坡成台者，如潭柘寺；有引山泉建池飞瀑者，如大觉寺；有开溶洞凿壁造像者，如碧云寺；有用巉岩架屋构居者，如普觉寺；有多座寺院沿山道形成游览序列者，如八大处。植物配置更成为必不可少的景观，

古树名木在西山寺院中比比皆是，品种多为松、柏、槐、银杏、玉兰等北京常见植物，见证了历史的同时，也体现了西山的地方性。这些手段脱胎于中国传统文化中人工紧密结合自然的风景化设计观，既是中国古代寺观园林发展到成熟期，园林化倾向的典型实例，又符合当下对"文化景观"的定义[②]，体现了北京城市发展和人类活动与西山绵延千年的紧密关系。

---

①元以后……寺院和宫观……相对集中在山野风景地区，许多名山胜水往往因寺观的建置而成为风景名胜区。其中名山风景区占着大多数。每一处佛教名山、道教名山都聚集了数十所甚至百所的寺观，大部分均保存至今。城镇寺观除了独立的园林之外，还刻意经营庭院的绿化或园林化。郊野的寺观则更注重与其外围的自然风景相结合而经营园林化的环境，它们中的大多数都成为公共游览的景点，或者以它们为中心而形成公共游览地。——周维权：《中国古典园林史》（第二版），清华大学出版社，1999年，320~321页。可以这样说，如果没有寺观结合于山地环境的园林化经营，名山风景区的景观将会大为减色，甚至失却其作为一个风景区类型的独特性格。——周维权：《中国古典园林史》（第二版），清华大学出版社，1999年，531页。

② There exist a great variety of Landscapes that are representative of the different regions of the world. Combined works of nature and humankind, they express a long and intimate relationship between peoples and their natural environment. 联合国教科文组织对文化景观的论述 https://whc.unesco.org/en/culturallandscape/

参考文献

［1］安全山.京西古道（上中下全三册）［M］.北京：团结出版社，2013.

［2］白鹤群.香山脚下话旗营［J］.地图，2005（6）：34-37.

［3］BASCHET ERIC. China 1890-1938: from the warlords to world war.［M］.1996.

［4］北京门头沟村落文化志编委会.北京门头沟村落文化志［M］.北京：燕山出版社，2008.

［5］北京市档案馆.北京寺庙历史资料［M］.北京：中国档案出版社，1997.

［6］北京市立新学校，北京香山慈幼院校友会.北京香山慈幼院院史［Z］（内部发行）.1993.

［7］北京市园林局史志办公室.京华园林从考［M］.北京：北京科学技术出版社，1996.

［8］北京燕山出版社.京华古迹寻踪［M］.北京：北京燕山出版社，1996.

［9］北平旅行指南［M］.北平：经济新闻社，1935.

［10］避暑山庄七十二景编委会.避暑山庄七十二景［M］.北京：地质出版社，1993.

［11］陈庆英.关于北京香山藏族人的传闻及史籍记载［J］.中国藏学，1990（1）：104-115.

［12］陈文良，魏开肇，李学文.北京名园趣谈［M］.北京：中国建筑工业出版社，1983.

［13］陈扬.北京地区山地汉传佛寺建筑空间研究［D］.北京：中央美术学院，2019.

［14］陈庸.清代皇家园林叠山艺术初探：兼析中国古代园林叠山艺术的发展演变［D］.天津：天津大学，2005.

［15］CHUNG ANITA. Drawing Boundaries: architectural images in Qing China［M］. Honolulu: University of Hawai`i Press, 2004.

［16］崔山.期万类之义和，思大化之周浃：康熙造园思想研究［D］.天津：天津大学，2004.

［17］DANBY HOPE. The Garden of Prefect Brightness: the history of the Yuan Ming Yuan and of the emperors who lived there［M］. Chicago: Henry Regnery Company, 1950.

［18］大清五朝会典［M］.北京：线装书局，2006.

［19］邓绍基.香山黄叶路苍苍［J］.红楼梦学刊，2006（3）：111-119.

［20］樊志宾.香山地区的碉楼［J］.红楼梦学刊，2006（3）：229-236.

［21］FEI-SHI. Guide to Peking: environs near and far［M］. Tientsin and Peking: The Tientsin Press, 1924.

［22］方子琪.北京潭柘寺塔林初探［D］.北京：北京建筑大学，2016.

［23］冯伯群.康熙培育了京西稻［J］.北京档案，2005（5），45.

［24］冯尔康.生活在清朝的人们［J］.北京：中华书局，2005.

［25］FORET PHILIPPE. Mapping Chengde: the Qing landscape enterprise［M］. Honolulu: University of Hawai`i Press, 2000.

［26］高巍. 西山晴雪：万壑晴光凌碧霄［J］. 纵横，2002（11）：64.

［27］故宫博物院样式房课题组. 故宫博物院藏清代样式房图文档案述略［J］. 故宫博物院院刊，2001（2）.

［28］郭黛姮. 远逝的辉煌：圆明园建筑园林研究与保护［M］. 上海：上海科学技术出版社，2009.

［29］韩昌凯. 北京的牌楼［M］. 北京：学苑出版社，2002.

［30］韩琦，吴旻. 熙朝崇政集熙朝定案（外三种）［G］. 北京：中华书局，2006.

［31］郝杰. 北京戒台寺建筑研究［D］. 北京：北京建筑大学，2015.

［32］郝慎钧. 浅谈碧云寺的平面布局［J］. 天津城市建设学院学报，1997（6）：25-29.

［33］贺蔡明. 园林中的声景和香景［D］. 福州：福建农林大学，2005.

［34］HARROST Jr.，ROBERT E. The Landscape of Words：stone inscriptions from early and medieval China［M］. Washington D.C：University of Washington Press，2008.

［35］赫达·莫里逊. 洋镜头里的老北京［M］. 董建中，译. 北京：北京出版社，2001.

［36］侯仁之. 北京海淀附近的地形水道与聚落［J］. 地理学报，1951，18：1-20.

［37］胡德平. 三教合流的香山世界［M］. 北京：文化艺术出版社，1985.

［38］胡太春. 香山静宜园与《大公报》创办人英敛之［J］. 纵横，2002：49-52.

［39］胡远航，李倩倩. 潭柘寺——中国古典寺庙园林分析［J］. 建筑与文化，2014（5）.

［40］黄去非. 熊希龄词浅论［J］. 云梦学刊，2006，3：113-115.

［41］姬脉利，张蕴芬，宣立品，等. 大觉寺［M］. 北京：中国社会科学出版社，2014：5.

［42］（明）计成. 园冶注释［M］. 陈植，注释. 北京：中国建工出版社，1988.

［43］贾珺. 清华大学建筑学院藏清样式雷档案述略［J］. 古建园林技术，2004（2）：35-36.

［44］贾民育，郭有光，高荧胜. 香山绝对点的重力非潮汐变化［J］. 地壳形变与地震，2001，11：52-57.

［45］姜东成. 秋月春风常得句，山容水态自成图：清代皇家园林自然美创作意象与审美［D］. 天津：天津大学，2001.

［46］金丽娟. 香山公园森林游憩资源价值评估与旅游管理对策研究［D］. 北京：北京林业大学，2005.

［47］金怡. 清代北京宫苑中的佛教建筑艺术［D］. 北京：北京林业大学，2007.

［48］荆涛. 北京香山健锐营［J］. 北京档案史料：233-237.

［49］郎深源. 北京伽蓝记［M］. 北京：中国楹联出版社，2013：24-32.

［50］李宏裕. 泓澄百倾的高水湖养水湖［J］. 北京规划建设，2004，1：172-173.

［51］李玲. 中国汉传佛教山地寺庙的环境研究［D］. 北京：北京林业大学，2012.

［52］李慎言. 燕都名山游记［M］. 北京：北新书局，1936.

［53］李天民．论中国古代皇家园林的军事功能［J］．军事历史，2002（6）：33-36.

［54］李祥风．我在香山慈幼院的经历［J］．北京园林，2001（3）：64-65.

［55］李裕宏．营造涵养京西地下水源恢复玉泉山泉流的建议［J］．北京规划建设，1982（5），146-148.

［56］李增高，李朝盈．康熙与水稻［J］．北京农学院学报，1990，8：125-128.

［57］李峥．平地起蓬瀛，城市而林壑：北京西苑历史变迁研究［D］．天津：天津大学，2006.

［58］李知文．香山名称的由来［J］．地壳形变与地震，2001，11：159.

［59］LIN YUTANG. Imperial Peking: seven centuries of China［M］. London: Elck Books Limited.

［60］梁欣立．北京古桥［M］．北京：北京图书馆出版社，2007.

［61］辽宁省图书馆．盛京风物：辽宁省图书馆藏清代历史图片集［M］．北京：人民大学出版社，2007.

［62］刘永晖．北京汉传佛教建筑外部空间研究［D］．北京：北京建筑工程学院，2011.

［63］刘哲．论北京明清时期寺庙园林的造园艺术：以潭柘寺为例［J］．北京农业，509（12）.

［64］柳茂坤．清王朝的特种部队：香山健锐云梯营［J］．军事历史研究，2000（4）：109-120.

［65］龙霄飞．北京皇宫御苑的佛寺与佛堂［M］．北京：华文出版社，2004.

［66］罗文华．龙袍与袈裟（上、下）［M］．北京：紫禁城出版社，2005.

［67］吕超．东方帝都：西方文化视野中的北京形象［M］．济南：山东画报出版社，2008.

［68］马佳．清代北京藏传佛教寺院研究［D］．兰州：西北民族大学，2006.

［69］马长有．香山樱桃沟见闻［J］．中国地名，2002（1）：52.

［70］毛国华．谈谈香山勤政殿复建设计［J］．重庆建筑大学学报，2000，3：63-73.

［71］梅邨．北京西山风景区［M］．北京：北京旅游出版社，1983.

［72］苗天娥，景爱．金章宗西山八大水院考［J］．文物春秋，2010（4）.

［73］莫容．七叶“圣树”之谜［J］．森林与人类，2001（7）：30.

［74］NAQUIN SUSAN, CHUN-FAN YU. Pilgrims and Sacred Sites in China［M］. Berkeley and Los Angeles and London: University of California Press, 1992.

［75］NAQUIN SUSAN, RAWSKI EVELYNS S. Chinese Society in the Eighteenth Century［M］. New Haven and London: Yale University Press, 1987.

［76］PEARCE NICK. Photographs of Peking, China 1861-1908: an inventory and description of the Yetts collection at the University of Durham through Peking with a camera［M］. Lewiston and Queenston and Lampeter: The Edwin Mellen Press, 2006.

［77］彭措朗杰．布达拉宫［M］．北京：中国大百科全书出版社，2002.

［78］PERCKHAMMER HEINZ VON. Peking. Berlin： Albertus， 1928.

［79］秦永章.乾隆皇帝与章嘉国师［M］.西宁：青海人民出版社，2008.

［80］清代宫史研究会.清代宫史探析（上、下）［M］.北京：紫禁城出版社，2007.

［81］屈春海.朱东海兴办玉泉山啤酒汽水公司［J］.北京档案，2003：47-48.

［82］瞿宣颖.北平史表长编［M］.北平：国立北平研究院史学研究会出版，年代不详.

［83］瞿宣颖.同光燕都掌故集略［M］.上海：世界书局，1936.

［84］阙镇清.再失一城：北京西北郊皇家园林集群：三山五园在城市化过程中的没落［J］.装饰，2007：16-20.

［85］荣铁耕.清代北京的键锐营［J］.中国园林，2005：35-36.

［86］沈安杨.潭柘寺格局历史发展及影响因素［J］.古建园林技术，2019（3）：60-65.

［87］盛梅.画意诗情景无尽，春风秋月趣常殊：清代皇家园林景的构成与审美［D］.天津：天津大学，1997.

［88］石宪友.卧佛寺历代修建及临幸概况.重庆建筑大学学报［J］，2000，3：40-41.

［89］思摩.玉峰塔影云外钟声：静明园［J］.国土绿化，2005（6）：22.

［90］SIREN OSVALD. The Imperial Palaces of Peking（中国北京皇城写真帖）［M］.Paris and Brussels： Librairie Nationale D`Art Et D`Histoire.

［91］宋文昌，陈志永.香稻研究及开发利用［J］.纵横，2002（11）：2-3.

［92］孙承泽.春明梦余录［M］.北京：北京古籍出版社，1992.

［93］孙大章.中国古代建筑史第五卷［M］.北京：中国建筑工业出版社，2001.

［94］孙晓岗.文殊菩萨图像学研究［M］.兰州：甘肃人民美术出版社，2007.

［95］孙玉明.香山曹雪芹故居真假之争［J］.红楼梦学刊，2006（3）：127-151.

［96］谈迁.北游录［M］.北京：中华书局，1960.

［97］汪建民，侯伟.北京的古塔［M］.北京：学苑出版社，2003.

［98］汪永平.拉萨建筑文化遗产［M］.南京：东南大学出版社，2005.

［99］王戈.移植中的创造：清代皇家园林创作中类型学与现象学［D］.天津：天津大学，1993.

［100］王劲韬.中国皇家园林叠山理论与技法［M］.北京：中国建筑工业出版社，2011.

［101］王晶.绿丝临池弄清荫，麋鹿野鸭相为友：清南苑研究［D］.天津：天津大学，2004.

［102］王铭珍.北京的流杯亭［J］.北京文史，2003（1）：41-42.

［103］王培明.燕京八景［J］.紫禁城，1982（5）：13.

［104］王其亨，项惠泉.“样式雷”世家新证［J］.故宫博物院院刊，1987（2）.

［105］王其亨.华夏建筑的传世绝响：样式雷［J］.中华遗产，2005（7）.

［106］王其亨.双心圆：清代拱券券形的基本形式［J］.北京：古建园林技术，

1987：3-12.

［107］王同祯.水乡北京［M］.北京：团结出版社，2004.

［108］王晓芳.中南海流杯亭［J］.古建园林技术，1986（01）：30.

［109］（清）王养濂，朱汉雯.宛平县志［M］.上海：上海书店，2002.

［110］王元胜，甘长青，周肖红.香山公园古树名木地理信息系统的开发技术研究［J］.北京林业大学学报，2003，3：53-57.

［111］翁同和.翁同和文献丛编之三［M］.台北：艺文印书馆，2001.

［112］WORSWICK CLARK，SPENCE JONATHAN. Imperial China： photographs 1850-1912［M］. New York： Pennwick/Crown Book， 1978.

［113］吴十洲.乾隆十日［M］.济南：山东画报出版社，2006.

［114］吴熙顺.曹雪芹的出家之地：北京香山法海寺的考证［J］.红楼研究， 2007（03）：41-44.

［115］吴晓敏.因教仿西卫，并以示中华：曼荼罗原型与清代皇家宫苑中藏传佛教建筑的创作［D］.天津：天津大学，2001.

［116］夏凌.巴沟低地诸聚落自然环境的演变［J］.生态学杂志，1986，5（3）：28-30.

［117］香山公园管理处，袁长平，杨宝生.香山诗萃［M］.北京：文化艺术出版社，1991.

［118］香山公园管理处.清·乾隆皇帝咏香山静宜园御制诗［M］.北京：中国工人出版社，2008.

［119］晓宁.香山脚下民族村的变迁［J］.地图，2005（6）：9.

［120］谢岩磊.山地汉传佛教寺院规划布局与空间组织研究［D］.重庆：重庆大学，2012.

［121］徐友岳.论佛寺中国化的几种途径［J］.重庆建筑大学学报，2000，3：79-84.

［122］闫伟，蔡佳振.当代汉地佛教建筑模式探析［J］.遗产与保护研究，2018，3（10）：122-125.

［123］杨连正.寻访天下宜茶之水（续）［J］.中国地名，2002（1）：177-183.

［124］杨玲.谈佛寺建筑类型及其在中国的发展［J］.沈阳大学学报，2003，6：66-67.

［125］杨士珩.北京西山风景区［M］.北京：北京出版社，1958.

［126］叶培伟，张玉香.试论香山公园（静宜园）牌楼的特点［J］.北京园林，2008（2）：46-49.

［127］叶志如，叶秀云.逊清皇室与玉泉啤酒汽水公司［J］.紫禁城，1982（5）：21-22.

［128］殷亮，王其亨.山水之乐，不能忘于怀：玉泉山静明园经营意向初探［J］.城市，2005（6）：48-50.

［129］余钊.北京旧事［M］.北京：学苑出版社，2000.

［130］袁牧.中国当代汉地佛教建筑研究［D］.北京：清华大学，2008.

［131］原北平政府秘书处.旧都文物略［M］.北京：中国建筑工业出版社，2005.

［132］张宝章.海淀文史·京西名园记盛［M］.北京：开明出版社，2009.

［133］张散.古人笔下的北京风光：古代北京游记今译赏析［M］.北京：中国旅游出版社，1992.

［134］张驭寰.中国塔［M］.太原：山西人民出版社，2000.

［135］张佐双，刁秀云.北京植物园的古迹名胜［M］.北京：北京美术摄影出版社，2005.

［136］赵春兰.周禅瀛海诚旷哉，昆仑方壶缩地来：乾隆造园思想研究［D］.天津大学硕士学位论文，1997.

［137］赵杰.北京香山满语底层之透视［J］.中央民族学院学报，1993（1）78-84.

［138］赵竞存.香山慈幼院：记中国近代教育史上的一所独特的平民学校［J］.唐山师范学院学报，2001，11：54-59.

［139］赵书.西山健锐营有产生《红楼梦》的条件［J］.红楼梦学刊，2006（3）：238-244.

［140］郑艳.三山五园称谓辨析［J］.北京档案，2005（1）：49.

［141］中国地方志集成·北京府县志辑·康熙宛平县志［M］.上海：上海书店出版社，2002.

［142］中国第一历史档案馆，香港中文大学文物馆.清宫内务府造办处档案汇总［G］.北京：人民出版社，2005.

［143］中国第一历史档案馆.乾隆帝起居注［G］.桂林：广西师范大学出版社，2002.

［144］中国第一历史档案馆.康熙朝汉文朱批奏折汇编［G］.北京：档案出版社，1984.

［145］中国第一历史档案馆.康熙朝满文奏折朱批全译［G］.北京：中国社会科学出版社，1966.

［146］中国第一历史档案馆.乾隆朝上谕档［G］.桂林：广西师范大学出版社，2008.

［147］中国第一历史档案馆.康熙起居注［G］.北京：中华书局，1984.

［148］中国社会科学院历史研究所清史研究室.清史资料（第五辑）［G］.北京：中华书局，1984.

［149］周家楣，缪荃孙.光绪顺天府志［M］.北京：北京古籍出版社，1987.

［150］周维权.中国名山风景区［M］.北京：清华大学出版社，1996.

［151］朱赛虹.清代皇家苑囿藏书寻踪静明园［J］.中国典籍与文化，2005：44-49.

［152］邹爱莲.清代起居注册（康熙朝）［J］.北京：中华书局，2009.

结　语

　　《北京西山园林研究》是王其亨先生主编的"中国古典园林研究论丛"系列之一。近年来，天津大学建筑学院建筑历史与理论研究所对清代皇家园林进行了一系列的研究，取得了丰硕的成果：如对清代皇家行宫园林①、内廷园林②、园中园③、宗教建筑④等的分类研究；对清高宗乾隆皇帝造园思想的专项研究⑤；对清代皇家园林中的士人园，士人思想的思考⑥；对清代皇家园林中景观构成与审美⑦以及对自然美创作意象的探讨⑧；对清代皇家园林中类型学与现象学⑨，解释学⑩，儒学⑪与禅佛文化基因等⑫。

　　与此同时，基于对国家图书馆等单位收藏的样式雷图档的甄别和研究，仅在"三山五园"地区就有一系列个案面世：例如颐和园⑬、圆明园⑭、静宜园和静明园⑮、畅春园⑯以及大量涉及该区域内的王府建筑⑰、宗室公主园寝⑱等。这些成果是在现场踏勘、

①孔俊婷：《观风问俗式旧典，湖光风色资新探——清代行宫园林综合研究》，天津，天津大学博士学位论文，2007。
②官巍：《松桧阴森绿映筵，可知凤阙有壶天——清代皇家内廷园林研究》，天津，天津大学硕士学位论文，1996。
③何捷：《石秀松苍别一区——清代御苑园中园设计分析》，天津，天津大学硕士学位论文，1996。
④吴晓敏：《效彼须弥山，作此曼拿罗——清代皇家宫苑中藏传佛教建筑的原型撷取与再创作》，天津，天津大学硕士学位论文，1997。
⑤赵春兰：《周禅瀛海诚旷哉，昆仑方壶缩地来——乾隆造园思想研究》，天津，天津大学硕士学位论文，1998。
⑥潘灏源：《愿为君子儒，不作逍遥游——清代皇家园林中的士人思想与士人园》，天津，天津大学硕士学位论文，1998。
⑦盛梅：《画意诗情景无尽，春花秋月趣常殊——清代皇家园林景的构成与审美》，天津，天津大学硕士学位论文，1997。
⑧姜东成：《秋月春风常得句，山容水态自成图——清代皇家园林自然美创作意象与审美》，天津，天津大学硕士学位论文，2001。
⑨王戈：《移植中的创造——清代皇家园林创作中的类型学与现象学》，天津，天津大学硕士学位论文，1993。
⑩庄岳：《数典宁须述古则，行时偶以志今游——清代皇家园林创作的解释学意向探析》，天津，天津大学硕士学位论文，2000。
⑪刘彤彤：《问渠哪得清如许，为有源头活水来——中国古典园林的儒学基因及其影响下的清代皇家园林》，天津，天津大学博士学位论文，1999。
⑫赵晓峰：《禅佛文化对清代皇家园林的影响——兼论中国古典园林艺术精神及审美观念的演进》，天津，天津大学博士学位论文，2002。
⑬张龙：《颐和园样式雷图档综合研究》，天津，天津大学博士学位论文，2009。
⑭张凤梧：《样式雷圆明园图档综合研究》，天津，天津大学博士学位论文，2009。
⑮杨菁：《静宜园、静明园及相关样式雷图档综合研究》，天津，天津大学博士学位论文，2011。
⑯高原：《清代北京万泉河流域视野下的畅春园研究》，天津，天津大学硕士学位论文，2020。
⑰耿威：《清代王府建筑及相关样式雷图档研究》，天津，天津大学博士学位论文，2011。
⑱王茹茹：《清代宗室、公主园寝及相关样式雷图档研究》，天津，天津大学建筑学院博士学位论文，2011。

建筑测绘、历史档案挖掘和样式雷图档解读的基础上，系统全面地研究了三山五园。

《北京西山园林研究》即是在这种背景下，以博士论文《静宜园、静明园及相关样式雷图档综合研究》为基础完成的。博士论文导师王其亨先生在理论基础、内容选择与方法应用上进行了悉心指导，他广阔的视野、渊博的知识和严谨的治学态度是本书完成的最大动力。

本书出版受到国家自然科学基金委、北京市社会科学基金委、天津大学社科处、天津大学建筑学院的共同资助。调查过程中，中国国家图书馆、中国第一历史档案馆、北京香山公园管理处、沈阳故宫博物院等单位提供了档案和历史图像的查询以及实地调研的便利。本书的完成，也得到众多同仁的帮助：

感谢中国国家图书馆陈红彦、白鸿叶研究员在样式雷图纸查询和利用方面的帮助；感谢北京市公园管理中心袁鹏老师的协调，保证了实地调研的顺利进行；感谢北京香山公园管理处贾政先生的无私，提供了宝贵的研究资料和出版物；感谢北京建工建筑设计研究院熊炜工程师在实地勘察上的带领，尤其在昭庙、见心斋和碧云寺的研究上受益良多。感谢香港中文大学冯仕达教授，美国路易维尔大学赖德霖教授，清华大学贾珺教授的指导和宝贵意见。

感谢天津大学建筑学院建筑历史与理论研究所诸位师友的无私帮助，使我顺利完成研究和写作。感谢北京市社科基金《基于北京城市文化景观视野下的西山园林综合研究》的共同参与人李江和牛宏雷的帮助。感谢杜旛然、常翔、高原、韩荣、付蜜桥、张煦康、杨文艳、孙亚玮、卢见光、魏欣华在绘图与档案录入方面的帮助。感谢耿威、贺美芳、张宇、王琳峰、杨煦、袁守愚、张曦、李竞扬、李纬文、程枭翀、李程远等同好在探讨中带来的启发。

杨菁

二〇二一年九月

北京海淀蓟门桥